CCF GESP 直通车

C++ 一级精讲精练

沈根成 ◎ 著

清華大学出版社
北 京

内 容 简 介

本书是针对GESP一级的C++大纲量身定制的，以浅显易懂、细致入微的语言，介绍GESP C++一级所涵盖的内容，包括计算机基础与编程环境、计算机历史、程序的结构、数据类型与变量、输入输出语句、分支结构以及循环结构，书中对历年的考试真题进行详细解析，并配备大量的习题供大家练习和巩固。本书也包含一些延伸阅读的内容，旨在增加趣味性和扩展大家的知识面。

本书的适读人群为自学编程的学生，以及从事中小学生编程教育的老师，特别适合准备参加GESP考试的学生。

图书在版编目(CIP)数据

CCF GESP直通车：C++一级精讲精练 / 沈根成著．

北京：清华大学出版社，2025. 4. -- ISBN 978-7-302

-69146-4

Ⅰ. TP312.8

中国国家版本馆CIP数据核字第2025BF0789号

责任编辑：王中英
封面设计：杨玉兰
版式设计：方加青
责任校对：徐俊伟
责任印制：宋　林

出版发行：清华大学出版社

网　　址：https://www.tup.com.cn，https://www.wqxuetang.com
地　　址：北京清华大学学研大厦A座　　**邮　　编：**100084
社 总 机：010-83470000　　**邮　　购：**010-62786544
投稿与读者服务：010-62776969，c-service@tup.tsinghua.edu.cn
质 量 反 馈：010-62772015，zhiliang@tup.tsinghua.edu.cn

印 装 者：天津安泰印刷有限公司
经　　销：全国新华书店
开　　本：185mm×260mm　　**印　　张：**17.75　　**字　　数：**391千字
版　　次：2025年6月第1版　　**印　　次：**2025年6月第1次印刷
定　　价：79.00元

产品编号：110935-01

推荐语

< RECOMMEND >

这是一本探索信息学世界的钥匙书，这本书以清晰易懂的语言、丰富的真题实例和技巧，带你从零基础到掌握通过 GESP 考级的能力。无论作为初学者的教材还是考前的辅导书，本书都是能够胜任的。

——王延平，中国计算机学会 GESP 组委会主席

在 AI 会写代码的时代里，不是不需要学习编程了，而是需要把编程学得更好，能写出 AI 不会写的代码，能发现 AI 所写代码的问题。这需要长时间的学习和积累，最好是从小学就开始。沈老师的 GESP 系列课程广受欢迎，引领很多小朋友打开了编程的大门。在这本书里，沈老师把他几十年来积累的数学和软件知识转化为生动的讲解，辅以有趣的例题。他在书里不仅介绍编程的基础知识和技巧，还介绍关键的设计思路和思考过程，不仅授之以鱼，而且授之以渔。

——张银奎，《软件简史》和《软件调试》作者，格蠹科技创始人

时至今日，越来越多的人认识到，编程是一项大多数学生应当具备的能力，而编程能力等级认证（GESP）就是中国计算机学会（CCF）主办的对编程能力进行认证的平台。但是，目前缺乏合适的教材，尤其是适合低年级学生的 GESP 教材，这是计算机能力普及中的一个痛点。沈根成老师利用自己多年进行少儿编程培训的经验，写出了这本深入浅出又覆盖所有 GESP C++ 考试要点的书，恰恰填补了这个空白。向希望参加 GESP C++ 考试的学生们，甚至所有想入门计算机编程的青少年朋友，大力推荐这本书。

——吴咏炜，Boolan 首席咨询师，C++ 专家

前言

< PREFACE >

致大朋友

随着科技的日益发达和计算机的普及，编程已经成为一项必备的技能。教育部也已经发出了通知，要求把信息技术课程从兴趣课变为必修课，并大幅度提升了学生在编程、算法方面的思维要求。可以说，编程教育已经得到国家层面和很多有识之士的重视，并且编程学习日趋低龄化。

与此同时，中国计算机学会发起并主办的GESP，即编程能力等级认证（Grade Examination of Software Programming），为青少年计算机和编程学习者提供了一个学业能力验证的平台。GESP覆盖中小学全学段，符合条件的青少年均可参加认证。GESP旨在提升青少年的计算机和编程教育水平，推广和普及青少年计算机和编程教育。

获得GESP证书，不仅可以体现学生的编程水平，而且可以受到各省市重点中学的欢迎，比如现在很多重点中学都把获得GESP作为招生条件之一。很多中小学生也趁此机会，早早地投入到了编程学习中，各种编程培训机构也如雨后春笋般涌现出来，推出各种形式的编程培训课程，笔者也是在这个大潮流中投身到了中小学生编程教育之中。

在对中小学生进行编程培训的过程中，笔者发现，目前市面上虽然有很多C++书籍，但是跟GESP完全匹配的几乎没有。GESP的考试内容覆盖面很广，从计算机发展历史到计算机组成、计算机工作原理、计算机网络，从编程到算法、流程图、数据编码，甚至还涉及GESP本身的一些考试规则等，可以说包罗万象、一应俱全，但另一方面又都不是很深。而目前市面上的C++书籍，不仅没有涵盖那么多编程语言之外的东西，而且没有跟GESP的8个等级适配，有些书一本就覆盖了GESP一级到五级甚至六级的内容。因而，笔者深刻感受到需要一套与GESP完全适配的书籍的重要性。

另外，在培训期间，笔者也意识到，针对成年人的教课方式不能照搬到中小学生身上。因为很多知识点是存在依赖关系的，一般成年人的教课方式都是遵循点—线—面的方式并且按照逻辑顺序来的，先讲述各个概念，再讲解它们能干什么，然后讲解在实际生活中的应用。比如，对于数据类型、变量、算术运算，按照逻辑顺序应该先讲解数据类型，然后讲解变量，再讲解算术运算，因为要讲解算术运算，就离不开变量，因为程序中的算术运算都是对变量的运算；而要讲解变量又离不开数据类型，因为变量声明时必须指定数据类型。

在笔者的第一期课程中，就采取了这种方式。但是发现小朋友们听得云里雾里。数据类型对大家来说是个全新的概念，整型和长整型到底有啥区别，单精度和双精度又有什么不同？你跟他们讲所占的空间不同，存储方式不同，大家也是似懂非懂。然后再讲变量，变量到底是个什么概念，为什么变量要有数据类型？中小学生由于知识和思维的局限，对这些概念很难掌握。加上有些孩子同时在学习 Scratch 和 Python，不同的语言定义的数据类型并不一样，很多概念堆在一起就会打架。

为此，在第二期课程中，笔者放弃了这种传统的点—线—面的方式，先不讲数据类型和变量，一上来就先讲算术运算，需要定义变量的地方就先让大家照抄。因为编程的核心价值是算法，而算法的基础是运算，NOI 最终考查的也是算法，所以运算才是重点，数据类型和变量都是辅助性质的东西。等到基本的运算讲完以后，再慢慢引入数据类型和变量的概念，大家就容易理解多了。

还有一个例子是关于布尔类型、逻辑表达式以及分支语句。分支语句需要使用逻辑表达式，而逻辑表达式的值是布尔类型的，所以要严格按照顺序来讲，则必须先讲布尔类型，然后讲逻辑表达式，再讲分支语句。但是布尔类型太抽象了，如果逻辑表达式不结合具体例子，那么也讲不明白。所以在讲解时，笔者先讲分支语句，即先讲应用，再讲逻辑表达式，最后讲布尔类型。

还有很多其他的例子，这里不一一列举。笔者想说的是，为了让这些内容便于中小学生理解，笔者花了大量的心思，有时候一节一小时的课程，准备讲义要花好几天，要反复修改好几次。但是，当发现这样的讲解小朋友们更容易听得懂时，感觉一切付出都是值得的。

中小学生是祖国的未来和希望，培养中小学生是整个社会的责任。笔者觉得，自己在中小学生编程培训方面的经验和体会不应该自己独有，应该分享给全天下从事中小学生编程培训的老师。于是，笔者把所有的讲义整理成文字，每级一本或每两级一本，形成一个系列，希望能给大家带来帮助。

基于此，这个系列最大的特点是与 GESP 完全适配，这也是与其他 C++ 书籍最大的区别。这个系列严格按照 GESP 的 8 个等级以及历年的考试真题来安排内容，这句话有两个含义。第一，内容的广度跟 GESP 大纲匹配，比如一级里讲到了计算机历史、计算机组成部分，二级里会讲到网络基础和流程图等。第二，它讲解的深度跟 GESP 大纲匹配，同时又稍许超前一点点。这是因为，GESP 的考试经常会有一些“超纲”的题目，比如说数组，在大纲里是属于三级的，但在二级的考题里也有一些数组的影子，这就使得本书中的有些主题要在不同的级别里讲解两次，第一次比较浅，第二次比较深。

本书涵盖的内容

本书是这个系列中的第一本，涵盖 GESP C++ 一级的大纲，包括：

- 计算机基础与编程环境。
- 计算机历史。
- 变量的定义与使用。

- 基本数据类型（整型、浮点型、字符型、布尔型）。
- 控制语句结构（顺序、循环、选择）。
- 基本运算（算术运算、关系运算、逻辑运算）。
- 输入输出语句。

本书分成 4 部分。第一部分编程基础，内容包括 GESP 介绍、二进制基础、计算机硬件和发展历史、程序的概念和编程的流程等；第二部分算术运算，讲解数据类型、变量的定义与使用、各种算术运算、输入输出语句、位数拆分、时间转换等；第三部分分支结构，介绍 if-else 语句、switch 语句、逻辑运算符、数据类型转换，以及它们在奇偶数判断、k 幸运数判断、回文数判断、水仙花数判断、闰年判断、优等生判断、特长生判断、凯撒加密、公约数、公倍数等方面的应用；第四部分循环语句，讲解 for 循环、while 循环、do-while 循环，以及它们在素数判断、完全平方数判断、数列求和、幂运算、阶乘运算等方面的应用。

本书的特点

（1）与 GESP 一级的考试大纲完全适配，前面介绍过这是本系列最大的特点。

（2）文风轻松、接地气，深入“为什么”的层面。本书对各种概念和语法娓娓道来，就像和人聊天的感觉。不像有些书籍只是把概念往那儿一放，本书仔细地讲解了为什么需要引入这些概念，比如为什么要有数据类型，为什么需要定义变量，为什么需要输出语句，为什么需要布尔数据类型，等等，确保大家不但知其然，而且知其所以然。

（3）数学知识先解释。在讲解各种应用的时候，自然离不开一些数学知识，比如什么叫素数，什么叫完全平方数，什么叫平方根。为了兼顾不同年龄段的学生，本书对所有的数学知识都先解释一遍，并反复举例。

（4）实战演练。在讲解各种语法知识时，会通过大量的例题和练习来帮助消化，其中很多都是 GESP 真题，几乎涵盖了 GESP 自推出以来所有的考题。

（5）一题多解。本书对同一个问题有时会给出多种解法，并对有些解法进行非常详细的解释，比较它们的优劣，这些解释可能会用到一些大家还没有学到的概念，读者可以根据自己的实际情况选择阅读或跳过。比如素数的判断，给出了 3 份代码，前两份效率差，但易于理解，第三份效率高，但用到了平方根的概念，低年级的小朋友理解起来就有点困难，这时就可以跳过第三份代码。

（6）难易兼存。每章后面都有很多作业，这些作业有难有易，这样各个年龄段的孩子都能各取所需，避免有些孩子望而生畏，而另一些孩子又觉得过于简单。本书中的编程题，题面描述一般都很简单，这一方面是为了节约版面，另一方面也是为了让大部分孩子都能理解。但 GESP 的考题（包括其他信息学的竞赛）题面描述都很长，非常考验大家的阅读理解能力。为了尽量让准备参加 GESP 考试的孩子适应 GESP 的考试模式，本书中的部分题目也采用了场景式的题目描述，即先构造一个应用场景，再延伸出一道题目，让题目看起来很“复杂”。

（7）例题的连贯性。随着知识点的深入，例题会越来越难，但大部分书中的例题是互不相关的。笔者觉得，虽然知识点越来越难，但它们是连贯的，那么例题是不是也可以连贯起来呢？在笔者的精心构思下，创造出了一个连贯的主题“重点中学的招生政策”。这个政策开始为“优等生策略”，即各门功课都很优秀，解题时使用逻辑运算符与（&&）；然后推出“特长生策略”，即只要有一门特别优秀就行，解题时使用逻辑运算符或（||）；然后推出“组合招生政策”，即优等生和特长生二选一，解题时需要同时使用逻辑运算符与和或；接着又推出“招生政策 2.0”，加入新的课程，条件更加复杂，避免了“跛脚”（即有一门课特别差）的现象，代码中需要用到各种逻辑运算符以及隐式类型转换；最后又推出“招生政策 3.0”，不是看一次成绩，而是看几次的平均成绩，这时就需要在原来的基础上添加循环。就这样，通过一个招生的主题，把所学到的知识全部连贯在了一起。

本书的适用人群

本书是为 GESP 量身定制的，因而特别适合准备参加 GESP 等级考试的学生，以及从事 GESP 编程培训的老师。同时由于本书结构上的安排，对于那些不以考试或竞赛为目的的学生来说，也是一个很好的选择。对于编程老师，每章基本上对应两课时（按 1 小时 1 课时计算），对于自学编程的学生，则可根据自己的实际情况动态调整进度。

除课后作业外，书中有很多例题和练习，分成 3 类：

【例题】：这类题目是正文内容的一部分，以老师讲解或者自己看书为主，并不要求大家自己解答。

【真题解析】：这类题目跟例题一样，以老师讲解为主，区别在于这些题目是以往考试的真题。

【课堂练习】：这类题目是给学生练习的，学生先自己做，然后老师再讲解答案。对于自学的学生，也应该先自己尝试解答，然后再看答案。

所有的课后作业都附带了答案，在本书的最后。

本书另外附带 PPT 课件和视频讲解，供大家参考，扫描封底的“本书资源”二维码即可获得这些资源。

致谢

特别感谢中国计算机学会 GESP 组委会主席王延平教授、《软件简史》和《软件调试》作者暨格蠹科技创始人张银奎老师、Boolan 首席咨询师及 C++ 专家吴咏炜老师，感谢你们在百忙之中为本书撰写推荐语，你们的专业认可给予我莫大的鼓舞。

诚挚感谢清华大学出版社编校团队，感谢你们的专业支持，使本书得以顺利出版；特别感谢王中英编辑，您不厌其烦地协助文字润色、图片编辑和版面设计，为本书的品质提供了坚实保障。

衷心感谢国网湖南省岳阳公司高级工程师余捻宏老师，是您的启发和鼓励，让我萌生了将教学心得整理成书的想法。感谢学生家长赵娟、朱博渊、阮小芬、黄婷婷、严翠红、罗文浩、商晶莹等，感谢你们对我编程培训工作的鼎力支持，感谢你们愿意与我分享孩子成长的喜悦和生活点滴。

还要感谢我的妻子陶娟女士和我的儿子，感谢他们在生活中的陪伴，感谢妻子为我做默默无声的后勤工作，才让本书能够尽早跟大家见面。祝愿我们永远幸福、健康、快乐。

书中引用的真题解析，都来自 CCF 历年的 GESP 试卷，书中部分图片来自网络，在此一并表示感谢！

最后，由于时间仓促，书中难免有错误疏漏之处，还请读者批评指正。

沈根成
2025 年 4 月 18 日于上海联航路盛格塾

致小朋友

小朋友们，大家好！你听说过编程吗？编程就是在电脑上编写代码来解决实际问题，比如算一算你今年一共收了多少压岁钱，或者你这次考试，各门功课加起来一共考了多少分，或者如果你很厉害，还可以编一个小游戏。想一想吧，你不再需要拿出纸和笔，把数据记录下来，列个竖式来计算。你只要打开电脑，运行你编写的程序，把数据输入进去，它就能帮你计算出结果。而且你只要编写一次，以后可以反复使用。这是多么神奇和有趣的事情啊！

实际上，上面所列举的只是两个很简单的例子。编程的应用非常广泛，如今我们的生活早就离不开程序了。我们跟别人聊天沟通使用的微信是一个程序，我们在网上购物时进入的淘宝网站是一种程序，我们写文章使用的 Word、做讲义使用的 PPT 都是程序，甚至在我们的各种家电设备中，都有小程序存在。另外，我们如果想要让电脑模拟人类来思考，更是离不开程序。

编程不光神奇和有趣，学习编程还有很多好处。编程可以让大家养成严谨的习惯，编写代码时，要求大家严格按照代码规范来书写，不可以有半点马虎。编程能提高大家的抽象思维和想象的能力，编程时我们往往要在脑海里构思一幅图画，想清楚代码的结构，使用什么算法等。编程也能提高大家的总结能力和举一反三的能力，通过分析不同题目的代码，找出其中的规律，可以总结出一个结论，进而就能解决类似的问题。编程还能提高大家的创新能力，通过对同一道题目采用不同的解法，打开我们的思路，让我们的大脑变得更加灵活。

此外，编程对小朋友们的升学也有实实在在的好处。通过学习编程，去参加编程能力等级认证（即 GESP）考试，获得 GESP 证书，就可以轻松进入你喜欢的重点中学。如果沿着这条路走下去，后续参加全国青少年信息学奥林匹克竞赛（NOI）并获奖，那么像北大、清华这样的高等名校就会向你抛来橄榄枝。

编程有好几种语言可以选择，到底应该选择哪种语言呢？其实这并没有绝对的答案，GESP 一～四级的认证可以选择 3 种语言：Scratch、Python、C++。Scratch 有点类似搭积木，在游戏中学习编程，适合低年级的小朋友。但是 GESP 五～八级就没有 Scratch 了，只剩 Python 和 C++，其中 Python 简单易学，初学者容易上手。但是到了 NOI 竞赛，又只能选择 C++ 了。所以综合考虑下来，笔者觉得不如一开始就学习 C++。

那么，如何才能学好 C++ 编程呢？一本好的教材是必要的。虽然目前市面上有不少关于少儿编程的书籍，但是完全跟 GESP 考试大纲吻合的还没有。本书是完全按照 GESP 考试大纲编排的教程，涵盖了 GESP 一级 C++ 的所有内容。本书在讲解各个概念时，尽量使用小朋友们能够看得懂的语言，并且列举了大量的例子。本书有大量的真题解析，这些真题全部来自 GESP 的试卷。本书也配有很多课后作业，这些作业难度有深有浅，大家可以根据自己的实际情况来选择。如果小朋友们想自学的，本书也附带视频讲解，只需扫描封底的二维码就可以找到视频链接。

本书还有一个特点，就是大部分章节的最后都会有延伸阅读，这些延伸阅读的内容大多是一些有趣的小故事，可以帮助大家理解本章学习的内容，同时拓宽大家的视野。比如在讲解闰年判断的时候，延伸阅读部分就讲解了闰年的形成原因；在讲解水仙花数判断的时候，延伸阅读部分就介绍了自幂数的知识。

最后，希望小朋友们喜欢这本书，希望每个小朋友都能成为编程高手！

沈根成
2025 年 4 月 18 日于上海联航路盛格塾

第一部分　编程基础

第二部分 算术运算

第三部分　分支语句

第四部分　循环语句

第一部分　编程基础

亲爱的小朋友，欢迎来到编程的世界！编程跟我们平时学习的其他学科有很大的不同，我们在学习其他学科时，可能一本书、一支笔、一本作业本就足够了。但是学习编程，我们需要在计算机（日常称电脑）上操作，所以在正式学习编程之前，我们先要了解计算机的一些基础知识，比如计算机的发展历史、计算机由哪几部分组成、编程都有哪些步骤，等等。这一部分也会介绍一下有关 GESP 的知识，因为在 GESP 考试中也会有与认证考试本身有关的题目。在这一部分的最后，我们会带着大家一起编写一个简单的加法小程序，体验编程的流程。

第1章　GESP 介绍与二进制

作为本书的第 1 章，本章将介绍 GESP 的知识与二进制，你将了解到：

- 什么是 GESP，GESP 认证的语言包括哪几种，GESP 有几个级别。
- GESP 的考试频次和题目安排。
- 参加 GESP 认证考试有哪些好处。
- 二进制是怎样计数的。
- 怎样把一个二进制数转换成十进制数。
- 八进制与十六进制的知识。

1.1 GESP 介绍

既然这本书是关于 GESP 的，那么在我们正式学习编程之前，要搞明白两件事情，第一，GESP 是什么；第二，为什么要参加 GESP 认证。

1.1.1 什么是 GESP

GESP 的全称为 Grade Examination of Software Programming，即编程能力等级认证，是衡量大家计算机和编程能力的一个平台，是由中国计算机学会（即 CCF）主办的（如图 1-1 所示）。CCF 是一个非常权威的机构，我们现在熟知的全国青少年信息学奥林匹克竞赛（即 NOI），就是由 CCF 主办的。

图 1-1

GESP 是 CCF 于 2022 年刚刚推出的，是一个相对来说比较新的认证，所以现在可能很多家长还从来没有听说过。CCF 推出这个平台的目的，是提升青少年计算机和编程教育的水平，以及推广和普及青少年计算机和编程教育。

大家知道，现在咱们国家非常重视编程教育。现在有一个词非常流行，叫 AI（人工智能），即让电脑模仿人类来思考。AI 是新一轮科技革命和产业变革的重要驱动力量，是一门新的技术科学。咱们国家其实早在 2017 年的时候，就制定了《新一代人工智能发展规划》（如图 1-2 所示）。我们要去搞 AI，首先就要学会编程，所以编程将来是每个人必备的技能。就像我们现在每个人都会玩手机和电脑一样，以后编程是每个人都会的，因为到时候 AI 是无处不在的。

GESP 是面向所有的中小学生的，即使是一年级的小朋友也可以参加 GESP 认证考试。而且就学习编程来讲，越是低年级的小朋友越有优势，因为低年级的小朋友空余时间相对来说多一些，可塑性也更强。

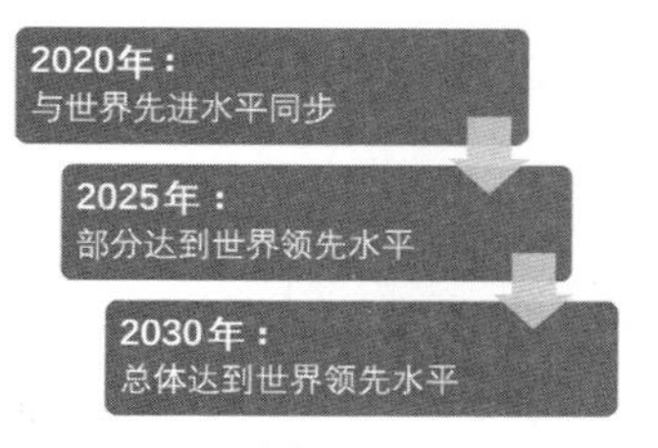

图 1-2

1.1.2 GESP 的语言和级别

GESP 考查的语言有三种，图形化编程（即 Scratch）、Python 及 C++（如图 1-3 所示）。GESP 一共分 8 个等级，但并不是每个等级都能选三种语言，其中一～四级可以选择 Scratch、Python 和 C++，而五～八级就只能选择 Python 和 C++（如图 1-4 所示）。

图 1-3

GESP 一~四级	GESP 五~八级
Scratch、Python 和 C++	Python 和 C++

图 1-4

GESP 规定，一级必考，不可以直接考二级，但是如果一级达到 90 分的话，二级是可以跳过去的。还有一些其他的跳级规则，大家可以到官网上去查询。

GESP 还规定，等级与语言是没有关联的，即同一个级别，无论是用什么语言（即 Scratch、Python 和 C++）考的，都是等价的，都是认可的。举个例子，GESP 规定，一级是必考的，只有考了一级才可以报考二级。那么，如果我一级考试用的是 Scratch，然后二级我想选择 Python 或者 C++，可以吗？答案是可以的，因为 Scratch 的一级跟 Python 或者 C++ 的一级是等价的。

既然这样，可能有些小朋友要问了，我可不可以先去学 Scratch，等到过一段时间再转成 C++？这么做理论上是可以的，但是浪费了一些时间，效率不高。笔者曾听说过一个案例，有个小孩之前学的 Java，已经很厉害了，都拿到全国的奖了，但因为后面没有赛道，又从头来考 C++ 的 GESP 一级。Scratch 也是一样，到了五～八级，就没有 Scratch 了，这时如果你要继续考级，就要转成 Python 或者 C++。虽然 Scratch 前面的等级 GESP 是认可的，但是 Scratch 的知识对于 Python 或者 C++ 来说，却没有多少借鉴作用，到头来你还是要从最基本的学起。

那么，我可不可以先学 Python，然后再转成 C++，或者干脆就不转呢？这个要看你后续的发展道路。如果后续你想参加 NOI，那么你不得不转成 C++，因为 **C++ 是 NOI 唯一指定的语言**。再者，Python 和 C++ 虽然都是高级语言，但是 C++ 是编译型语言，执行效率更高，而且就学习难易程度而言，笔者并不认为 Python 比 C++ 简单多少，为什么非得绕这么一个弯子呢？

1.1.3 GESP 的考试频次和题目安排

GESP 一年考试四次，分别是在三月、六月、九月和十二月。考试的形式是线下机考，就是说它是一个线下的考试，要到一个指定的考点，而不是在自己家里上网考试。考试时间是 120 分钟，满分是 100 分，60 分及格。单选题 15 道，每题 2 分，一共 30 分。判断题 10 道，每题 2 分，一共 20 分。编程题 2 道，每题 25 分，一共 50 分。单选题和判断题大部分考的都是概念，大家千万不要小看这些概念题，它们加起来一共也有 50 分的。

1.1.4 为什么要参加 GESP 认证考试

接下来我们就要讲一讲为什么要参加 GESP 认证考试。首先，是为了让你对你的计算机和编程能力有个全面的了解。大家如果平时自己学习的话，往往可能学习了半年或者一年，但并不知道自己的真实水平。就跟大家在学校里学习语文和数学一样，如果你不参加任何考试的话，是不知道自己的水平的。如果不知道自己的水平，那么学了一年半载以后，到底要不要继续学呢？要学的话，每天或者每周安排多少时间来学？这些你都无从确定。

笔者就遇到过这样一位小朋友，他自学了一段时间编程，自己感觉学得很好，结果我让他做了一套模拟试卷，发现原来还有很多不会的。所以考试本身是为了了解你当前的真实水平。

参加 GESP 考试，除了可以了解自己的编程水平，还有一个实实在在的好处，就是可以增加大家进入省市重点中学以及将来进入名校的机会。由于咱们国家现在对编程技能越来越重视，很多省市的重点中学都把获得 GESP 证书（如图 1-5 所示）作为招生条件之一。如果你后续继续去参加 NOI 并获奖的话，很多高校，如北大、清华等名校，也会向你抛来橄榄枝。所以，学习编程是实现弯道超车的一个好机会。

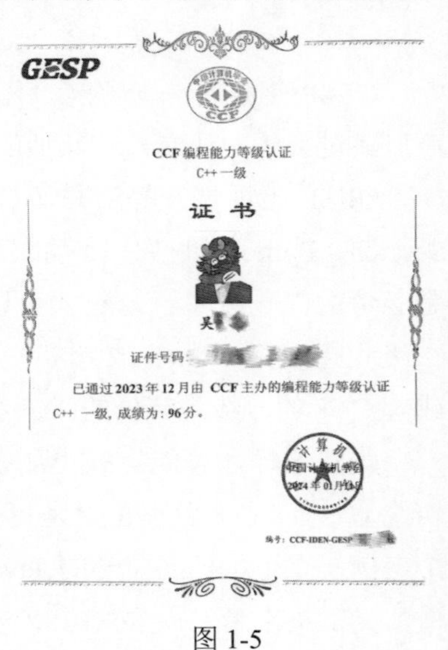

图 1-5

1.2 二进制

图 1-6

我们知道，计算机也称电脑。为什么叫电脑呢？因为计算机是由很多电路组成的。电路通常只有两个状态，接通与断开，这两种状态正好可以用 1 和 0 来表示，所以在计算机里，数据的存储和运算采用的都是二进制（如图 1-6 所示）。我们要学习编程，也必须先了解二进制。

1.2.1 感受二进制

我们首先来感受一下什么是二进制。

我们先看一看十进制是怎样计数的。十进制是逢十进一，也就是说当你在数数的时候，从零开始数，零、一、二、三、四、五、六、七、八、九，每个数都用一个符号表示，即 0、1、2、3、4、5、6、7、8、9。九后面是什么呢？是“十”。这个时候需要进位，要用两个符号来表示“十”，变成了 10，右边第一个符号（称作个位数）变成了 0，进过去的这一位（称作十位数）变成了 1。这就是十进制的计数原理。

从 10 开始，继续往后数，11、12、13，直到 19，下一个数又要进一位，于是十位数变成了 2，个位数又变成了 0，于是就变成了 20。十进制就是这样，逢十进一。

那么二进制呢？二进制，简单来讲，就是逢二进一。在十进制里，因为逢十进一，所以是没有表示“十”这个数的单个符号的，“十”这个数要用两个符号来表示。同样的道理，在二进制里，因为逢二进一，所以是没有表示“二”这个数的单个符号的，只有“0”和“1”两个符号（如图 1-7 所示）。

1010011101000101

图 1-7

我们试着用二进制来数数。零还是 0，一还是 1，接下来应该是二，但是二进制逢二进一，没有表示“二”的单个符号，于是进一位，同时第一位数变成 0，于是变成了 10。但这个时候，10 不能读成“shi”，我们直接把每个符号按顺序读出来，10 读成“yi ling”，它表示数值二。10 后面是 11，表示的数值是三。

11 后面再加 1，第一位变成二了，必须向第二位进 1 并且自己变成 0，这时第二位也变成了二，于是向第三位进 1，同时第二位变成 0，所以最后就是 100。 100 表示的数值就是四。这个过程可以用竖式进行，如图 1-8 所示，图中两个很小的“1”表示进位。

```
     11
+  ₁₁1
-------
    100
```

图 1-8

然后是 101、110、111、1000，相应的数值为五、六、七、八，等等。

1.2.2 数码和基数

接下来让我们学习进制中的一些术语。

数码： 数制中表示基本数值大小的不同数字符号。例如：

- 十进制有 10 个数码：0、1、2、3、4、5、6、7、8、9。

- 二进制有 2 个数码：0、1。

基数：数制所使用的数码的个数。例如，二进制的基数为 2；十进制的基数为 10。

拓展

上面的结论可以推广到 *N* 进制，即 *N* 进制有 *N* 个数码，*N* 进制的基数为 *N*。例如，八进制有 8 个数码，分别为 0、1、2、3、4、5、6、7，基数为 8。十六进制应该有 16 个数码，基数为 16，可是阿拉伯数字一共只有 10 个符号，从 0 到 9，如何表示 16 个数码呢？这时，我们就需要引入新的符号。十六进制中，我们用 a、b、c、d、e、f（或者 A、B、C、D、E、F）表示 10、11、12、13、14、15。

1.2.3 二进制表示

接下来，问题出现了。虽然在计算机内部存储的都是二进制，但毕竟二进制不利于阅读，就像我们前面看到的那样，二进制里的 111，其实是十进制的 7，所以我们在写代码的时候，绝大部分情形下仍然使用十进制。那么，对于一个数，比如 11，我们如何知道它是十进制的“十一”，还是二进制的“一一”（即数值 3）呢？

方法是，当我们使用二进制表示一个数的时候，前面必须加上前缀 0b 或者 0B（如图 1-9 所示）。所以，11 表示的是“十一”，0b11 或者 0B11 表示的是“三”。而且，使用二进制表示一个数时，通常都需要很多位，比如 10 000 这个十进制数，用二进制表示有 14 位，所以我们一般会每 8 位（也有的地方是每 4 位）加一个空格，不足 8 位的前面补 0，所以 10 000 用二进制表示时就是 0b00100111 00010000。如何把一个十进制数转换成二进制数，将在 GESP 三级教程中讲解。

0b10100111，0B01000101

图 1-9

1.2.4 二进制转十进制

那么，当我们看到一个二进制数，尤其是看到一个很长的二进制数时，我们怎么知道它表示的数值是多少呢？的确，对于一个很长的二进制数，你是无法一眼看出它表示的数值的，但我们又的确需要知道它的大小，这就需要把它转换成十进制数。这时，我们就需要了解一个新的概念——位权。

简单来说，位权就是一个数中，某一位表示的数值的大小。我们仍然以十进制数为例，我们来看 6352 这个数。这个数有 4 位，分别为 6、3、5、2，其中 2 就表示 2，但是 6、3、5 呢？它们就表示 6、3、5 吗？如果这里的 6、3、5 仅仅表示 6、3、5 的话，那么 6352=6+3+5+2=16，显然这是不对的。

我们仔细分析一下，6352=6000+300+50+2，所以这里的 5 表示 50，即 5×10^1，3 表示 300，即 3×10^2，6 表示 6000，即 6×10^3。这里，10^1 就表示 5 所在的位置的位权，10^2 就表示 3 所在的位置的位权，10^3 就表示 6 所在的位置的位权。我们有这样的结论，从右边开始数，第 n 位的位权为 10^{n-1}，如图 1-10 所示。

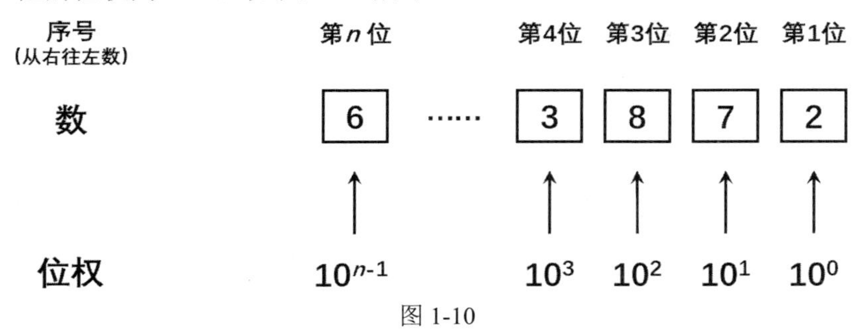

图 1-10

提示

（1）10^n 表示 n 个 10 相乘。

（2）任何一个非零数的 0 次方等于 1，所以 $10^0=1$。

所以一个十进制数表示的值的大小，等于它的每个位上的数乘以这个位的位权，然后求和。这个方法称为**位权展开求和法**。

上述理论和求和方法同样适用于二进制数。对于二进制数，从右边开始数，第 n 位的位权为 2^{n-1}，如图 1-11 所示。

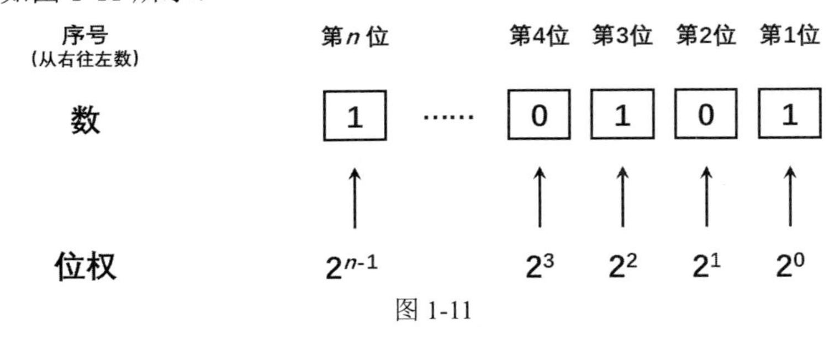

图 1-11

对于一个二进制数，从右往左，位权依次为 2^0、2^1、2^2、2^3、2^4，等等。

由于同学们可能还没有学过幂运算，下面列出 $2^0\sim2^{10}$ 的值：

$2^0=1$　　$2^1=2$　　$2^2=4$　　$2^3=8$

$2^4=16$　　$2^5=32$　　$2^6=64$　　$2^7=128$

$2^8=256$　　$2^9=512$　　$2^{10}=1024$

大家并不需要把这些数全部背下来，需要的时候用计算器算一下，或者在草稿纸上算一下就可以了。

在进行转换时，我们可以把每个位的位权标注在数字上面，然后把每个位上的数乘以这个位的位权，再求和，如图 1-12 所示。

$$0b\overset{8}{0}\overset{4}{1}\overset{2}{1}\overset{1}{0} = 0\times8+1\times4+1\times2+0\times1 = 6$$

图 1-12

由于 1 乘以任何数等于这个数本身，0 乘以任何数为 0，所以**只需把数字为 1 的位上的位权相加**即得到这个二进制数表示的数值，数字为 0 的不需要加（数字为 0 的位权也不用标），如图 1-13 所示。

$$0b\overset{128}{1}0\overset{32}{1}\overset{16}{1}0\overset{4}{1}0\overset{1}{1} = 128+32+16+4+1= 181$$

图 1-13

【课堂练习】

请算出下面这两个二进制数表示的数值。

（1）0b00001101

（2）0b00110010

解答（请自己在每个 1 上面标上位权）：

（1）0b00001101 = 8+4+1 = 13

（2）0b00110010 = 32+16+2 = 50

【例题】

比较下面两个数的大小：

1001，0b1001

分析：第一个数没有任何前缀，是十进制数，第二个数有 0b 前缀，是二进制数。两个不同进制的数，是无法直接看出大小的，必须转换成相同的进制。就目前而言，十进制数转换成二进制数还没有学到，所以我们把二进制数转换成十进制数。

使用前面的方法，0b1001 = 8+1=9，所以 1001> 0b1001。

【课堂练习】

请比较下面两个数的大小：

1010，0b1110

解答：把第二个数转换成十进制数，0b1110 = 14，所以 1010 > 0b1110。

1.2.5 常见的二进制数

我们已经学会了如何把二进制数转换成十进制数，但是把十进制数转换成二进制数，则相对来说有点难，表 1-1 列出了一些比较小的十进制数（以及几个特殊的十进制数）对应的二进制表示。

表 1-1 常用的十进制数对应的二进制表示

十进制	二进制	十进制	二进制
0	0b0	6	0b110
1	0b1	7	0b111
2	0b10	8	0b1000
3	0b11	16	0b10000
4	0b100	32	0b100000
5	0b101	64	0b1000000

我们发现，从 8 开始，十进制数每乘以 2，二进制表示里末尾就多了一个 0。实际上，这正是二进制的本质，正如十进制里，末尾每多一个 0，这个数就变成了原来的数的 10 倍，在二进制里，末尾每多一个 0，这个数就变成了原来的数的 2 倍。这个规律同样可以扩展到 N 进制。

1.3 八进制和十六进制

我们前面在学习数码和基数的时候提到，八进制有 8 个数码，用 0 ～ 7 表示，十六进制有 16 个数码，用 0 ～ 9，a、b、c、d、e、f（或者 A、B、C、D、E、F）来表示。除此以外，在书写八进制数的时候，我们必须以 0 打头，而在书写十六进制数的时候，必须以 0x 或者 0X 打头。

【真题解析】

判断下列说法是否正确：

C++ 表达式 010+100+001 的值为 111。

解析：如果你不知道以 0 打头的数为八进制，这条题目肯定会认为是正确的。但是现在，我们已经知道 010 是八进制数了，我们就要来计算一下。010 转成十进制数怎么转呢？方法跟二进制数转十进制数是一样的，用**位权展开求和法**。$010 = 1\times8^1 + 0\times8^0 = 8$，所以 010+100+001 = 109，所以本题错误。

课后作业

1. 小格去报名参加 CCF 组织的 GESP 认证考试的第一级，那么他可以选择的认证语言有几种？（　　）

A. 1　　B. 2　　C. 3　　D. 4

2. 比较下列两组数的大小：

（1）111 ○ 0b1110

（2）15 ○ 0b1111

延伸阅读：二进制数是一类特殊的数吗

在讲解二进制数的表示方法的时候，我向大家提了一个问题：当你看到一个数，比如11，你怎么知道它是十进制数十一，还是二进制数三呢？结果一个小朋友反问我，二进制里有“三”吗？

这是一个有趣的问题。确实，二进制里只有 0、1、10、11、100、101 等，是没有读音为“san”的数的，那么难道这个问题本身不对吗？

这其实是因为我们平时的表述不够严密。我们平时习惯说十进制数和二进制数，但严格来讲，这种说法是不对的。数就是数，是没有所谓的十进制数和二进制数的，十进制和二进制，只是数的不同表示方法而已。就像我们在唱票时，采用画“正”字的方法来计数，也只是数的一种不同的表示方法（如图 1-14 所示，一个“正”字表示 5，图中表示的数为 18）。它们表示的数，还是那些数。

正 正 正 下

图 1-14

所以上述问题，“11 是十进制数十一，还是二进制数三”，这样的问法是不严密的。我们永远看不到数，我们能看到的只是数的表示方法。所以上述问题严格来讲，应该这样问：当你看到“11”这样的符号时，你怎么知道它是一个十进制表示（此时表示的数值为“十一”，这里写成了汉字，因为如果写成 11，又变成表示方法了），还是一个二进制表示（此时表示的数值为三）呢？

但是，如果我们每次看到一个二进制表示的数，比如，0b111，都说这是一个“7 的二进制表示”，就显得很啰嗦，没有“二进制数 7”来得简洁。所以，在日常交流中，我们仍然会直接说“这是一个十进制数”“那是一个二进制数”，尽管这种表述并不严密。

第 2 章　计算机基础知识

我们每天都在跟计算机打交道，但是你对计算机了解多少呢？学了本章的内容，你将会了解到：

- 计算机是由哪几个部分组成的。
- 计算机的理论模型和体系结构是什么。
- 计算机的发展经历了哪几个阶段。
- 现代计算机分为几代。
- 计算机中数据存储的基本单位是什么。

2.1 计算机组成部分

图 2-1 是一台笔记本电脑，请你说出这台电脑的各个部件的名称，知道多少说多少。

图 2-1

从外表来看，我们可以看到鼠标、键盘、显示器、摄像头，还有各种插口。但是，这些只是外表，是看得到的部分，里边还有很多看不到的部分。就像一个人一样，你看到头、眼睛、鼻子、嘴巴、手、脚等，但是一个人除了这些部位，还有心脏、肝、脾、胃等，这些部位虽然看不到，但是跟其他部位一样重要。

2.1.1 五大部件

比较正规的分法是把计算机分成五大部件。

1. 运算器

第一个叫运算器，是计算机中执行各种算术和逻辑运算操作的部件（示意图如图 2-2 所示）。计算机之所以叫计算机，它的主要功能当然就是计算，而计算靠的就是运算器。运算器是计算机的大脑，是计算机中最重要的部件，因为如果没有运算器的话，计算机将一无是处，什么也做不了。

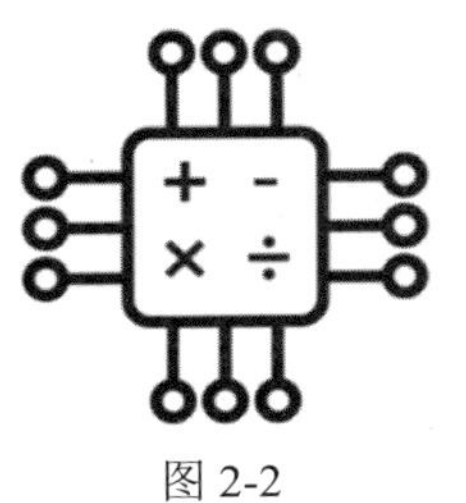

图 2-2

2. 控制器

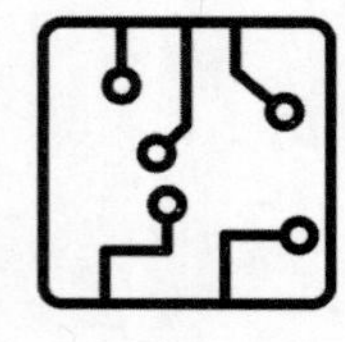
图 2-3

第二个就是控制器，是计算机的神经中枢，指挥着计算机中各个部件自动协调工作（示意图如图 2-3 所示）。这就像一个乐队，有很多人和很多乐器，每个人负责不同的声部，时而宛转悠扬，时而激情澎湃，这时一定需要一个乐队指挥，否则就会乱套。

很多小朋友会认为键盘和鼠标属于控制器的范畴，这是错误的。控制器在计算机内部，是我们看不到的。控制器是计算机自己根据一定的逻辑协调各个部件工作，是不受人控制的。键盘和鼠标是受人控制的，只是人跟计算机交互的一种介质。

3. 存储器

第三个就是存储器（也称为存储设备），是一种利用半导体、磁性介质等技术制成的存储资料的电子设备（示意图如图 2-4 所示）。

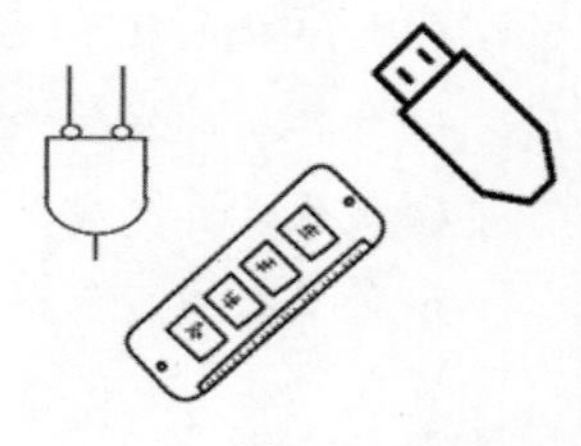
图 2-4

存储器主要分为内存和外存。

内存，也称内存储器和主存储器，用于暂时存放计算机中的运算数据，以及与硬盘等外部存储器交换的数据。对于内存，大家应该是有感觉的，我们去买计算机的时候，都会询问这台计算机的内存是多少，是 8GB、16GB，还是 32GB。内存是影响计算机运行速度的重要因素之一，当我们感觉到一台计算机很慢时，通常都是因为它的内存太小了。

外存，也称外存储器，用于长期存储数据。外存与内存最大的区别在于，内存断电后数据就消失了，而外存一般断电后仍然能保存数据。比如大家平时在写代码或者写文章的时候，老师总会叮嘱大家，一定要经常保存。为什么呢？因为你不保存的话，你写的代码或者输入的文字是在内存里的，这时一旦发生死机等意外情况，这些代码或文字就消失了。而如果保存到了外存里，即使关机了，那些信息仍然还在。

值得一提的是，**外存不一定是在计算机外部**。常见的外存储器有硬盘、软盘、光盘、U 盘等。而硬盘，除了外接硬盘，通常都是在计算机内部的。

4. 输入设备

第四个是输入设备，是向计算机输入数据和信息的设备，是计算机与用户或其他设备通信的桥梁，简单说，就是把外部的信息输入到计算机内部。

前面问题里提到的键盘和鼠标就是输入设备，它们是用来向计算机输入信息的。鼠标看起来有点特别，好像并不输入信息，但它是用来移动位置的，它相当于向计算机输入位置信息。其他如麦克风和摄像头，也是输入设备，是向计算机输入声音或者影像信息的（示意图如图 2-5 所示）。

图 2-5

触控板也是输入设备，触控板的功能类似于鼠标，是用来向计算机输入位置信息的。

5. 输出设备

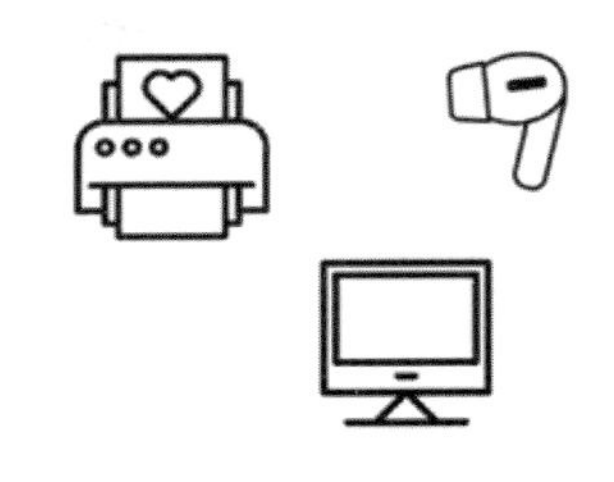

图 2-6

最后一个是输出设备，是计算机硬件系统的终端设备，用于接收计算机数据的输出显示、打印、声音、控制外围设备等，简单说，就是把计算机内部的信息输出来，给人看或者听，或者控制其他设备。典型的输出设备有显示器、扬声器、打印机等（示意图如图 2-6 所示）。

手机的触摸屏是输入设备还是输出设备？这是一个很好的问题。我们通常说的触摸屏，是我们看到的那个既能显示信息又能接收输入信号的屏幕。它其实是两个屏，里层的是显示屏，是输出设备，外面的一层透明的屏才是真正的触摸屏，是输入设备。所以，如果你说的触摸屏是两个屏的结合物，那么它既是输入设备又是输出设备。但是如果你说的触摸屏仅仅指外面的那一层屏，此时，它就类似于笔记本电脑的触控板，只是输入设备。

图 2-7

以上说的 5 个部件，是从功能上区分的。但是，当我们真正在制造计算机的时候，并不是把五个部件全部分开来做的。我们是把运算器、控制器以及一些快速存储单元合在一起，构成一个新的部件叫 CPU，即中央处理器（示意图如图 2-7 所示）。CPU 是计算机系统的运算和控制核心，是信息处理、程序运行的最终执行单元。

2.1.2 图灵机模型

讲到计算机，还有一个概念大家要记住，就是现代计算机的理论模型，叫图灵机模型（如图 2-8 所示）。图灵机，又称图灵计算机，是一个抽象的机器。它是由英国数学家艾伦 • 麦席森 • 图灵（1912－1954 年）于 1936 年提出的一种抽象的计算模型，即将人们使用纸笔进行数学运算的过程进行抽象，由一个虚拟的机器替代人类进行数学运算。图灵机有一条无限长的纸带，纸带分成了一个一个的小方格，每个方格有不同的颜色。有一个读写头在纸带上移来移去。读写头有一组内部状态，还有一些固定的程序。在每个时刻，读写头都要从当前纸带上读入一个方格信息，然后结合自己的内部状态查找程序表，根据程序输出信息到纸带方格上，并转换自己的内部状态，然后进行移动。

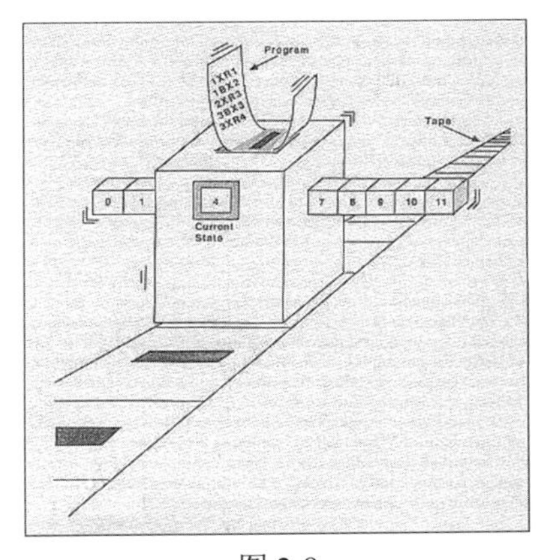

图 2-8

值得一提的是，图灵的这个机器只是一个模型，图

灵并没有能够造出这样一台机器，但是它为现代计算机的发展提供了理论依据，肯定了计算机实现的可能性，同时它给出了计算机应有的主要架构；图灵机模型引入了读写、算法与程序语言的概念，极大地突破了过去的计算机器的设计理念。而现代计算机恰恰就是借鉴了这些概念，所以说图灵机是现代计算机的理论模型。

2.1.3 冯·诺依曼体系结构

另外一个要记住的概念，就是现代计算机的体系结构，叫冯·诺依曼体系结构（如图 2-9 所示）。数学家冯·诺依曼提出了计算机制造的三个基本原则，即采用二进制逻辑、程序存储执行以及计算机由五个部分组成（运算器、控制器、存储器、输入设备、输出设备），这套理论被称为冯·诺依曼体系结构。

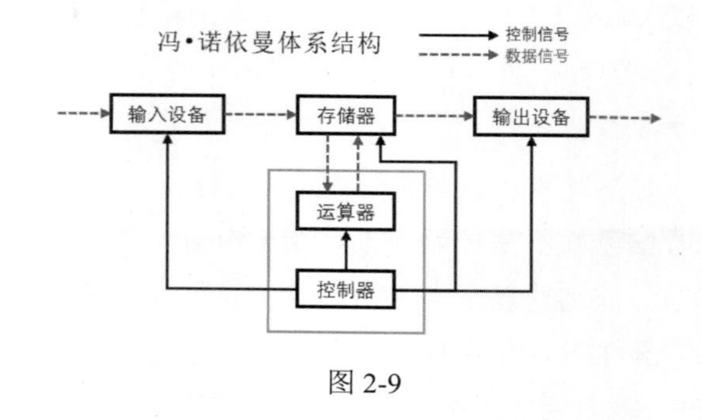

图 2-9

【真题解析】

1. 以下不属于计算机输入设备的有（　　）。

A. 键盘　　B. 音箱　　C. 鼠标　　D. 传感器

解析：键盘和鼠标前面提到过了。音箱，是把计算机里边的声音放出来，因而是输出设备。传感器是感受周围环境的状态（声音、物体的距离等），并把这些信息传给计算机，所以是输入设备。所以本题答案是 B。

2. 以下不属于计算机输出设备的有（　　）。

A. 麦克风　　B. 音箱　　C. 打印机　　D. 显示器

解析：答案很明显，是 A，因为麦克风是把人的声音输入到计算机的，是输入设备。

2.2 计算机的发展历史

接下来我们要简单了解一下计算机的发展历史。我们把计算机的发展史分成了三个阶段。

2.2.1 机械计算器

第一阶段是1930年以前，称为机械计算器阶段，与现代计算机没有任何相似之处。图2-10是英国数学家巴贝奇发明的分析机，没有任何电子设备，完全由一些机械部件构成。

图2-10

2.2.2 电子计算机

第二阶段是从1930年到1950年，这一阶段电子计算机诞生了，特别是到1946年的时候，第一台通用的完全电子的计算机诞生了，它的名字叫ENIAC。这是一个缩略词，全称为Electronic Numerical Integrator and Calculator，即电子数字积分计算机（如图2-11所示）。

图2-11

ENIAC长30.48米，宽6米，高2.4米，占地面积约170平方米，有30个操作台，重约30吨，功率为150千瓦，造价48万美元。它包含了17 468根真空管（电子管），7200根水晶二极管，70 000个电阻器，10 000个电容器，1500个继电器，6000多个开关，计算速度是每秒5000次加法或400次乘法，是使用继电器运转的机电式计算机的1000倍、手工计算的20万倍。

2.2.3 冯・诺依曼体系结构的计算机

第三个阶段是1950年以后，这一阶段的计算机称为冯・诺依曼体系结构的计算机（如图2-12所示），计算速度越来越快，体积变得越来越小。

图 2-12

以上是按年代来划分的。由于自从第一台电子计算机问世以来，计算机在硬件和软件方面一直都在不断发展，所以我们从硬件和软件方面，又可以把电子计算机分为以下4代。

- 第一代电子计算机以电子管（也叫真空管）作为主要部件，体积庞大，主要作为商业用途。
- 第二代电子计算机用晶体管代替了真空管，缩小了体积，节省了成本。
- 第三代电子计算机使用集成电路，进一步缩小了体积，降低了成本。
- 第四代电子计算机使用大规模集成电路，小型计算机和微型计算机出现。20世纪80年代，基于英特尔的x86架构及微软公司的MS-DOS操作系统的个人电脑（PC）登上历史舞台。

我们还可以用其他标准对现代计算机进行分类。比如，如果按照它的大小来分的话，可以分为巨型机、大型机、中型机、小型机、微型机；如果按照便携性来分的话，可以分为台式电脑、笔记本电脑、平板电脑、掌上电脑等。

2.3 计算机的数据存储

1.2节中讲到，在计算机内部，所有数据的存储和运算采用的都是二进制格式。我们也向大家展示了几个较小的数的二进制表示（参见表1-1），从表中可以看出，最小的两个数0和1，用二进制表示时，只有1位。所以我们说，计算机数据的最小单位为位，也叫比特（bit）。0和1，只有1位；2和3，需要2位；4、5、6、7，需要3位；等等。

但是计算机在存储数据的时候，并不是以bit为单位来存储的，它是以字节（Byte）为单位来存储的。也就是说，即使最小的数0和1，也需要占1 Byte。虽然1 Byte有8位，但是要存储0和1，仍然要用2 Byte，而不是挤在1 Byte里，如图2-13所示。

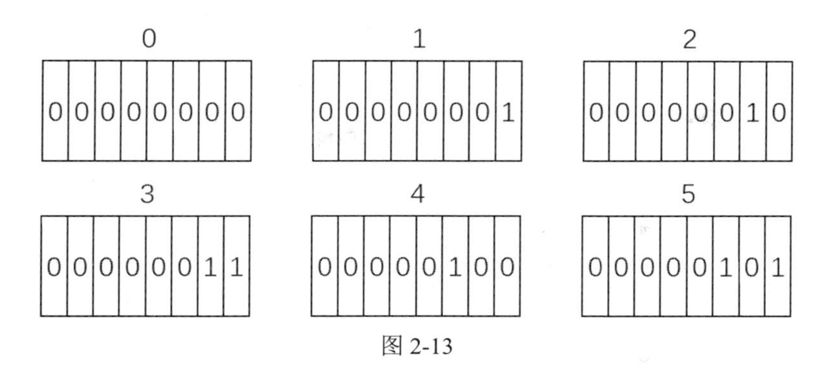

图 2-13

由于 1 Byte 为 8 位，能表示的最大的数为 0b11111111，即 255，所以如果一个数超过了 255，就需要用 2 Byte 存储。同样，2 Byte 能表示的最大数为 0b11111111 11111111，即 65535，如果一个数超过了 65535，就要用 4 Byte 来存储。

所以，数据存储时，要么占用 1 Byte，要么占用 2 Byte，要么占用 4 Byte，不可以只占用 1/2 Byte，或者 1/4 Byte。

【真题解析】

计算机系统中存储的基本单位用 B 来表示，它代表的是（　　）。

A. Byte　　B. Block　　C. Bulk　　D. Bit

解析：很显然，答案为 A。

课后作业

1. 我们通常说的“内存”属于计算机中的（　　）。

A. 输出设备　　B. 输入设备　　C. 存储设备　　D. 打印设备

2. 现代计算机是指电子计算机，它所基于的是（　　）体系结构。

A. 艾伦・图灵　　B. 冯・诺依曼　　C. 阿塔纳索夫　　D. 埃克特・莫克利

3. 判断下列说法是否正确。

（1）早期计算机内存不够大，可以将字库固化在一个包含只读存储器的扩展卡中，插入计算机主板，帮助处理汉字。

（2）计算机中数据存储的基本单位为 bit。

（3）计算机中数据的最小单位为 bit。

（4）计算机中数据存储的基本单位为 Byte。

（5）1 Byte 等于 6 位。

（6）两个数 0 和 1，可以合用 1 Byte 来存储，因为 0 和 1 只有 1 位，而 1 Byte 有 8 位。

延伸阅读：什么叫便携性

便携性，是指方便随身携带的特性，比如笔记本电脑、平板电脑或者手机，就是可以随身携带的。但是，台式电脑因为体积太大，不方便随身携带，因而在依据便携性对电脑进行分类时，台式电脑就自成一类。

写到这里，笔者不禁想起多年前看到的一幅图画，一个人把一个台式电脑捆绑起来，用扁担挑起来带在身边，然后旁边写着 portable，意为“可以携带的”（图 2-14）。这只是搞笑而已，所谓“便携”，一要可携，二要方便，要拿起来就走。用绳子绑起来，用扁担挑着走，带是可以带了，但是一点也不方便。

图 2-14

第3章　程序的基本概念

学习了计算机的一些基础知识，我们终于开始步入正轨了，本章讲解程序的基本概念，包括：

- 程序和软件的概念。
- 软件是怎样分类的。
- 程序设计语言有哪些。
- 编写程序有哪些步骤。
- 使用什么工具编写代码。

3.1 软件的概念

“编程”中的“程”，就是指程序。所以，从本章起，我们开始慢慢地接触到核心内容了。在第2章中我们已经学过，计算机分五大部件，分别为运算器、控制器、存储器、输入设备和输出设备。这是从硬件层次来说的。计算机之所以具有那么多功能，除了硬件之外，还有一个重要的部分，就是软件。硬件加软件，合在一起构成了计算机（如图3-1所示），两者缺一不可。可以说，如果没有软件，计算机就是一堆废铜烂铁，什么事也干不了；反过来，如果光有软件没有硬件，那么软件就变成了空中楼阁，没有运行的环境，只能是纸上谈兵。

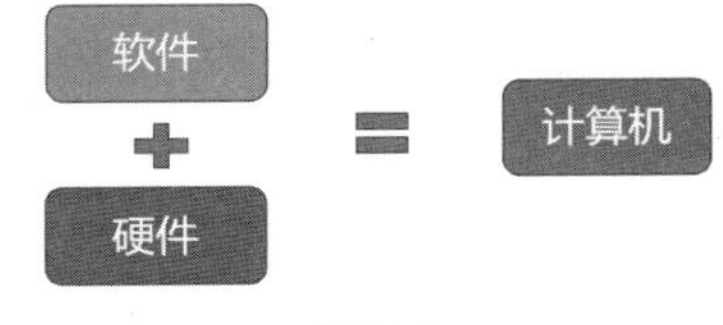

图3-1

那么软件到底是什么呢？软件是一系列按照特定顺序组织的计算机数据和指令的集合。这个定义看起来很生硬，如果大家觉得不好理解的话，我们不妨举电视的例子。硬件就是电视机，软件就是电视节目，是在电视机里展现的内容。光有电视机没有电视节目，就没有什么可以看的；反之，光有电视节目没有电视机，也没法看。所以，电视机和电视节目也是相辅相成的，两者缺一不可。

3.1.1 软件的分类

软件有很多，据统计现在全球软件总数达45 000之多（如果算上手机App（指手机上的软件）的话，还会更多）。如此众多的软件，我们需要对它们做个分类。

一般来讲软件被划分为系统软件、应用软件和介于这两者之间的中间件。**系统软件**是指控制和协调计算机及外部设备，支持应用软件开发和运行的系统，是无须用户干预的各种程序的集合，主要功能是调度、监控和维护计算机系统；负责管理计算机系统中各种独立的硬件，使得它们可以协调工作。系统软件使得计算机使用者和其他软件将计算机当作一个整体而不需要顾及底层的每个硬件是如何工作的。

常见的系统软件有操作系统、编译器及各种数据库管理程序。操作系统是介于计算机硬件和用户（程序或人）之间的接口，它作为通用管理程序管理着计算机系统中每个部件的活动，并确保计算机系统中的硬件和软件资源能够更加有效地使用。操作系统好比计算机的“大脑”。常见的桌面操作系统有 Windows、UNIX、Linux 系列发行版、macOS 等（如图 3-2 所示，ubuntu 是 Linux 发行版的其中一种）。

图 3-2

应用软件是和系统软件相对应的，是指各种为满足用户不同领域、不同问题的应用需求而提供的那部分软件。它们可以拓宽计算机系统的应用领域，放大硬件的功能。我们熟知的微信、支付宝、Word 处理软件、多媒体播放器、浏览器等，都是应用软件，它们都是能够独立运行的。还有一类软件，如淘宝、B 站等，它们不能独立运行，必须运行在浏览器里，但是因为它们都具有特定的功能，所以我们也称它们为软件，并称它们为网站应用（Web Application）。

中间件的概念比较复杂，这里就不介绍了。

3.1.2 软件和程序的区别

一般情况下，这两个概念是可以互换的，我们可以说编写程序，也可以说编写软件。尽管有些词汇里只用其中一个，比如我们说从事软件工作的人叫程序员或软件工程师，但不说软件员或者程序工程师，但本质上，它们是没有差别的。

但是如果要再深入一点的话，软件和程序又有一些细微的差别。程序一般是指计算机指令的集合，即源代码（编译前）或者可执行文件（编译后），软件则是程序、数据和文档的集合（如图 3-3 所示）。

软件 = 程序 + 数据 + 文档

图 3-3

如果大家对文档不太理解的话，想一想你去购买电视机或者洗衣机的时候，是不是都有一本使用说明？这个使用说明就是一种文档。软件也需要有使用说明，软件的使用说明通常称为帮助文档。复杂的软件需要有很详细的帮助文档，否则用户不会用或者会用错。

数据则并不是每一个软件都有。有些视频编辑软件，除了工具本身（即程序）和帮助文档以外，还有很多素材，包括背景音乐、图片、转场特效等，这些素材就是数据。当然，也有人不把数据单列出来，而是作为文档的一部分。

【真题解析】

1. 小格的父母最近刚刚给他买了一块华为手表，他说手表上跑的是鸿蒙，这个鸿蒙是（　　）。

   A. 小程序　　B. 计时器　　C. 操作系统　　D. 神话人物

   解析：这条题目需要小朋友对当前的科技动态有一些了解。鸿蒙是华为公司在 2019 年 8 月 9 日于东莞举行的华为开发者大会上正式发布的一款分布式操作系统（图 3-4 为它的商标），目标是创造一个超级虚拟终端互联的世界，将人、设备、场景有机地联系在一起，将消费者在全场景生活中接触的多种智能终端，实现极速发现、极速连接、硬件互助、资源共享。所以这道题的答案是 C。

   HarmonyOS

   图 3-4

   鸿蒙这个词是华为创造的吗？不是的。这个词原来的意思是什么呢？这个词的原意是指中国神话传说的远古时代，传说在盘古开天辟地之前，世界是一团混沌状，因此把那个时代称作鸿蒙时代，后来该词也常被用来泛指远古时代。华为只是把他们发布的操作系统取名为鸿蒙而已，就像微软的 Windows 操作系统，Windows 本意是窗户的意思，微软把它用作了他们发布的操作系统的名字。

   由此可见，一个词语到底代表什么意思，要看它所处的上下文。在这个题目里，说的是手机上跑的是鸿蒙，所以就是指操作系统了。

   有些小朋友可能认为，那也有可能是小程序啊？理论上讲是有可能的。但目前还没有发现叫鸿蒙的小程序。本题问的是个既成事实，不是问有可能是什么。

2. 我们所使用的手机上安装的 App 通常指的是（　　）。

   A. 一款操作系统　　B. 一款应用软件　　C. 一种通话设备　　D. 以上都不对

   解析：手机上的软件一般称为 App，是 Application 的简写形式，Application 就是“应用”的意思，所以答案为 B。

3.1.3 软件不能干什么

世界上有那么多软件，这么多软件加起来，几乎无所不能。但是，就单个软件而言，每个软件都有其特定的用途，而不是无所不能的。比如说我们的 Word 处理软件，它是用来写文档的，可以处理文字和图片排版，但是你不能用 Word 来聊天、上网、播放视频。再比如说微信，它是用来聊天的，还可以线上支付，但是你不能用微信来编辑图片或播放视频。

再比如说扫地机器人里的程序，它可以指导机器人扫地，但是它不能用来做饭。而相反，电饭锅能做饭，却不能扫地（电饭锅能跟人交互，里边也有一个简单的程序）。

【真题解析】

ChatGPT 是 OpenAI 研发的聊天机器人程序，它能通过理解和学习人类的语言来进行对话，还能根据聊天的上下文进行互动，完成很多工作。请你猜猜看，下面任务中，ChatGPT 不能完成的是（　　）。

A. 改邮件　　B. 编剧本　　C. 擦地板　　D. 写代码

解析：题目里已经解释了 ChatGPT 是一个聊天机器人程序（图 3-5 是它的标识），并特意做了说明，“它能通过理解和学习人类的语言来进行对话，还能根据聊天的上下文进行互动，完成很多工作”。这里，我们要把“聊天”这个词看成一个广义的概念，不仅仅是唠家常那样闲聊，还能写小说、讲故事，总之只要是能够通过文字形式展现出来的，它都可以做。但它毕竟只是一个程序，是一段运行在普通的电脑里的机器指令，不是一个物理形状的机器人，所以它不能擦地板，不能烧饭，一切具有物理性质的活儿，它是做不了的。所以本题答案为 C。

图 3-5

另外，即使是一个能在地上走来走去的机器人，它也不一定能擦地板。机器人跟软件一样，每个特定的机器人也只有特定的用途，不能做所有的事情。比如说我们现在到餐馆里面去吃饭，大家有没有看到送餐机器人？送餐机器人可以把餐碟送到指定的桌子，但是它会擦地板吗？会做饭吗？不会。

3.2 程序设计语言

我们编写程序的过程，其实也就是让计算机按照人的思想来做事的过程，也就是说，希望计算机按照我们的想法来做事情，那么这就牵涉到一个交流的问题。就像人跟人之间，如果我要叫某个人去帮我做个什么事情，我要跟他交流，我说：“小格，请你帮我倒杯水好吗？”这是一种有声音的语言。也可以是一个眼神，一个动作，那就是一种肢体语言。

我们跟计算机交流，也需要一种语言，这个语言就是程序设计语言。正如人跟人之间的交流有很多种语言一样，程序设计语言也有很多种，比如说有些小朋友在学 Python，还有些小朋友在学 Scratch，这些都是程序设计语言。而我们这本教材，主要是讲 C ++。

程序设计语言是指，根据事先定义的语法规则而编写的预定语句的集合。

以上提到的都是高级设计语言，是人们经过长时间的实践发明而来的。但是在计算机刚刚问世的时候，并没有高级语言。

3.2.1 机器语言

第一代程序设计语言为**机器语言**。我们已经知道，计算机中所有的数据都是以二进制格式存储的，计算机也只能认识二进制格式的数据，所以第一代程序设计语言就是直接用二进制编写程序的（如图3-6所示）。这样的程序，机器是可以直接执行的，执行效率高。但缺点是，代码不容易理解，开发和维护的成本很高，并且特定型号的计算机有其专用的机器语言规范，程序不能在不同的硬件上执行。

```
0000 0000  |  0000 0100  |  0000 0000 0000 0000
0101 1110  |  0000 1100  |  1100 0010  0000 0000 0000 0010
           |  1110 1111  |  0001 0110  0000 0000 0000 1011
           |  1110 1111  |  1001 1110  0000 0000 0000 1011
1111 1000  |  1010 1101  |  1101 1111  0000 0000 0001 0010
           |  0110 0010  |  1101 1111  0000 0000 0001 0101
1110 1111  |  0000 0010  |  1111 1011  0000 0000 0001 0111
1111 0100  |  1010 1101  |  1101 1111  0000 0000 0001 1110
0000 0011  |  1010 0010  |  1101 1111  0000 0000 0010 0001
```

图 3-6

3.2.2 汇编语言

第二代程序设计语言为**汇编语言**。它是由机器语言演化而来的，使用带符号或者助记符的指令和地址来代替二进制代码（如图3-7所示）。这个时候，计算机就不能直接执行这些代码了，需要通过汇编程序把这些代码翻译成机器指令。汇编语言大大提高了开发效率，但它仍然不能适用于不同的硬件，而且那些符号也不直观。所以汇编语言属于一种低级语言。

```
START: CLR C            ；将Cy清零
       MOV R0, #41H     ；将被加数地址送数据指针R0
       MOV R1, #51H     ；将加数地址送数据指针R1
AD1:   MOV A, @R0       ；被加数低字节的内容送入A
       ADD A,@R1        ；两个低字节相加
       MOV @R0, A       ；低字节的和存入被加数低字节中
       DEC R0           ；指向被加数高位字节
```

图 3-7

3.2.3 高级语言

第三代程序设计语言为**高级语言**。高级语言使用接近于人类的语言编写代码（如图

3-8 所示），使程序员把精力放在需要解决的问题上，而无须考虑硬件的复杂性，极大地提高了开发和维护的效率。我们现在如果提到程序设计语言，如果不特别说明的话，都是指高级语言。常见的高级语言有 Python、C++、Java 等。

```
1 int a;
2 cin >> a;
3 if(a >= 60)
4         cout << 1 << endl;
5 else
6         cout << 0 << endl;
7 return 0;
```

图 3-8

高级语言跟汇编语言一样，都需要先转换成机器语言才能运行（或执行，意思是一样的）。这个转换的过程有两种，一种是先把代码转成可执行文件（也叫可执行程序），再被机器执行（如图 3-9 所示），这个过程叫编译执行，前面转换的过程叫“编译”。C++ 和汇编语言都属于编译型语言。

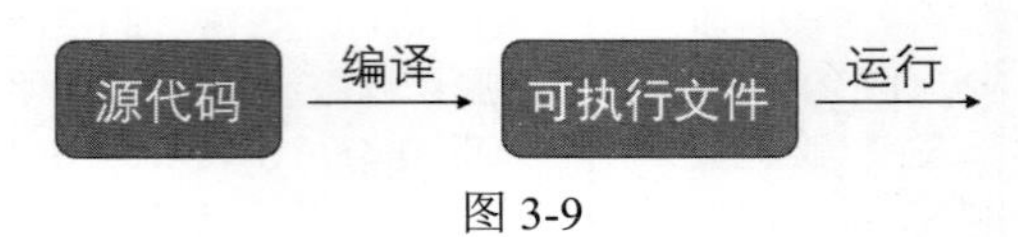

图 3-9

另一种是一边转换一边执行，并没有可执行文件的概念（如图 3-10 所示），这个过程叫解释执行。Python 属于解释型语言。

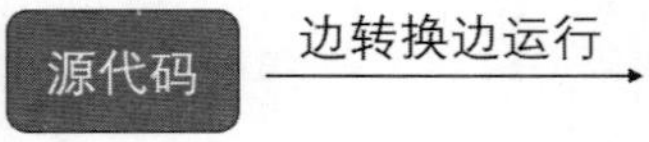

源代码 —边转换边运行→

图 3-10

我们可以这样来理解编译执行和解释执行的区别。假设有个外国人在看一篇中文文章，外国人看不懂中文，需要翻译。编译执行就好像是有个人先把中文文章翻译成英文文章，然后外国人看英文文章，也就是说这时存在两篇文章。解释执行就好像是这个外国人拿着一个即时翻译工具，一边翻译一边看。看完了就结束了，没有留下一篇英文文章。第一种情况下，因为已经有了一篇英文的文章，所以当这个外国人第二次还想再看，或者另外一个外国人也想来看时，不需要再翻译一次了，而第二种情况下，还需要再即时翻译。因而编译执行的效率要比解释执行的效率高。

3.3 编写程序的过程

这里的编写程序，指的是用高级语言编写程序。从什么都没有到一个完整的程序能够运行，要经历哪些步骤呢？

3.3.1 编辑代码

第一步是编写代码。编写代码是一个复杂的过程，可以说从下一章开始，一直到本书结束，我们都是在讲如何写代码。代码很少能一次写对，中间需要反复修改，所以我们用“编辑”这个词，意思是要反复修改代码。

编辑代码并不需要什么特殊的工具，任何一个能够处理文字的软件都可以。

我们写出来的代码，机器是不能直接执行的，称为源代码，或者源程序，如图 3-11 所示。

```
HelloWorld.cpp
1  #include <iostream>
2  using namespace std;
3
4  int main()
5  {
6      cout << "hello world!" ;
7      return 0;
8  }
```

图 3-11

3.3.2 编译

接下来，就是编译了。编译需要编译器，编译器也是一个程序，需要预先下载安装。当然，如果你的系统自带了编译器，就不需要这些步骤了。

对于初学者来说，很少有一次就能编译通过的，任何一个小错误，都会导致编译失败。这时候就需要反复修改代码，直到编译通过。

编译通过后，会在原来代码的位置生成一个可执行文件（如图 3-12 所示），也叫机器指令、目标程序。这个文件就类似于我们前面讲的英文文章。这个文件一旦生成，就跟原来的代码文件分离了，可以复制到其他地方去。可执行文件的后缀名通常与文本文件不一样，在 Windows 下是 .exe。

图 3-12

对于解释型的语言，由于不需要编译，这一步可以省略。

3.3.3 运行

现在我们可以运行这个可执行文件了。由于初学者编写的都是基于控制台的程序，是没有用户界面的，所以运行的方式跟我们平时常见的微信、Word 文字处理软件的方式会有点不一样。我们必须在终端窗口里首先进入这个目录下，然后输入文件的全称，然后按回车键，就可以运行这个文件了。

上面描述的是自己手动运行程序的情形，如果采用集成开发环境（下面会介绍）的话，会简单一些。

3.3.4 调试

程序并不总是按照我们的设想执行，它有时会出错，有时会崩溃，这时我们就需要对程序进行调试。

调试的方式有很多种，最简单的是阅读源代码，通过分析代码找出错误的原因。

第二种是在代码中增加打印语句，把代码执行的中间结果打印出来。通过分析这些数据，查找出错的原因，我们会在后面的操作中练习这个方法。

第三种是使用调试工具，在程序运行时查看各个变量的值或者状态。常用的有 WinDbg 和 GDB，前者是 Windows 下的调试工具，后者是 UNIX 及 UNIX-like 下的调试工具。用调试工具调试，是一个复杂的话题，对于初学者来说有点难，这里不展开讲述。

上面的过程可以用图 3-13 来表示。

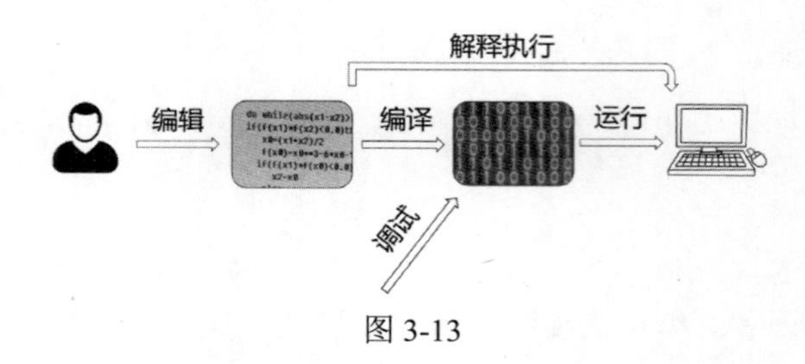

图 3-13

【真题解析】

C++ 程序执行出现错误，不太常见的调试手段是（　　）。

A. 阅读源代码　　B. 单步调试　　C. 输出执行中间结果　　D. 跟踪汇编码

解析：这里的单步调试，就是指使用调试工具进行单步调试。汇编码可读性差，只有高手才会使用，一般程序员都不常用。答案为 D。

3.4 集成开发环境

从 3.3 节的介绍可以看出，要编写一段代码让它能够执行，过程还是很复杂的，其中要牵涉到很多不同的工具。那么，有没有一个工具套件，能在同一个地方完成所有的工作呢？有，这样的工具叫集成开发环境（IDE）。

IDE 有很多，有商用的，也有免费的。对于初学者来讲，推荐大家使用 DevC++，这是一款免费软件，有初学者需要的全部功能。但是 DevC++ 只有 Windows 版本，如果你使用的是 Linux 机器的话，则建议使用 Code::Blocks 或者 VS Code（三者的标识如图 3-14 所示）。

图 3-14

值得一提的是，使用 IDE 的确能帮我们提高开发效率，但 IDE 不是必须的。如果不用 IDE，把编辑、编译、运行一个一个分开来做，那也是可以的。

【真题解析】

在 DevC++ 中对一个写好的 C++ 源文件生成一个可执行程序，需要执行下面哪个处理步骤？（　　）

A. 创建　　B. 编辑　　C. 编译　　D. 调试

解析：注意题目里说的是“写好的源文件”，所以 A 和 B 都不对。而 D 是程序在运行的时候执行的，所以答案是 C。

课后作业

判断下列说法是否正确：

（1）任何一个软件都能做所有的事情。

（2）汇编语言是一种高级程序设计语言。

（3）C++ 是一种高级程序设计语言。

（4）编辑和编译是一回事。

（5）程序员用 C、C++、Python、Scratch 等编写的源程序能在 CPU 上直接执行。

（6）所有用高级程序设计语言写的代码都需要先用编译器编译成可执行文件，然后才能运行。

（7）WinDbg 是 Linux 下的调试器。

（8）DevC++ 是一款商用软件。

（9）编程一定要使用集成开发环境。

延伸阅读：聊天软件为什么能叫机器人

在真题解析中，我们提到 ChatGPT 是一款聊天机器人程序。那么，既然它只是一个程序，为什么叫它机器人呢？机器人不应该有胳膊有腿，至少能在地上走吗？我们说，有胳膊有腿的机器人是传统意义上的机器人，现代机器人的概念早就进化了，它只要具有人的思维能力，就可以叫机器人了。ChatGPT 的确不是一个一般的程序，就像题目里所说的，它能通过理解和学习人类的语言来进行对话，还能根据聊天的上下文进行互动，完成很多工作。可以说，它比那些传统的机器人更像人，那些传统的机器人只是外观像人，但并不会像人一样思考，并不具有人的智能，而 ChatGPT 不但具有人的智能，而且其在某些方面的能力超过了绝大多数普通人。

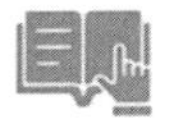

延伸阅读：算盘为什么不是现代计算机的鼻祖

算盘（图 3-15）是一种古老的计算工具，早在东汉末年由中国的数学家徐岳发明。在阿拉伯数字出现前，算盘是世界广为使用的计算工具。现在，算盘在亚洲和中东的部分地区仍在使用，尤其见于商店之中，可以从供应中国商品和日本商品的商店里买到。算盘上有几根木杆和几十个珠子，经过巧妙的排列，就能进行各种复杂运算，甚至可以开多次方。说算盘是现代计算机的鼻祖，似乎是毫无争议的。

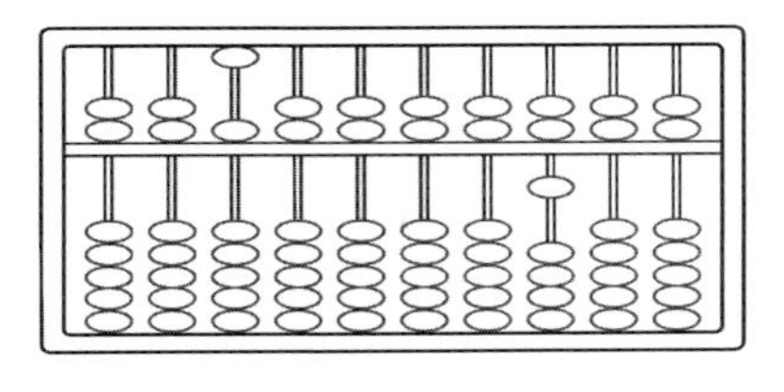

图 3-15

但是，通过本章的学习，我们知道，现代计算机包括硬件和软件两部分。而算盘只有硬件，没有软件。算盘虽然能做各种运算，但其功能是固定的，不能通过软件进行扩展。用更专业的话来说，就是算盘不具备图灵机的特性。所以，算盘不能算作现代计算机的鼻祖。

那么，什么工具是现代计算机的鼻祖呢？这个问题答案不一，部分观点认为巴贝奇的差分机是现代计算机的鼻祖，但是在张银奎老师的《软件简史》一书（图 3-16）里提出了一个新颖的观点。张老师认为，中国人发明的花楼织机才是现代计算机的鼻祖（第 3 章布雄织机），该发明发生在东汉时期，这个时间比巴贝奇的差分机早了近 15 个世纪。有兴趣的读者不妨去看一看。

图 3-16

第 4 章　程序基本语句

我们已经了解了计算机的基础知识，也明白了程序的概念以及编写程序的流程。这一章我们就来实际操作一遍，并且看看一个完整的程序都包含哪些基本语句。这一章你会学到：

- 如何使用 DevC++ 编写代码。
- 如何使用 DevC++ 编译和运行程序。
- 一个完整的程序包含哪些基本语句。
- 什么叫字符串。
- C++ 代码的语法规则。
- 如何使用输出语句显示信息。
- 如何给代码添加注释。

从本章开始，我们就要写代码了。为了不使代码过于混乱，我们建议采用以下的文件存放和命名规则：

（1）在数据盘（通常是 D 盘）上建一个专门的目录，存放所有的代码文件，比如 GESP1。

（2）以 lm-n.cpp 方式命名课堂里写的代码文件，其中 m 表示第几章，n 表示第几份代码，比如：

l1-1.cpp，l1-2.cpp

l2-1.cpp，l2-2.cpp

（3）以 lm-a-n.cpp 方式命名课后作业的代码文件，其中 m 表示第几章，n 表示第几条作业，比如：

l1-a-1.cpp，l1-a-2.cpp

l2-a-1.cpp，l2-a-2.cpp

在 3.3 节中，我们详细讲述了编写代码的过程（见图 3-13），下面就按照这个过程执行一遍。

4.1 使用 DevC++

本书中所有的示例代码都是用 DevC++ 工具写的。本章假设大家已经下载并安装好 DevC++ 了。

4.1.1 打开 DevC++

在桌面上找到DEV图标，双击鼠标，打开 DevC++ 程序，如图 4-1 所示。

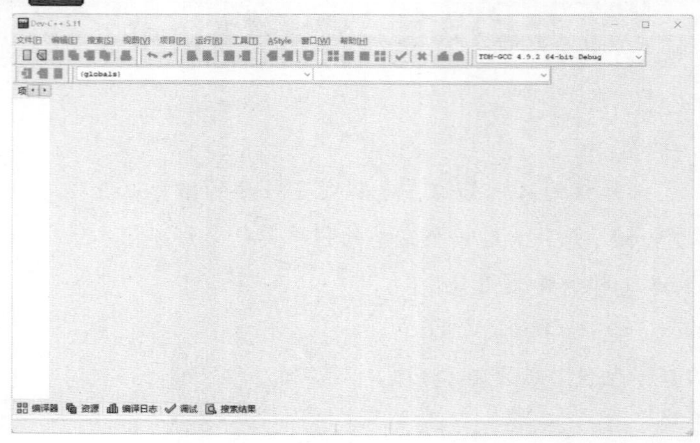

图 4-1

提示

如果你使用的时候发现界面是英文的，单击 Tools 的第二个菜单项 Environment Options，然后在 Language 中选择“简体中文/Chinese”，单击 OK 按钮（如图 4-2 所示），就切换成中文了。

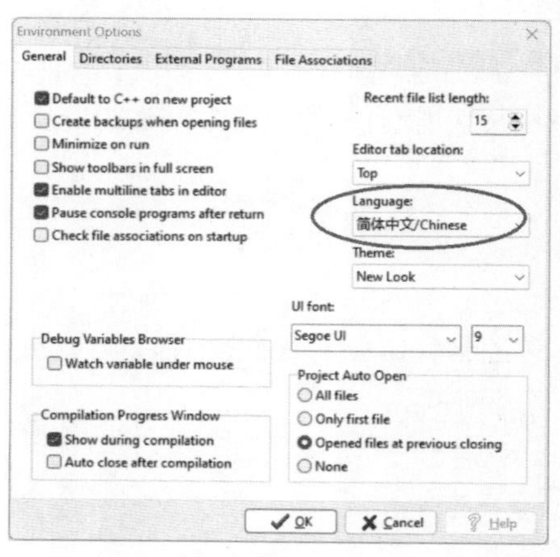

图 4-2

4.1.2 创建文件

依次单击菜单“文件”→“新建”→“源代码”选项，这时 DevC++ 就创建了一个空的文件，但还没有文件名。这时，可以开始写代码，写好再保存，或者为了防止不小心丢掉代码，先保存，然后边写边保存。

4.1.3 保存文件

当文件刚刚创建时，如果想保存文件，单击菜单“文件”里的“另存为”选项（这个时候“保存”按钮是灰色的，不可使用的状态）；而如果已经写了一些代码（哪怕只写了一个字符），这时如果要保存，则需要单击菜单“文件”里的“保存”选项，然后DevC++ 弹出一个对话框，输入文件名，然后单击“保存”按钮，即保存好了。（DevC++ 的这个保存的逻辑有点奇怪，但是不用去理它）。

后面在写代码时，要边写边保存，防止意外死机造成代码丢失。

4.1.4 输入代码

输入下列代码：

```
#include <iostream>
using namespace std;

int main()
{
   cout << "Hello world!";
   return 0;
}
```

4.1.5 编译代码

保存代码，然后单击菜单“运行”里的“编译”选项，DevC++ 开始编译这段代码。大约 1 秒后，在 DevC++ 的窗口底部，显示以下的信息：

```
编译结果 ...
--------
- 错误 : 0
- 警告 : 0
- 输出文件名 : D:\GESP1\l4-1.exe
- 输出大小 : 1.886887550354 MiB
- 编译时间 : 0.45s
```

表明编译通过了。

提示

任何一个小的错误，都有可能导致编译通不过，初学者应该严格按照上面的代码输入，包括所有的标点符号。

4.1.6 运行程序

编译完成，现在可以运行代码了。单击菜单“运行”里的“运行”选项，即运行这个小程序。这个程序是一个控制台程序（有别于我们常见的带有用户界面的程序），所以 DevC++ 会启动一个命令行窗口，然后运行我们的程序，界面如图 4-3 所示。

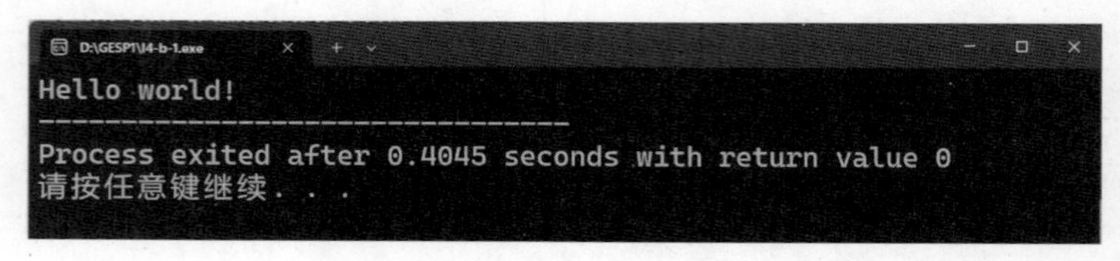

图 4-3

可以看到，程序打印了一句话“Hello world!”，然后提示“请按任意键继续”，表示程序运行结束了。

这个程序是最简单的一个程序，不管学习什么语言，第一个程序总是这个程序，它只打印一句话，然后就结束了。

4.2 分析代码

所谓“麻雀虽小，五脏俱全”，别看这个程序这么简单，但已经包含了一个正常的程序所包含的所有要素（如图 4-4 所示）。下面我们就来逐一分析这些代码。

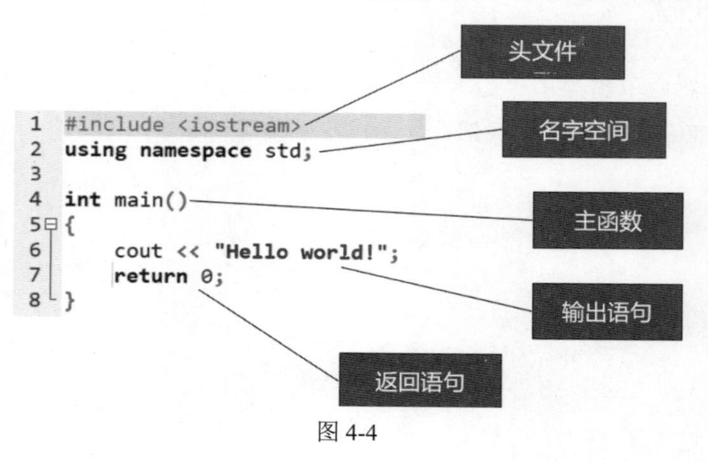

图 4-4

4.2.1 头文件

第一行，用 include 关键字包含一个头文件（include 是包含的意思）。这句话的作用是，在编译期间，把 iostream 这个头文件包含到这段代码里。初学者可以把头文件看成介绍信，它包含了你需要调用的函数的信息。这个程序中调用了 cout 输出语句（ cout 是一个对象，“<<”是它的函数），iostream 文件中含有 cout 的信息。

打个比方，一群小朋友要搞个聚会，要求在他们遇到时，能准确地叫出对方的姓名，并选择对方感兴趣的话题跟对方聊天。这时，这些小朋友就需要预先了解其他小朋友的信息（姓名、爱好等），这些信息就好比头文件。小朋友们带着这些“头文件”，就能准确地识别出遇到的小朋友的名字和兴趣爱好，然后开始交往。

4.2.2 名字空间

第二行，说明使用了名字空间 std。名字空间就像一个人的姓。我们还是以小朋友的聚会作为例子。假想一下，我们有 1000 个小朋友来聚会，那么同名的人可能会很多，比如叫子涵的，可能有张子涵、王子涵、徐子涵。此时，为了保证不产生歧义，主持人在叫小朋友名字的时候，就需要呼叫全名。但是，如果每个地方都呼叫全名，就显得啰嗦，而且不够亲切。如果主持人知道在他接下来要呼叫的名字里边，没有同名的人，那么他就可以说，我下面叫到的名字中，只有姓张的和姓赵的，然后接下来，他就可以只叫名字了，不用把姓带进去。

在一个比较复杂的 C++ 程序里，可能有好几个团队同时参与开发。这些团队在给函数或者变量命名时，怎么能保证不重名呢？就像人的名字一样，不能保证。于是 C++ 引入名字空间的概念，就等价于在人的名字前面加上姓，每个团队采用不同的名字空间，这样即使名字重复了，也没有关系。但是，这样就要求在使用这些函数或变量时，都要带上名字空间。比如在本程序中，cout 这个对象是在 std 这个名字空间里的（如图 4-5 所示，cout 是定义在 ostream 里的，ostream 在 std 里。 std 包含很多类，图中仅列出了最常见的几个），这样在使用 cout 的时候，就需要写 std::cout，犹如一个人的姓和名。但是如果所有用到 cout 的地方都这样写，就非常麻烦。于是，就在程序前面使用“using namespace std;”这句话，就是在说，本程序中出现的对象（以及函数）都在 std 这个名字空间里（都姓 std），所以就不再一一指明了。

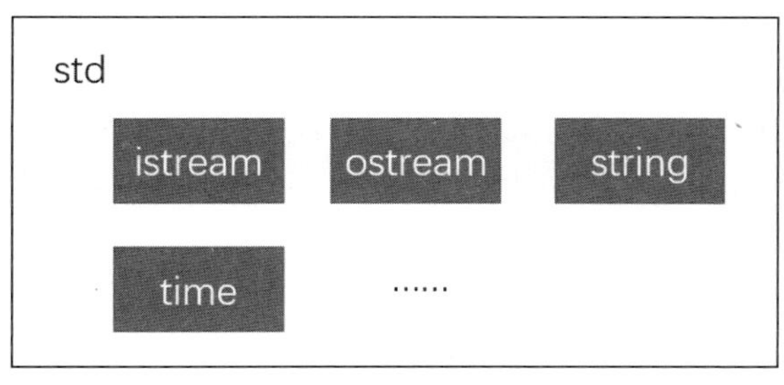

图 4-5

第 3 行是一个空行。空行在代码里不是必需的，但适当地加一些空行，可以增加代码的可读性，让代码更容易理解。

4.2.3 主函数

第 4 行到第 8 行是程序的入口，称为主函数。一个复杂的程序会有几百甚至几千个函数，系统怎么知道从哪儿开始执行呢？方法就是，从一个叫 main 的函数开始。这个 main 函数的写法是规定好的，它必须返回一个 int 类型的数值，而且它的名称必须为 main。

入口的概念是比较好理解的。就好比一个公园有好几个门，但不是每个门都是入口，有些门是出口，有些门是消防通道，哪个门才是入口呢？通常入口大门都有一些明显的标志，比如门上写着公园的名字，门旁边有个售票处（如图 4-6 所示），等等。这些标志就是告诉游客，这里才是公园的入口，游览公园必须从这里进入。

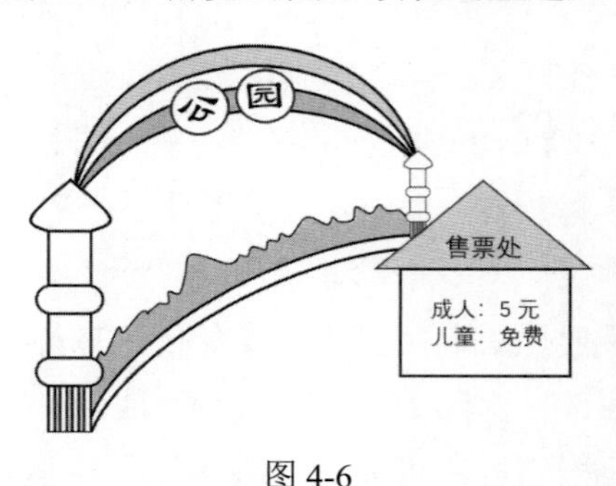

图 4-6

函数分为函数头和函数体两部分。第四行是主函数的函数头，第五行到第八行是主函数的函数体。函数体是由一对花括号包围的代码块，左花括号表示函数体的开始，可以放在函数头的后面，也可以另起一行，右花括号表示函数体的结束，一般都是单独一行。这些内容大家暂时先死记一下，写代码的时候照搬就可以了。

4.2.4 输出语句

第 6 行是输出语句，也是这个程序的唯一的功能，即打印一句话。正是这个输出语句需要 iostream 这个"介绍信"，而 cout 在名字空间 std 里，所以才需要开始的两行。但同时，cout 是每个控制台程序都需要的功能，所以前两行也就几乎成了标配。（注：所谓控制台程序，也叫命令行程序，是指没有图形用户界面的程序。我们平时打开的程序，比如腾讯会议，都会有一个窗口，上面有菜单，还有各种按钮，这些程序称为图形用户界面程序。我们目前编写的程序是没有图形用户界面的，是在一个黑色的窗口里运行的，所以称为命令行程序或者控制台程序。GESP 考试，包括后面的 NOI 竞赛，考查的是算法，所以不需要图形用户界面。）

4.2.5 返回语句

第 7 行，返回语句，返回一个 0，告诉系统，程序运行完毕，正常返回。

4.2.6 字符串

在本程序中，我们打印了一句话"Hello world!"，这句话用一对英文的双引号括起来，像这样用一对英文的双引号括起来的字符序列，我们称为“字符串”。一个字符串可以包含任意个数的任意字符。

【课堂练习】

把“Hello world！”换成“Hello, my name is xx.”，其中 xx 换成你的英文名字。例如：

```
cout << "Hello, my name is Victor. ";
```

4.2.7 语法规则

接下来我们再讲一讲 C++ 的语法规则。其中前三条是必须要遵守的，后两条是好习惯，建议遵守：

（1）除了 include 语句、函数和花括号以外，每一行都要以分号结尾。

（2）大小写敏感，大小写不可以随便写。

（3）程序结束时，一定要有 return 0。

（4）函数体要向右缩进去一个 tab 的宽度，通常为 4 个字符。

（5）可以适当加一些空行。

4.3 输出语句

下面我们再重点讲一下输出语句 cout。输出语句的作用是显示（或者打印、输出，都是一样的意思，本书会随机使用这些动词）一段文字信息，这段文字信息可以是字符串，也可以是一个算式的值。输出语句的详细用法会在第 11 章讲解，本节仅讲解它最简单的用法，即显示字符串和一些算式的值。

4.3.1 基本用法

cout 的基本用法为：

```
cout << 字符串 ;
```

例如

```
cout << "Hi good morning! ";
```

4.3.2 换行符

现在我们使用 cout 语句打印两句话：

Hello, my name is Victor.

I like programming.

我们希望两句话显示在两行里。

我们先这样写代码：

```
cout << "Hello, my name is Victor." ;
cout << "I like programming.";
```

运行后如图 4-7 所示。

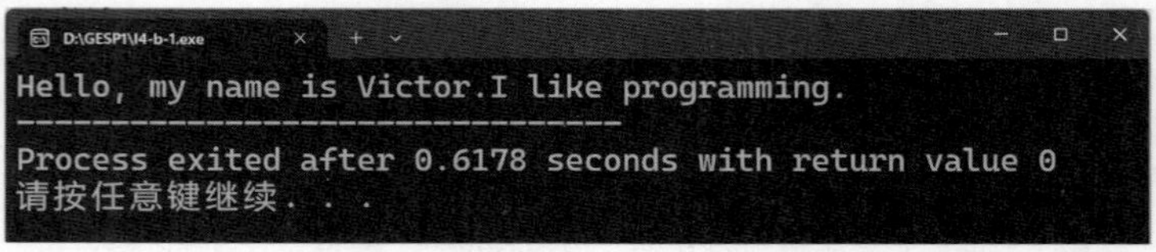

```
D:\GESP1\4-b-1.exe
Hello, my name is Victor.I like programming.
--------------------------------
Process exited after 0.6178 seconds with return value 0
请按任意键继续. . .
```

图 4-7

两句话在同一行里，而且紧靠在一起。这并不是我们想要的结果，我们想要两句话显示在两行里。为此，我们需要加入“换行符”，代码如下：

```
cout << "Hello, my name is Victor." ;
cout << endl;
cout << "I like programming.";
```

这里的 endl 就是一个换行符，告诉系统这里应该换到下一行。运行这段代码，结果如图 4-8 所示。

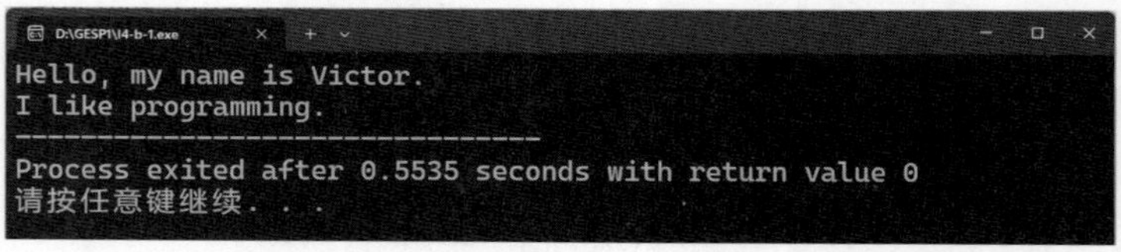

```
D:\GESP1\4-b-1.exe
Hello, my name is Victor.
I like programming.
--------------------------------
Process exited after 0.5535 seconds with return value 0
请按任意键继续. . .
```

图 4-8

4.3.3 链式调用

cout 语句有个很好用的方法，就是打印多个语句时，可以不需要写多个 cout，而是直接用 << 把多个字符串像链条一样“串联”起来，称为链式调用。 上面的语句也可以这样写：

```
cout << "Hello, my name is Victor." << endl << "I like programming.";
```

4.3.4 输出算式的值

可以直接使用 cout 输出算式的值，比如计算两个数字的和、差或乘积，如下所示（* 表示两个数相乘）：

```
cout << 2+5 << endl;
cout << 85-34 << endl;
cout << 4*6 << endl;
```

4.4 注释语句

以两个正斜杠开头的语句为**注释语句**。什么叫注释？就是我们的代码可能会越来越复杂，到了一定程度以后或者一段时间以后，你自己可能都忘记了当初为什么要这样写；或者你把你的代码给别人看的时候，别人看不懂这里到底为什么这样写，所以你要加一点说明文字，就是解释这里为什么要这样写。

注释语句是不参与编译的，编译的时候编译器会把这些注释全部扔掉，注释只是给人看的，不是给机器看的。所以，不管你写多少注释，都不会影响程序的执行效率，而且**注释语句可以使用任何一种语言。**

注释语句可以独占一行，也可以放在代码后面，只需要以两个正斜杠开头就可以。但不能放在一行代码中间。

下面看一些注释的例子：

```
#include <iostream>    //这里不需要分号
using namespace std;

int main()
{
    //下面的语句是打印语句
    cout << "Hello world!";
    return 0;           //这是返回语句
}
```

注释并不一定真的就是解释这段代码为什么这样写，我们可以利用“注释会被编译器忽略”这个特性，把一段代码临时注释掉以不让它执行。比如，当程序出错时，为了找出出错的原因，我们可以先把所有的代码注释掉，然后一点一点放开，看看程序到底在哪里出错了。

注释掉整段的代码，如果手工来做的话，会比较费力。我们可以利用 DevC++ 帮我们注释或者取消注释。

【课堂练习】

用 DevC++ 进行整段注释或取消注释。

【真题解析】

判断题：在 C++ 语言中，注释不宜写得过多，否则会使得程序运行速度变慢。

解析：注释会被编译器忽略掉，不会影响程序的执行效率，所以答案为错误。

课后作业

1. 编写一个程序，打印以下四行信息，分 4 行显示：

```
This is my first C++ code.
I like programming.
I like C++.
Yes, I am coming.
```

2. 小格上午做了 3 道算术题，下午做了 5 道，晚上做了 2 道。编写代码计算小格今天一共做了多少道算术题。
3. 小格的父母买了 20 个苹果，小格吃掉 1 个，小蠹吃掉 2 个，还剩几个苹果？编写代码计算出来。
4. 一个长方形的长和宽分别为 625 和 437，编写代码求长方形的面积。（提示：长方形的面积等于长乘以宽。）

延伸阅读：cout 是一个函数吗

在有些教材中，会经常把 cout 说成是 C++ 风格的输出函数，但严格来讲，这个说法是不对的。C++ 是面向对象的，很多函数都被封装到了对象里。与输出有关的函数封装到了 ostream 这个对象里，cout 只是 ostream 对象的一个实例，<< 才是它的函数，但是这个函数是一个特殊的函数，是一个运算符。<< 本来是左移运算符，但 C++ 允许运算符重载（即重新定义），在这里把它重载成了打印输出，而且它不光是输出内容，还会返回一个 ostream 对象的引用，因而我们可以串联使用 << 进行链式调用。

第5章　体验编程流程

在前面的几章里，我们提到了很多概念，也了解了编写程序的过程，知道了程序的一些基本语句，并且能编写代码求解简单的算术题了。但是目前的程序里，数字都是写死的，题目里的数字一变，我们的代码就要跟着改变，这样跟做算术题没有什么两样了，完全不能体现出编程的优势。我们看一下系统自带的计算器程序，是在运行的时候，用户输入什么数，它就计算什么数。我们能不能做到这一点呢？本章带着大家编写一个简单的加法计算器，从中体会一个真正的程序是由哪几部分组成的。

另外，在我们拿到一个编程题目的时候，并不是一看到题目就立马开始写代码的。我们一定要遵循解答编程题的流程，在动手写代码之前，需要先进行审题，了解题目的意思，看清题目的要求。我们如果一看到题目就迫不及待地写代码，写出的代码必然会漏洞百出。代码完成后，也要进行测试和验证。不经测试就提交代码，大概率会有很多错误。

本章通过编写一个简单的加法计算器，带领大家体会解答编程题的完整流程。学完本章，你会明白：

- 程序解决问题的步骤。
- 解答编程题的流程。
- 如何用自然语言描述代码。
- 为什么要定义变量。
- 有哪些常见的编译错误。

我们的题目是这样的：编写一个简单的加法计算器，用户输入两个整数，程序计算它们的和（如图 5-1 所示）。输入输出样例如下：

输入：`23 56`　　　输出：`79`

输入：`-23 56`　　输出：`33`

23	+	56	=	?

图 5-1

提示

本题按照 GESP 考试的出题规范出题，除题干外还给出测试用的数据。但这里的数据只是举例，并不是说程序只计算这几组值，程序要计算的值是由用户在运行的时候输入的，在编写代码时是不知道的。

5.1 程序解决问题的步骤

在开始解题之前，我们先来解释一下计算机解决问题的步骤，也就是程序解决问题的步骤。程序是人发明的，所以程序解决问题的步骤跟人解决问题的步骤是高度相似的。那么对于人来说，要计算两个数字的和，步骤是怎样的呢？第一件事情是做什么？

大家可能觉得，如果人来做的话，直接把两个数相加就可以了。那么我们来做个小游戏，请大家计算 2 358 569 和 63 781 097 836 的和，大家要做的第一件事是什么？

大家要做的第一件事是拿出笔和纸，把这两个数先记下来。你不先把它们记下来，后面怎么相加呢？即便你是神童，不用笔和纸，但其实也是先记在你的脑瓜里了。纸也要足够大，不但能放得下要计算的两个数，还要放得下计算的结果。如果纸很小，比邮票还小，那么连要计算的数都放不下，更不要谈放计算结果了，就像图 5-2 那样。

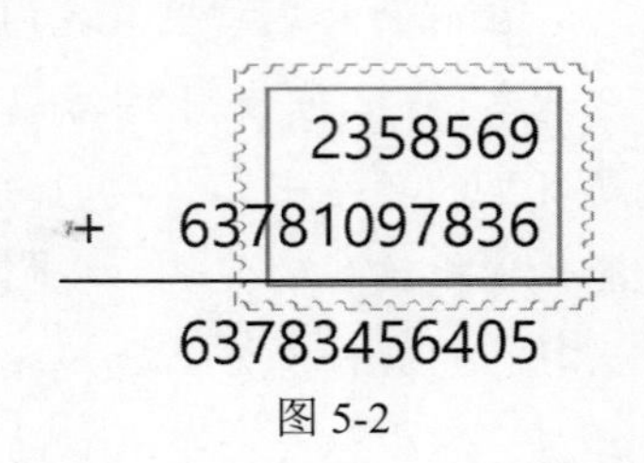

图 5-2

程序也一样，第一步是要准备空间，来记录用户输入的数。不光是用户输入的数需要准备空间，计算的结果也需要准备空间存放。

你准备了纸和笔，接下来就要听老师报数了。老师报好数，你把它们记下来。程序同样有这一步，等待用户输入数据，并把数据存放在刚才准备的空间里。

接下来你开始计算，程序也一样开始计算。

然后你汇报计算的结果，程序也一样要输出结果。

最后你结束了，程序也结束了。

现在我们把人解决问题的步骤和程序解决问题的步骤放在一起对比一下（如表 5-1 所示），你会发现它们是完全一致的。

表 5-1　人和程序解决问题的步骤比较

人解决问题的步骤	程序解决问题的步骤
拿出笔和纸准备记录老师报的数	准备空间，用于存放用户输入的数和最后的计算结果
把老师报的数写在纸上	读取用户的输入，存放到刚才准备的空间
计算结果	计算结果
把结果报告给老师	输出结果
结束	结束

明白了程序解决问题的步骤，后面写代码就很容易了。代码就是由这些步骤组成的。

5.2 解答编程题的流程

解答编程题一般遵循下面的流程，其中提到的一些术语大家可以在后面的学习和练习中逐步体会。

（1）审题，一定要看清题目的要求和输入输出的格式。

（2）确定算法和程序结构。

（3）用自然语言描述代码。

（4）正式写代码。

（5）用样例数据进行测试。如果测试通过就结束，否则重新返回第一步。

（6）调试（可选）。

现在我们严格按照这个流程来解答本章的题目。

5.2.1 审题

本题要求对用户输入的数求和，所以审题的结果就是“对用户输入的数求和”。因为输出只有一个数，所以没有特别的要求。如果输出有多个数，那么就要注意是一个数单独占一行，还是所有的数在一行里并用空格隔开。对于有些判断结果的题目，是要求输出 0 和 1，还是 yes 和 no，还是 y 和 n，等等，一定要把要求看清楚。

大家在开始练习解答编程题时，也要像上面一样把审题的结果用语言描述出来，并且记录下来。

5.2.2 确定算法和程序结构

本题要求对两个数相加，所以算法就是“加法”。程序结构的概念后面会讲到，这个题目很简单，我们采用顺序结构。

5.2.3 用自然语言描述代码

初学者切记不要急着写代码，而是要先用自然语言把代码描述出来。C++ 是一门高级语言，采用的是类似人类的语言，所以如果能用自然语言把代码描述出来，后面转成 C++ 代码就很容易了。

用自然语言描述代码时，我们也是完全按照程序解决问题的步骤来写。为了让后面的转换过程变得简单，我们要尽量用专业术语叙述，并且把每一个步骤都描述出来，但这就需要了解一些后面才学到的概念。这里作为本书的第一份自然语言描述，会写得简单一些。后续大家在练习时，应该写得越细越好。

（1）准备空间，用于存放用户输入的数和最后的计算结果。

这里要计算两个数的和，所以要准备两块空间放这两个数；然后要计算它们的和，又需要一块空间。所以一共需要三块空间，我们把它们记作 a、b、c。所以第一步用自然语言描述就是“准备三块空间 a、b、c，其中 a 和 b 存放用户输入的数，c 存放结果；”。

（2）读取用户的输入，存放到刚才准备的空间里。

这个简单，用自然语言描述就是“读取用户的输入，把第一个数放到 a 中，第二个数放到 b 中；”。

（3）计算结果。

这一步是把 a 中的数和 b 中的数相加，并存放到 c 中，所以用自然语言描述可以写成“把 a + b 的结果赋给 c；”。

（4）输出结果。

把 c 的值显示出来，用自然语言描述就是“输出 c 中的数；”。

（5）结束。

自然语言就是“返回（或结束）；”。

我们把所有的自然语言描述放到一起，如下：

– 准备三块空间 a、b、c，其中 a 和 b 存放用户输入的数，c 存放结果；
– 读取用户的输入，把第一个数放到 a 中，第二个数放到 b 中；
– 把 a + b 的结果赋给 c；
– 输出 c 中的数；
– 返回；

说明：

- 因为这是我们第一次用自然语言描述代码，所以这里同时写了分析过程，在后面的例子中，会直接给出自然语言描述。
- 自然语言描述其实就是“程序解决问题的步骤”的具象化。比如，程序解决问题的第一步是准备空间，自然语言描述里就要明确准备几块空间，每一块空间派什么用；程序解决问题的第三步是计算结果，自然语言描述里就要写明怎么计算。

5.2.4 写代码

有了上面的自然语言描述，现在编写代码就相当容易了。示例代码如下：

```
1   #include <iostream>
2   using namespace std;
3
4   int main()
5   {
6       int a, b, c;
7       cin >> a;
8       cin >> b;
9       c = a + b;
10      cout << c << endl;
11      return 0;
12  }
```

5.2.5 用样例数据测试

保存（每次修改后都要保存），编译，运行，输入样例数据 23 56，注意要用空格隔开，否则就变成一个数了。输入完毕后按回车键（即键盘上的 Enter 键），程序输出结果 79，说明对这一组数据，程序运行的结果是对的；输入 -23 56，输出 33，也是对的。再多测几组数据，如果都是正确的，则认为程序无误。

如果不对，则需要退回到第一步，重新审视每一步，看看题意是不是理解错了，算法用得对不对，代码有没有错误。如果感觉前面的几步都没有问题，那么就需要下面的步骤。

5.2.6 调试

调试的概念在第 3 章中已经提到过，是指程序有错误时对代码进行解剖。调试的技术有很多，作为初学者，我们仅学习最简单的一种，即使用输出语句辅助调试。详细的用法将在第 11 章介绍。

5.3 代码解释

现在我们把自然语言描述与真正的代码放在一起比较（如表 5-2 所示），大家会发现，真正的代码与自然语言描述很接近。有了自然语言描述，写真正的代码多么容易！

表 5-2 自然语言描述、真正的代码与代码解释

自然语言描述	真正的代码（仅 main 函数部分）	代码解释
准备三块空间 a、b、c，a 和 b 存放用户输入的数，c 存放结果；	int a, b, c;	在 C++ 中，我们是通过“定义变量”来准备空间的，**一个变量就像一个盒子**，里边存放一个数。 代码本身看不出哪个盒子给哪个数用，但是可以添加注释加以说明。 数据有很多种，不同类型的数据大小不一样，因而需要准备的空间大小也不一样。在 C++ 中，数据所占的空间大小是由数据类型确定的。本程序中，我们只考虑整数，所以使用 int 数据类型。数据类型更详细的解释以及其他的数据类型会在第 7 章介绍，变量的定义与使用会在第 9 章介绍
读取用户的输入，把第一个数放到 a 中，第二个数放到 b 中；	cin >> a; cin >> b;	cin 语句用于读取用户的输入。我们把用户输入的第一个数存放到变量 a 里，把第二个数存放到变量 b 里。cin 语句的详细用法会在第 10 章介绍

续表

自然语言描述	真正的代码（仅 main 函数部分）	代码解释
把 a + b 的结果赋给 c；	c = a + b;	把 a 中的值 和 b 中的值相加并存放到 c 里。 除了加法，还有减、乘、除、余，以及其他各种复合运算。这些会在第 6 章和第 12 章中介绍。 从这里也可以看出，编程和解数学题最大的不同。解数学题时，数值是预先知道的，是对“数”进行计算，而编程时数值是预先不知道的，是对“变量”进行计算，所以编程需要高度的抽象思维能力
输出 c 中的数；	cout << c << endl;	把 c 的值显示出来。cout 的详细用法会在第 11 章介绍
返回；	return 0;	程序返回。这已经在第 4 章中介绍过了

5.4 常见的编译错误

对于初学者，很少能一次编译通过，即使对着代码抄一遍，也会出现各种奇奇怪怪的错误。以下列出一些常见的编译错误，供大家参考。

（1）[Error] expected x before y（在 y 前面期望一个 x，表示那里缺少一个 x）。

图 5-3 表示在第 4 行前面的一行末尾缺少分号。

行	列	单元	信息
4	1	D:\GESP1\l5-1.cpp	[Error] expected ';' before 'int'

图 5-3

图 5-4 表示在 14 行的前面一行末尾缺少一个右括号。

行	列	单元	信息
		D:\GESP1\l5-1.cpp	**In function 'int main()':**
14	3	D:\GESP1\l5-1.cpp	[Error] expected ')' before 'c'

图 5-4

（2）[Error] x was not declared in this scope（在这个范围内 x 没有声明，就是找不到关于 x 的信息，即缺少头文件或名字空间声明，也有可能是 x 拼写错了）。

图 5-5 中，第 9 行，cin 没有声明；第 22 行，cout 没有声明。这说明没有包含头文件 iostream 或没有声明使用了名字空间 std。

行	列	单元	信息
		D:\GESP1\l5-1.cpp	**In function 'int main()':**
9	2	D:\GESP1\l5-1.cpp	[Error] 'cin' was not declared in this scope
22	2	D:\GESP1\l5-1.cpp	[Error] 'cout' was not declared in this scope

图 5-5

图 5-6 中，第 15 行，els 没有声明，这其实是个拼写错误。

行	列	单元	信息
		D:\GESP1\l5-1.cpp	**In function 'int main()':**
15	2	D:\GESP1\l5-1.cpp	[Error] 'els' was not declared in this scope

图 5-6

如果你不能理解这些错误，那就仔细比较老师的代码和你的代码有什么不同。大家小时候都玩过“找不同”的游戏吧，即给你两幅画，找出它们之间不同的地方。利用这样的方法，找出你的代码的错误之处。

课后作业

编程题：把用户输入的整数原封不动地显示出来，输入输出样例如下：

输入：5　　　　输出：5

输入：-7　　　　输出：-7

编程基础总结

知识点总结

1. GESP 介绍

（1）GESP 的全称为 Grade Examination of Software Programming，即软件编程等级考试，是衡量大家计算机和编程能力的一个平台，是由中国计算机学会（即 CCF）主办的。

（2）GESP 是面向所有的中小学生的。

（3）GESP 考查的语言有三种，图形化编程（即 Scratch）、Python 及 C++。

（4）GESP 一共分 8 个等级，其中一～四级可以选择图形化编程、Python 和 C++，而五～八级就只能选择 Python 和 C++。GESP 的等级与语言是无关的。

（5）GESP 一年考试四次，分别是在三月、六月、九月和十二月。考试的形式是线下机考。

（6）GESP 考试时间是 120 分钟，满分 100 分。单选题 15 道，每题 2 分，一共 30 分。判断题 10 道，每题 2 分，一共 20 分。编程题 2 道，每题 25 分，一共 50 分。

2. 数制

（1）数制中表示基本数值大小的不同的数字符号叫数码。数制所使用的数码的个数叫基数。十进制有 10 个数码，二进制有 2 个数码，八进制有 8 个数码，十六进制有 16 个数码，除 0 ～ 9 外，还有 a、b、c、d、e、f（或者其大写形式），分别对应十进制数 10、11、12、13、14、15。

（2）在计算机世界中，所有的数都是以二进制格式存储的。

（3）二进制数必须以 0b 或者 0B 打头，八进制数必须以 0 打头，十六进制数必须以 0x 或者 0X 打头。

（4）n 进制转十进制时，采用位权展开求和法。一个二进制数，从右往左，位权依次为 1、2、4、8、16、32 等。

3. 计算机基础

（1）计算机的五大组成部分：运算器、控制器、存储器、输入设备、输出设备。

（2）现代计算机的理论模型为图灵机。

（3）现代计算机的体系结构为冯·诺依曼体系结构。

（4）计算机的发展分三个阶段：

- 第一阶段是 1930 年以前，称为机械计算器阶段。
- 第二阶段是从 1930 年到 1950 年，这一阶段电子计算机诞生了。
- 第三个阶段是 1950 年以后，这一阶段的计算机称为冯·诺依曼体系结构的计算机。

（5）电子计算机分为以下四代：

- 第一代计算机以电子管（也叫真空管）作为主要部件，体积庞大，主要作为商业用途。
- 第二代计算机用晶体管代替了真空管，缩小了体积，节省了成本。
- 第三代计算机使用集成电路，进一步缩小了体积，降低了成本。
- 第四代计算机使用大规模集成电路，小型计算机和微型计算机出现。

（6）计算机中数据的最小单位为比特（也叫位，bit），数据存储的基本单位为字节（Byte）。

4. 程序的概念

（1）软件加硬件构成了计算机。

（2）软件分为系统软件、应用软件和中间件。

（3）程序加数据加文档，构成了软件。

（4）程序设计语言是指根据事先定义的语法规则而编写的预定语句的集合。

- 第一代程序设计语言叫机器语言，直接用二进制编写程序，优点是执行效率高，缺点是代码不容易理解，开发和维护的成本很高，不能跨硬件。
- 第二代程序设计语言为汇编语言，使用带符号或者助记符的指令和地址来代替二进制代码。优点是提高了开发效率，缺点是不能直接执行，需要通过汇编程序把代码先翻译成机器指令，而且仍然不能跨硬件。汇编语言属于一种低级语言。
- 第三代程序设计语言为高级语言，使用接近于人类的语言编写代码。优点是提高了开发和维护的效率，并且可以跨硬件。缺点是需要先转换成机器语言才能执行。常见的高级语言有 Python、C++、Java 等。转换的过程有两种，一种为编译，另一种为解释。

（5）编写代码的过程：编辑→编译→运行→调试。

（6）集成开发环境是一种集成了软件开发所需的多个工具和功能的软件应用程序。常用的 IDE 有 DevC++、Code::Blocks 等，它们都是免费的软件。

（7）集成开发环境提高了开发效率，但它不是必需的。

5. 程序基本语句

（1）头文件：就像是介绍信，包含你需要调用的函数的信息。调用不同的函数需要包含不同的头文件。

（2）名字空间：就像人的姓，把同名的人区分开来。当未使用 using 语句声明使用的名字空间时，在代码中要使用“名字空间 :: 函数名”的方式调用函数，就像呼叫人名时使用全名一样。如果使用 using 语句申明使用了某个名字空间，在代码里就不再需要在每个函数或对象前面加上名字空间。

（3）主函数：是整个程序的入口，程序从这儿开始执行。主函数就像公园的正门。

（4）输出语句：输出信息到屏幕，内容可以是程序当前的状态或者结果，或任何提示信息。cout 是 C++ 风格的输出语句。

（5）返回语句：告诉操作系统程序执行完毕。

（6）字符串：用英文的双引号括起来的字符序列。输出函数可以输出任意的字符串。

（7）注释语句：用来说明代码的作用的语句，不参与代码的编译，不影响程序的效率。注释语句可以独占一行，也可以放在代码后面，只需要以两个正斜杠开头就可以。但不能放在一行代码中间。

（8）注释语句除用来解释代码的含义外，也可以用于暂时把某行代码屏蔽掉。

（9）使用 IDE 可以快速对多行代码添加注释或者取消注释。

（10）换行符：用于使输出内容出现在两行里。C++ 风格的换行符是 endl 对象。

（11）串联输出：串联使用 << 可以连续输出多项内容。

6. 首次体验编程

（1）编程是在对变量进行计算，而不是对确定的数进行计算。这些变量的值，要等到运行时用户输入数据后才能确定。

（2）解答编程题的流程如下：

第一步：审题，一定要看清题目的要求和输入输出的格式。

第二步：确定算法和程序结构。

第三步：用自然语言描述代码。

第四步：正式写代码。

第五步：用样例数据进行测试。

第六步：调试（可选）。

（3）主函数的几个主要部分：

- 定义变量，准备空间。
- 读取用户的输入。
- 计算结果。
- 输出结果。
- 返回。

课后作业

1. 下面式子正确的是（　　）。

A. 0b1110 > 110　　B. 1101 < 0B1111　　C. 15 != 0b1111　　D. 0b1111 = 017

2. 以下属于计算机输出设备的有（　　）。

A. 麦克风　　B. 耳机　　C. 摄像头　　D. 无线鼠标

3. 我们通常说的“U 盘”属于计算机中的（　　）。

A. 输出设备　　B. 输入设备　　C. 存储设备　　D. 打印设备

4. 现代计算机的理论模型是（　　）。

A. 冯·诺依曼模型　　B. 图灵机模型　　C. 莫克利模型　　D. 巴贝奇差分机模型

5. 现代计算机为（　　）体系结构。

A. 冯·诺依曼　　B. 艾伦·图灵　　C. 埃克特·莫克利　　D. 查尔斯·巴贝奇

6. 下列说法正确的是（　　）。

A. 计算机中数据存储的基本单位为 bit　　B. 计算机中数据的最小单位为 Byte

C. 计算机中数据存储的基本单位为 Byte　　D. 1 byte 等于 6 bit

7. 以下说法正确的是（　　）。

A. 汇编语言是一种高级语言

B. 所有的高级语言都必须先编译成可执行文件，然后才能执行

C. C++ 是一种高级语言

D. 编译和编辑是同一回事

8. 如果一个程序出错了，需要使用下面哪个处理步骤来找出错误（　　）。

A. 创建　　B. 编辑　　C. 编译　　D. 调试

9. 以下说法错误的是（　　）。

A. 一个 C++ 程序中只能有一个 mian 函数　　B. 注释语句可以使用中文

C. 注释语句不能放在代码的末尾　　D. 注释语句不会影响程序执行的效率

第二部分　算术运算

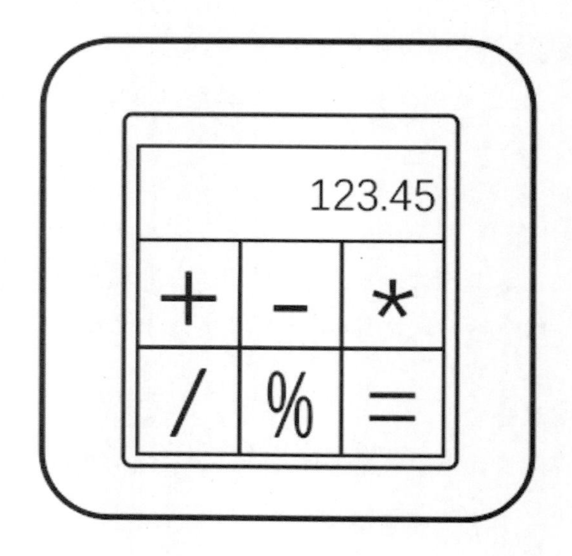

程序的核心是算法，算法的基础是运算。C++ 中的运算分很多种，有算术运算、关系运算、逻辑运算、位运算等。这一部分我们来学习最基本的运算，即算术运算。在第 5 章里，我们已经看到了，编程都是在对变量做计算，变量是编程中的一个非常重要的概念，所以变量的定义与使用也会在这一部分讲述。除此之外，数据类型也是 C++ 中的一个基本的概念，输入输出语句更是每份代码必不可少的部分，这些内容都将穿插在这一部分。

第 6 章　基本算术运算

计算机之所以叫"计算机"，因为它被发明时的主要功能就是计算。当然，随着技术的发展和人们需求的多样化，计算机现在的功能已经远远不是"计算"这么简单了。但不管怎么说，计算仍然是计算机最基本的功能。学习编程，首先就要从基本的算术运算开始。学完本章，你将会了解：

- 加减乘除余的基本功能。
- 除法的特性，特别是整数相除的特性。
- 求余运算的特性。
- 除法和求余运算的应用。

数学中有两种基本的数，整数和实数。在 C++ 中，这两种类型的数据的存储方式是不一样的，因而必须区分它们。整数是指没有小数的数，如 -5、0、2、150 等。本章介绍整数的基本运算。

6.1 加减乘除余

加减乘除余是最基本的几种算术运算，它们的功能如表 6-1 所示。

表 6-1　最基本的几种算术运算

运算符	功能
+	两个数相加
-	两个数相减
*	两个数相乘
/	两个数相除。如果相除的两个数为整数，则结果还是整数，小数部分扔掉
%	求余运算，求两个整数相除所得的余数。只适用于整数

第 5 章我们编写了一个简单的加法计算器程序，理解了编写代码的流程，以及代码的 5 个主要部分。现在我们来编写一个减法计算器。

【例题】

编程题：用户输入两个整数，求它们的差（如图 6-1 所示）。例如，当用户输入 35 25 时（两个数之间

35	-	25	=	?

图 6-1

用空格隔开），程序要计算出结果 10；如果用户输入 14 29，程序要计算出结果 -15。

提示：本题我们没有严格按照 GESP 编程题的形式出题，但是“例如”部分的作用与输入输出样例是一样的。

我们严格按照第 5 章的解答编程题的流程来解答这个题目。

（1）审题：题目是要求解用户输入的两个数的差。

（2）确定算法和程序结构：算法是减法，程序结构为顺序结构。

（3）用自然语言描述代码：

- 准备 3 个变量 a、b、c，a 和 b 存放用户的输入，c 存放计算结果；
- 读取用户的输入；
- 把 a - b 的值赋给 c；
- 输出 c；
- 返回；

（4）正式写代码。

代码如下：

```
1   #include <iostream>
2   using namespace std;
3
4   int main()
5   {
6       int a, b, c;
7
8       cin >> a;
9       cin >> b;
10
11      c = a - b;
12      cout << c << endl;
13
14      return 0;
15  }
```

注：这里列出了一份完整的代码，包括头文件、名字空间、main 函数，并且加了一些空行。在后续的示例代码中，为节省篇幅，将仅列出 main 函数的函数体，并且不一定每次都加空行。

提示

除非有特别说明，我们总是会在最后一个输出语句中加一个 endl，这样保证在终端窗口中，程序执行结束后，后面的语句会另起一行显示。

（5）运行并测试代码。

上述代码的运行过程可以用下面的图例说明。

当代码执行到第6行时，相当于准备了3个盒子，如图6-2所示。（注意：图中为了简单，盒子里一开始是空的，但是实际上并不是这样。9.2节会讲到，变量刚定义时，它的值是不确定的，也就是说盒子开始可能不是空的，但是它的值是不知道的。）

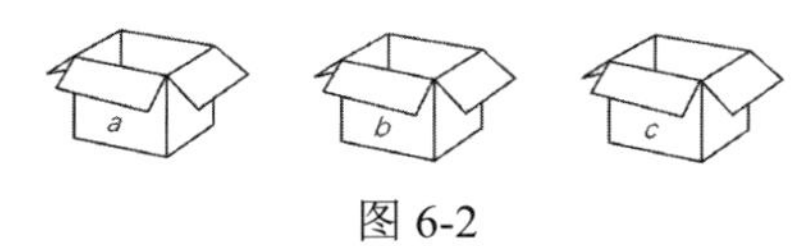

图6-2

当执行到第8行时，假设用户输入了35 25，则变成图6-3的样子：

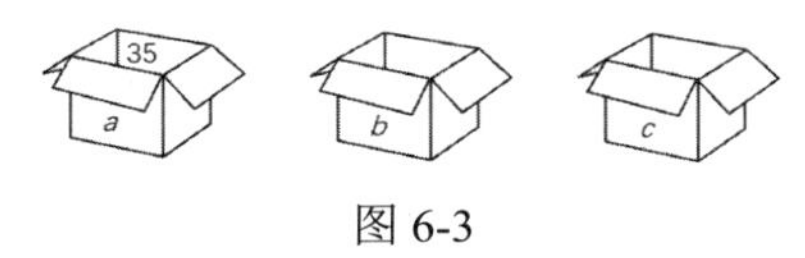

图6-3

当执行到第9行时，则变成图6-4：

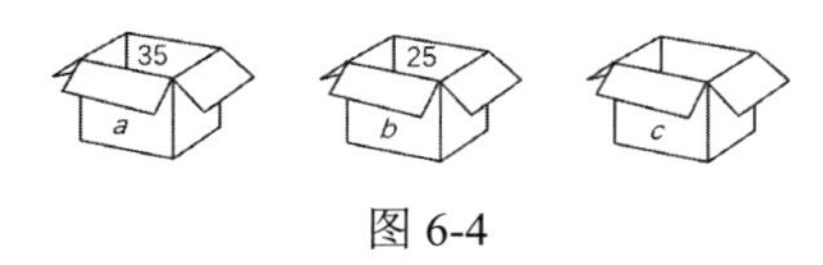

图6-4

当执行到第11行时，变成了图6-5的样子：

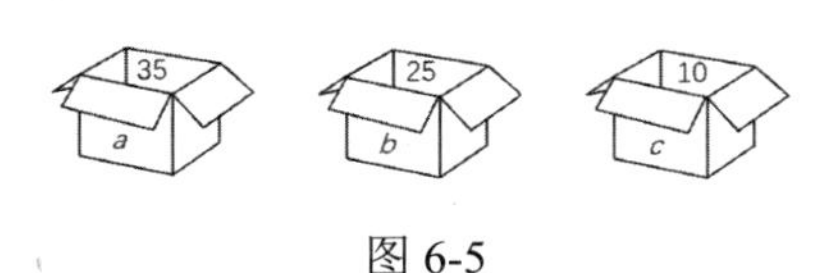

图6-5

当执行到第12行时，把c盒子中的数10显示出来。

【课堂练习】

用户输入两个整数，求它们的乘积。

要求：严格按照解答编程题的流程来执行。

参考代码（仅main函数部分）：

```
1 int a, b, c;
2
3 cin >> a;
4 cin >> b;
5
6 c = a * b;
7 cout << c << endl;
8
9 return 0;
```

6.2 详解除法运算 /

/ 表示两个数相除，如 10/5=2，100/4=25。

运行下面的代码，看看结果是多少。

```
int a = 10, b = 4;
cout << a/b << endl;
```

结果为 2。你可能认为计算机算错了，但是这里没有任何错误。这就是整数相除的特性：

两个整数相除，得到的结果还是整数，小数部分会被扔掉。

请把这个规则刻印在你的脑袋里！

从这个规则还能得到一个推论：假设三个整数 a、b、c，满足 $a/b=c$，那么不能推断出 $a=b\times c$。比如，10/4=2，但是 $10 \neq 4\times2$。也请大家记住这个推论。

【课堂练习】

用户输入两个整数，求它们的商（不含小数）。输入输出样例如下：

输入：9 3　　　　输出：3

输入：10 4　　　输出：2

参考代码（仅 main 函数部分）：

```
1 int a, b, c;
2
3 cin >> a;
4 cin >> b;
5
6 c = a / b;
7 cout << c << endl;
8
9 return 0;
```

6.3 详解求余运算 %

% 为求余运算，即求一个整数除以另一个整数的余数，比如 10 除以 4 的余数为 2，那么 10%4=2，读成 10 模 4 等于 2。

求余运算有以下两个规则：

- 求余运算只能适用于整数。
- 余数值的正负与 a 保持一致，b 在运算时取其绝对值。

例如：$-10\%3 = -1$　$-10\%-3 = -1$　$10\%-3 = 1$

求余运算通常被用来判断一个整数能不能被另一个整数整除。

【课堂练习】

用户输入两个整数，求它们相除的余数。输入输出样例如下：

输入：10 3　　　　输出：1

输入：-10 4　　　输出：-2

参考代码（仅 main 函数部分）：

```
1 int a, b, c;
2
3 cin >> a;
4 cin >> b;
5
6 c = a % b;
7 cout << c << endl;
8
9 return 0;
```

6.4 / 和 % 的应用

【例题】

小格同学积攒了一部分零用钱想要用来购买书籍，已知一本书的单价是 13 元，请根据小格零用钱的金额，编写程序计算最多可以购买多少本书，还剩多少零用钱。结果显示在两行里。输入输出样例如下：

输入：

30

输出：

2

4

审题：题目要求根据小格的零用钱数目，算出能买多少本书，还剩多少钱。结果要求显示在两行里，所以最后两个变量之间用 endl。

算法：很显然，把钱的总数除以书的单价所得的商，即为可以购买的书的数量，余数即为剩余的零用钱。这里面已经包含了两种运算，不能简单地说是除法还是求余。像这样根据一定的规则来编写程序的方法，称为模拟法。程序结构为顺序结构。

自然语言描述：

- 准备 3 个变量 a、b、c，a 存放用户输入的钱的数目，b 存放可以购买的书的数量，c 存放剩余的零用钱；
- 读取用户的输入放到 a 中；
- 把 a/13 的值赋给 b；

- 把 a%13 的值赋给 c；
- 输出 b 和 c；
- 结束；

C++ 代码如下：

```
1 int a, b, c;
2 cin >> a;
3 b = a/13;
4 c = a%13;
5 cout << b << endl;
6 cout << c << endl;
7 return 0;
```

课后作业

1. 编程题：已知一个正方形的边长为 a（整数），求它的面积和周长（如图 6-6 所示），输出在一行里，数字之间用空格隔开。输入输出样例如下：

   输入：`5`　　　　　输出：`25 20`

a

图 6-6

2. 编程题：已知一个长方形的长和宽为 a 和 b（均为整数），求它的面积（如图 6-7 所示）。输入输出样例如下：

   输入：`10 4`　　　　输出：`40`

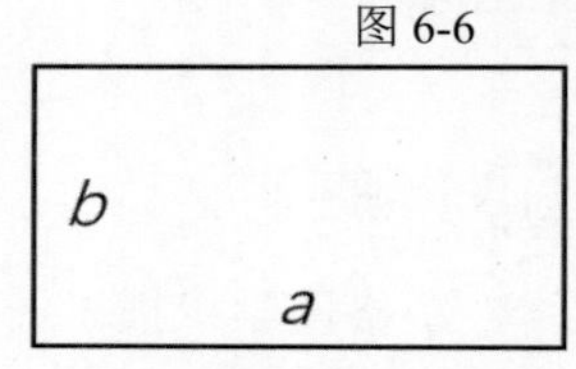

图 6-7

3. 编程题：小格同学积攒了很多空矿泉水瓶子，已知 12 个瓶子可以兑换 1 块橡皮（如图 6-8 所示），请根据小格瓶子的个数，编写程序计算最多可以兑换多少块橡皮，还剩多少个瓶子。结果显示在两行里。输入输出样例如下：

   输入：

   ```
   40
   ```

   输出：

   ```
   3
   4
   ```

   要求：请按照解答编程题的流程完成本题。

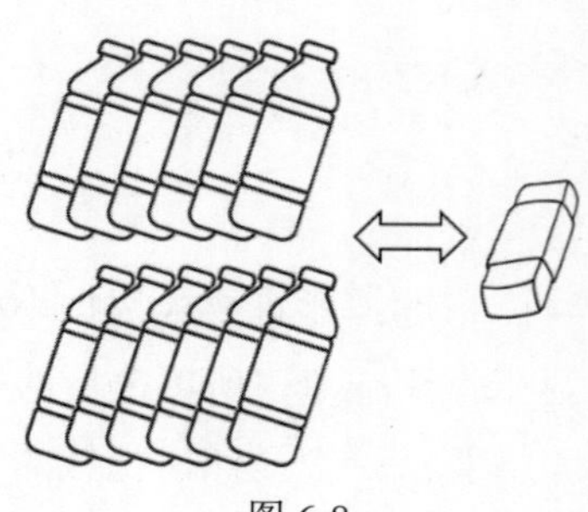

图 6-8

第 7 章　基本数据类型

通过第 6 章的学习，我们已经明白了，程序在对数进行计算之前，先要准备空间把要计算的数存起来，那么到底应该准备多大的空间呢？是越大越好还是越小越好？原来，在计算机中，不同的数所占的空间是不一样的，我们通过“数据类型”这个概念来区分不同的数。学习本章，你将会了解到：

- 几种基本的数值型数据类型和非数值型数据类型。
- 每种数据类型所占的空间以及它们的取值范围。
- 浮点数相除的特性。
- 如何选择数据类型。
- 如何确定常数的数据类型。

7.1 数值型数据类型

C++ 中的数据是一个广义的概念，不但像 25、3.14 这样的数值称为数据，像 A、C++ 这样的符号或者符号序列也是数据。这一节我们先学习数值型数据类型，即形式为数值的数据类型。

现在让我们来看下面的几个数：

2、−100、310 110 196 801 457 819、−645 781 780 345 781 280

现在试着把这 4 个数填入下面的格子里（如图 7-1 所示）：

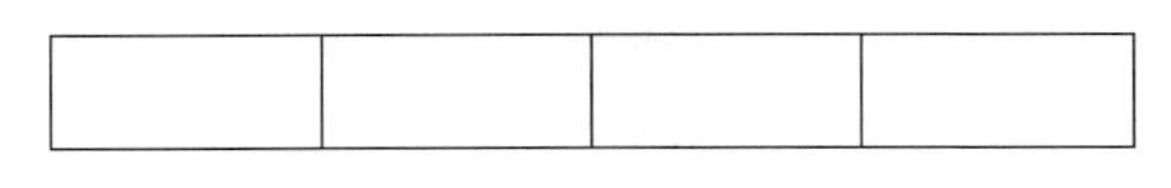

图 7-1

我们发现，前两个数是能够填下的，后两个数填不下，因为空间不够。越大的数，位数越多，需要的空间就越大。

为了能放得下所有的数，我们现在把格子设计得大一点（如图 7-2 所示）：

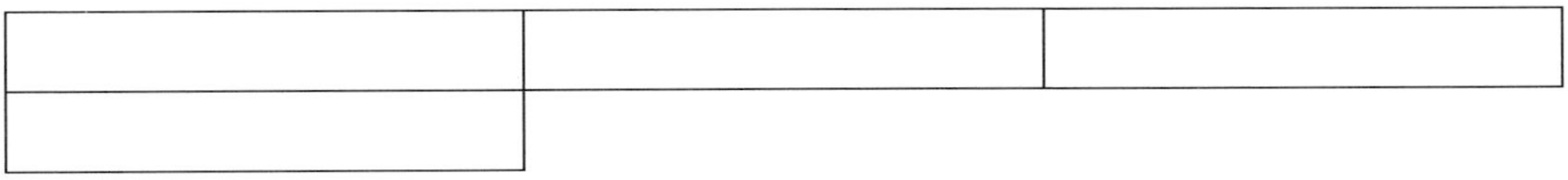

图 7-2

现在放得下所有的数了。但是我们发现，现在所占的总空间也更大了，原来只占了 1

行，现在占了 2 行（虽然第二行不满，但后面的空间浪费掉了）。

有没有一种方法，既填得下所有的数，占的空间又尽量小呢？方法是，对于小的数用小的格子，对于大的数用大的格子，像图 7-3 这样：

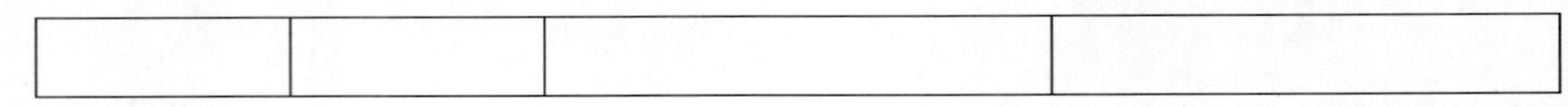

图 7-3

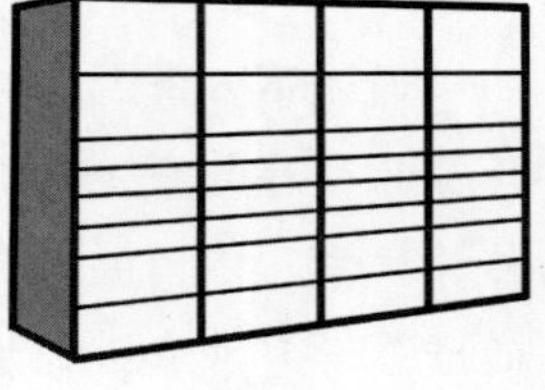

图 7-4

这种“针对不同的数用不同大小的格子”的思想，在生活中有很多例子。比如小区里的快递柜。我们发现有的格子小，有的格子大（如图 7-4 所示）。为什么不全部做成小格子呢？因为有的快递很大，小格子放不下。那为什么不全部做成大格子呢？因为有的快递小，放在大格子里就浪费空间。所以设置了大小不同的格子，小的快递放在小格子里，大的快递放在大格子里，既保证每个快递都有地方放，又提高了空间利用率。

在计算机中，要对数进行各种计算，需要把数存储起来，存储就需要空间。为了提高空间利用率，不同大小的数也就需要用不同大小的空间来存储。

另外，在所有的数值型数据中，有些数有小数部分，有些数没有小数部分。在 C++ 中，针对有小数部分的数和没有小数部分的数，其存储方式是不一样的。加上我们上面说的，不同大小的数所占的空间不一样。这样一来，我们就需要 4 种不同的数据类型来存放下面的 4 种数：

- 小的整数。
- 大的整数。
- 小的实数（实数指有小数部分的数）。
- 大的实数。

7.1.1 整型

在 C++ 中，小的整数，我们称为整型数，用 int 表示。整型数包括负整数、零和正整数，如 1、2、0、−2、−5，但 3.14 就不是整型数。

一个整型数占用 4 字节的空间，用二进制表示时为 32 位，一共可以表示 2^{32} 个数。整型数包含负数，所以整型数的取值范围为 $-2^{31} \sim 2^{31}-1$。

如果在某些情况下，我们不需要负数，则可以使用 unsigned int 类型，即无符号整型数，此时它就不包含负数，只有 0 和正整数。无符号整型数的取值范围为 $0 \sim 2^{32}-1$。

7.1.2 长整型

整型数的取值范围为 $-2^{31} \sim 2^{31}-1$，那么，如果要表示比 -2^{31} 小或者比 $2^{31}-1$ 大的整数，怎么办呢？要表示这样的整数，我们需要用长整型 long long。

长整型数占 8 字节，用二进制表示时为 64 位，它的取值范围为 $-2^{63} \sim 2^{63}-1$。长整型数与整型数都是整数，唯一的区别就是长整型数占用 8 字节，能表示更大的数。

7.1.3 单精度型

在 C++ 中，带有小数部分的数称为实数，也称为**浮点数**（这个名称与它的存储机制有关，存储机制比较复杂，这里不细述）。根据所占空间的大小，浮点数又分为**单精度型（float，也叫单精度实数型）**和**双精度型（double，也叫双精度实数型，具体见 7.1.4 节）**。需要注意的是，C++ 中所说的“带有小数部分”，不一定真的有小数部分，而是指带了小数点。比如，15 是整数，15.0 就是实数。

单精度型数对应于上面说的“小的实数”，它占 4 字节，用二进制表示时为 32 位。单精度数同样含有负数，其取值范围为 -3.4×10^{38} ～ 3.4×10^{38}。因为单精度型含有小数部分，所以我们一般不会说单精度型有多少个。

单精度型数和整型数占用的空间大小是一样的，但是因为单精度型数有小数部分，所以其内部的存储方式跟整型数是不一样的。这是单精度型数和整型数的区别。

7.1.4 双精度型

双精度型数对应于“大的实数”，它占 8 字节，用二进制表示时为 64 位。双精度型数的取值范围为 -1.7×10^{308} ～ 1.7×10^{308}。双精度型数和单精度型数的区别是所占的空间不一样，与长整型数的区别是存储方式不一样。

7.1.5 浮点数相除

6.2 节中已经讲过了，两个整数相除，得到的结果还是整数。但是，如果两个数里，其中一个是浮点数，那么结果就是浮点数。比如 10/4.0=2.5。

7.1.6 如何选择类型

我们现在已经学习了 4 种数值型数据类型，其中 int 和 long long 都表示整数，float 和 double 都表示实数。很显然，能使用 int 的地方，也是能够使用 long long 的，无非就是浪费点空间而已。同样，能使用 float 的地方，也是可以使用 double 的。那么，我们在编写代码时，到底应该选用什么数据类型呢？

选择类型的原则是，在能放得下数据的同时，尽量占用较小的空间。具体如下：

（1）如果题目中已经说明了是整数，而且给定了范围在整型数的范围内，那么就选用 int 类型。GESP 考试的题目中，一般都会给定数据范围。（GESP 考试中给定的范围一般不会精确到个位数，而是 10 的几次方。一般如果不超过 10^9，则可以使用 int 类型。）

（2）如果题目中仅说明是整数，但没有给出范围或者范围超过了 10^9，则使用 long long 型。

（3）如果题目中没有说明是整数，则使用 double 类型而不是 float 类型，因为 double 类型比 float 类型具有更高的精度。[①]

（4）如果题目中的输入数据为整数，但计算的结果可能出现小数（如除法），则输入数据可以使用整型或长整型（也可以使用 double 类型，但有点浪费空间），但输出数据必须使用 double 类型。

【例题】

输入一个圆的半径 r（r 为整数，$0< r \leqslant 10\ 000$），求这个圆的周长（如图 7-5 所示）。提示：圆的周长公式 $W=2\pi r$，其中 π 取 3.14。输入输出样例如下：

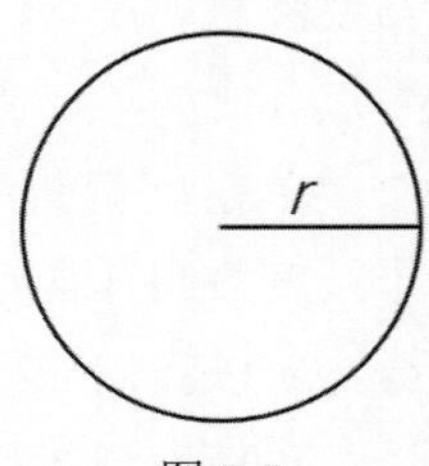

图 7-5

输入：2　　　　　　输出：12.56

分析：题中已经说明半径 r 为整数，且范围在 int 型数据的范围之内，所以 r 使用 int 类型。而周长呢，因为公式中出现了 3.14，是带小数的，所以周长应该选用 double 类型。

代码如下：

```
1  int r;
2  double W;
3  cin >> r;
4  W = 2*3.14*r;
5  cout << W << endl;
6  return 0;
```

7.2 非数值型数据类型

接下来介绍非数值型数据类型。

7.2.1 字符型

如果我们要表示字母 'a'、'b'，或者运算符号 '+'、'−' 等，用什么数据类型表示呢？我们用字符型 char。char 型数据占 1 字节，用二进制表示时为 8 位。在代码中，所有的字符型数据，都必须用英文的单引号括起来。

我们在第 1 章讲过，计算机中所有的数据都是以二进制表示的，也就是说，像 'a'、'b'、'+'、'−' 这样的字符，在计算机中存储（或者传输）时，也是以二进制形式表示的，因而都对应一个数，只有在显示的时候，才会变成 a、b 这样的符号。

ASCII 编码

char 型数据占 1 字节，用二进制表示时为 8 位，所以它最多只能表示 256 个字符，对

① 为了让读者对数据类型的中英文形式都熟悉，本书没有刻意统一为其中某一种称呼。

应的数为 -128 ～ 127。目前所有的负数都没有对应的字符，所以实际只有 128 个字符。这 128 个字符称为 ASCII（American Standard Code for Information Interchange，即美国信息交换标准）字符，它们对应的数（准确的名称叫编码）称为 ASCII 码。比如，a 的 ACSII 码为 97，0 的 ACSII 码为 48。这 128 个字符以及它们对应的编码合称为 ASCII 编码。

表 7-1 ～表 7-3 列出了所有字母和阿拉伯数字对应的 ASCII 码。

表 7-1　所有小写字母对应的 ASCII 码

小写字母	对应的 ASCII 码	小写字母	对应的 ASCII 码
a	97	n	110
b	98	o	111
c	99	p	112
d	100	q	113
e	101	r	114
f	102	s	115
g	103	t	116
h	104	u	117
i	105	v	118
j	106	w	119
k	107	x	120
l	108	y	121
m	109	z	122

表 7-2　所有大写字母对应的 ASCII 码

大写字母	对应的 ASCII 码	大写字母	对应的 ASCII 码
A	65	N	78
B	66	O	79
C	67	P	80
D	68	Q	81
E	69	R	82
F	70	S	83
G	711	T	84
H	72	U	85
I	73	V	86
J	74	W	87
K	75	X	88
L	76	Y	89
M	77	Z	90

表 7-3　所有阿拉伯数字（作为字符）对应的 ASCII 码

阿拉伯数字	对应的 ASCII 码	阿拉伯数字	对应的 ASCII 码
0	48	5	53
1	49	6	54
2	50	7	55
3	51	8	56
4	52	9	57

另外，还有一些运算符以及标点符号、控制字符等，这里就不一一列举了。

我们不用死记上述字符的 ASCII 码，只要知道下面的三个规律就可以了：

- 所有的阿拉伯数字字符对应的 ASCII 码是连续的。
- 所有的小写字母对应的 ASCII 码是连续的。
- 所有的大写字母对应的 ASCII 码是连续的。

在第 19 章中我们将会看到，利用这些规律可以进行字母的大小写转换。

7.2.2 布尔型

还有一种数据类型，我们称为布尔型（bool），它用来表示一个判断条件的真或者假。它只有两个值：true 和 false。由于在计算机中，所有的数据都是用二进制表示的，所以 true 和 false 只是两个符号，它们对应的二进制数为 1 和 0。回想 2.3 节中提到的，在计算机中，数据存储的基本单位为字节（Byte），即使像 0、1 这样的只有 1 位的数，也需要用 1 字节来存储，所以布尔型的数据也占用 1 字节。

至此，我们已经把所有的基本数据类型都学完了，总结如表 7-4 所示。

表 7-4　基本数据类型

名称	中文名称	长度（byte）	取值范围	精度
long long	长整型	8	$-2^{63} \sim 2^{63}-1$	
int	整型	4	$-2^{31} \sim 2^{31}-1$	
float	单精度实数型	4	$-3.4\times10^{38} \sim 3.4\times10^{38}$	7 位有效数字
double	双精度实数型	8	$-1.7\times10^{308} \sim 1.7\times10^{308}$	15 位有效数字
char	字符型	1	$-128 \sim 127$	
bool	布尔型	1	0, 1	

需要指出的是，不管是哪种数据类型，其在内部保存时都是以二进制格式存储的，所以最终都是数字。把 int、long long、float、double 称为数值型，把 char、bool 称为非数值型，这种分法是根据各个类型表示的含义来区分的，其他教材则有可能根据其他特性得到不同的分法。

7.3 常数的数据类型

对于像 2、3.5 这样的常数，它们的数据类型该怎么确定呢？比如 int a=1，那么 a+3.5 的类型是什么呢？我们有下列规定：

- 没有任何后缀的整数为整型，例如 2。
- 带有 ll 或者 LL 的整数为长整型，例如 2LL。
- 带有小数部分（哪怕小数部分为 0）但没有后缀的数为双精度型，例如 3.5。
- 带有小数部分（哪怕小数部分为 0）后缀为 f 或者 F 的数为单精度型，例如 3.14f。

请把这个规律刻印在你的脑袋里。

【例题】

小格开始做 GESP 一级的模拟试卷，他记录了每次考试的成绩，为 1 个整数，满分为 100。他记录了 2 次，求他的平均成绩。输入输出样例如下：

输入：85 90　　　　输出：87.5

分析：每次考试的成绩为整数，且小于或等于 100，所以用 int 型就可以了。结果需要把两个数加起来除以 2，除法的结果可能会含有小数，输出样例也的确含有小数，那么结果必须使用 double 型。

但是仅仅把结果定义成 double 类型就够了吗？现在我们假设两次成绩为 *a*、*b*，计算平均成绩用 (*a* +*b*)/2 可以吗？我们把样例数据代进去，得到的结果是 87，为什么呢？因为两个整型数相除，结果还是整型数。但是我们上面讲过，两个数相除，只要一个数是浮点数，结果就是浮点数了，所以我们使用 (*a* +*b*)/2.0。

代码如下：

```
1 int a, b;
2 double ave;
3 cin >> a;
4 cin >> b;
5 ave = (a+b)/2.0;
6 cout << ave << endl;
7 return 0;
```

提示

本题的解法并不是唯一的，这里提供的是其中一种。随着后面的学习，我们将会提供不同的方法。

【真题解析】

判断下列说法是否正确。

1. 常数 7.0 的数据类型为单精度实数型。

解析: 7.0 带有小数部分，但没有带 f 或者 F 后缀名，所以它为双精度实数型。答案为错误。

2. C++ 语言中 3.0 和 3 的值相等，所以它们占用的存储空间也相同。

解析：3.0 为双精度型，占 8 字节，3 为整型，占 4 字节，所以存储空间不同。答案为错误。

课后作业

1. 判断下列说法是否正确：

（1）10/4 的值为 2.5。

（2）10.0/4 的值为 2.5。

（3）10%2.5 的值为 0。

2. 判断下列说法是否正确：

（1）C++ 中的整型长度为 2 Byte。

（2）C++ 中的 bool 型因为只有两个值 0 和 1，而且这两个值都只有 1 位，所以 bool 型的长度为 1 bit。

（3）4.0 与 4 的值相等，所以它们占用的存储空间也相同。

（4）计算机中数据存储的基本单位为 bit。

3. 编程题：输入一个圆的半径 r（r 为整数，$0<r \leqslant 10\,000$），求这个圆的面积（如图 7-6 所示）。提示：圆的面积公式 $S=\pi r^2$，其中 π 取 3.14。

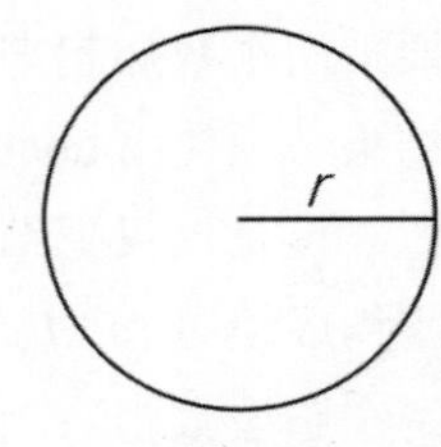

图 7-6

输入输出样例如下：

输入：`3`　　输出：`28.26`

4. 编程题：小格开始做 GESP 一级的模拟试卷，他记录了每次考试完成的时间，为 1 个整数，表示分钟（小于或等于 120）。他记录了 2 次，求他的平均考试完成时间。输入输出样例如下：

输入：`95 98`　　输出：`96.5`

延伸阅读：计算机中的实数

计算机中的实数有广义和狭义之分，广义的实数包括所有基本类型的数据，狭义的实数特指浮点数。如果不特别说明，通常说的是狭义的实数。比如，在 C++ 中，一个整数常数，如果你写的时候不写小数的话，C++ 是不把它当成实数的，必须加小数点，再加个 0，C++ 才把它当成实数。换句话说，在数学中，实数是包含整数的，两者是全部与部分的关系，整数是实数的子集，一个数可以既是整数，又是实数。但在计算机中，实数和整数是互相排斥的，一个数不能既是整数类型，又是实数类型。比如，在 C++ 中，10 为整型，10.0f 为单精度型，10.0 为双精度型，虽然它们的数值都相等，但写法必须不一样。

即便是广义的实数，跟数学中的实数概念也不是完全相同的。在数学里，实数指的是有理数和无理数的统称，而有理数指的是整数和分数的统称，分数又分为有限小数和无限循环小数；无理数指的是无限不循环小数。

而在计算机中，由于受到物理存储的限制，是无法精确表示无限循环小数以及无理数的，所以计算机中的实数仅仅包含了整数和有限小数（如图 7-7 所示）（这里的有限是指转成二进制时是有限位的，如果转成二进制时不是有限位的，比如 0.9，那也是不能精确表达的），而且还是有取值范围的。

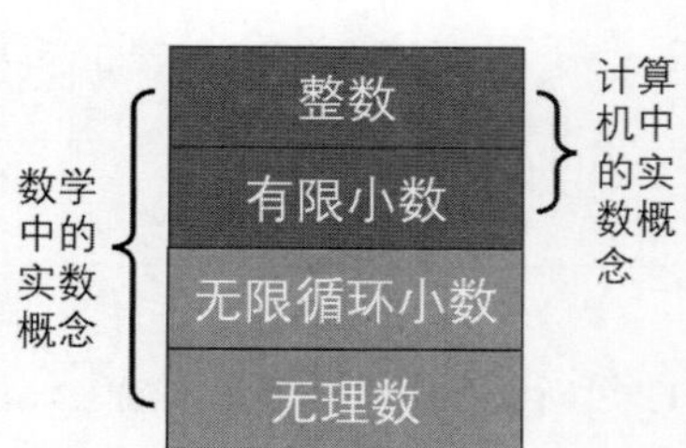

图 7-7

第 8 章　运算规则

我们已经学习了加减乘除余 5 种基本的算术运算，如果一个算式中包含多种运算符，应该哪个先算哪个后算呢？这就需要制定一个规则。同时，C++ 中有那么多种不同的数据类型，这些不同数据类型的数能混在一起运算吗？如果能的话，所得结果又将会是什么数据类型？这正是这一章要讲的内容。学完了这一章，你将会了解到：

- 什么是表达式。
- 各种运算符的优先级以及运算规则。
- 类型自动转换规则。
- 数据类型的精度排序。
- 如何用代码检测混合运算结果的数据类型。

8.1 表达式

表达式是由数字、运算符、小括号、变量等排列所得的组合。以下都是合法的表达式：

```
3.14
a
a+b
a-b*2
(a+b)/2
a+b+c
```

提示

单个常数、常量或变量，也是表达式。

8.2 优先级

各种运算符的优先级并不是相同的，从高到低依次如下，同一层次里的优先级相同：

- 括号最高。
- 乘、除、求余运算其次。

● 加、减最低。

运算规则如下：

● 先计算优先级高的，再计算优先级低的。

● 对于优先级相同的，则按照先后顺序计算。

【课堂练习】

试计算下列表达式的值：

```
int a=5, b=3, c=17;
a+b*3;
(a+b)*3;
c/a*b;
c/(a*b);
c-(a+b)*2+b;
c%a*b;
```

解答：

a+b*3 = 5 + 3 * 3 = 5 + 9 = 14（乘法的优先级比加法高，先算乘法，再算加法。）

(a+b)*3 = (5 + 3) * 3 = 8 * 3 = 24（括号的优先级最高。）

c/a*b = 17 / 5 * 3 = 3 * 3 = 9（除法和求余运算的优先级相同，按先后顺序计算。）

c/(a*b) = 17 / (5 * 3) = 17 / 15 = 1（括号的优先级最高。）

c−(a+b)*2+b = 17−(5 + 3) * 2 + 3 = 17−8 * 2 + 3 = 17−16 + 3 = 1 + 3 = 4（括号的优先级最高，然后是乘法，然后减法和加法优先级相同，按先后顺序执行。）

c%a*b = 17 % 5 * 3 = 2 * 3 = 6（求余运算和乘法的优先级相同，按顺序计算。）

【真题解析】

1. 表达式 10−9/2 的值为（　　）。

A. 5.5　　B. 0.5　　C. 6　　D. 5

解析：除法的优先级比减法高，先算除法。两个整型数相除，结果还是整型数，9/2 等于 4，10−4=6，所以答案为 C。

2. 如果用一个 int 类型的变量 a 表达正方形的边长，则下列哪个表达式不能用来计算正方形的面积（　　）。

A. a*a　　B. 1*a*a　　C. a^2　　D. 2*a*a/2

解析：^ 是另一种运算符，不是表示指数，所以答案为 C。

3. 在 C++ 中，假设 N 为正整数 10，则 cout<<(N/3+N%3) 将输出（　　）。

A. 4.3　　B. 6　　C. 4　　D. 2

解析：10/3=3，10%3=1，3+1=4，所以答案为 C。

8.3 类型自动转换

在计算机中，所有的数据都是以二进制表示的。这句话同时意味着，所有的数据（包括所有的基本数据类型，以及由这些基本数据类型组合而成的文字、音频和视频）都是数。既然都是数，就可以进行加减乘除运算。那么当这些不同类型的数进行加减乘除（不包括 %，% 只能用于整数）运算时，比如 2+2.5，结果到底是什么类型呢？我们有下列规则。

精度低的数据类型向精度高的数据类型转换，结果是精度高的数据类型。

由于整数型（包括布尔型、字符型、整型、长整型）数据是没有小数部分的，我们可以认为整数型的精度为 0，所以在整数型、单精度型和双精度型三种数据中，精度由低到高，为整数型、单精度型、双精度型。（也有一种说法认为整数型的精度为 1，因为它能表示的数的最小的颗粒度为 1，即两个不相等的整数型相减，绝对值最小为 1。但这个不影响三者的精度排序）。而在所有的整数型中，我们约定精度由低到高为：布尔型、字符型、整型、长整型。所以，以上所有的数据类型，精度由低到高为：

布尔型、字符型、整型、长整型、单精度型、双精度型

注意：虽然长整型占 8 字节，单精度型只占 4 字节，但在精度排序中，长整型排在单精度型前面。

【课堂练习】

判断下列表达式的结果的数据类型：

```
char c = 'a';
int a = 1;
float b = 2.5;
double d = 3.14;
a+b;
d-b;
a+b+c;
d*c;
d-(b/a);
```

解答：

a+b 为 float 类型。

d−b 为 double 类型。

a+b+c 为 float 类型。

d*c 为 double 类型。

d−(b/a) 为 double 类型。

回想一下在第 7 章中，我们讲过，两个数相除，只要其中一个数是浮点数，那么结果就是浮点数，其实说的就是类型自动转换。

【真题解析】

判断题：表达式 (3.5*2) 的计算结果为 7.0，且结果类型为 double。

解析：3.5 为双精度型，2 为整型，相乘时，2 的类型转换为双精度型，结果为双精度型。答案为正确。

【例题】

已知一个长方形的面积 S 和其中一条边的长 a（都是整数，且不超过 10 000），求另一条边的长（如图 8-1 所示）。输入输出样例如下：

输入：`20 5`　　输出：`4`

输入：`10 4`　　输出：`2.5`

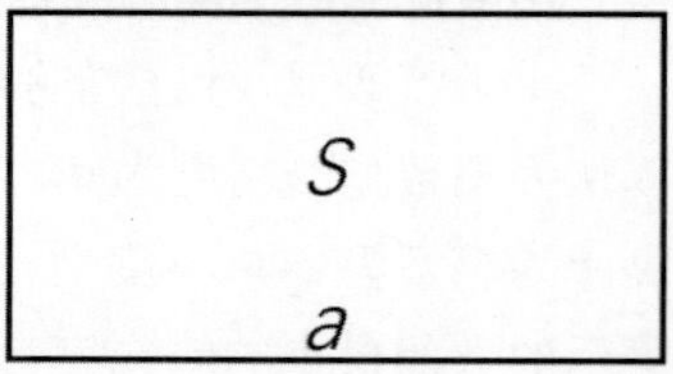

图 8-1

分析：题中已经说明 S 和 a 都是整数，且范围在 int 型数据的范围之内，所以代码中 S 和 a 应该使用 int 类型。但是根据公式另一条边 b = S/a，既然出现了除法，结果就有可能带小数部分，所以 b 应该使用 double 类型。

现在让我们来看看，如果 S 和 a 使用 int 类型，那么 b=S/a 能不能得到预期的结果。代入第二组样例数据 10 和 4，得到 2，与结果不一样。原因其实已经讲过好几遍了，两个整数相除，结果还是整数。

但我们现在知道了类型自动转换规则，只要其中一个数是浮点数，结果就是浮点数。在第 7 章的例子中，我们把 2 换成了 2.0，但是这里并没有什么整数可以使用这种技巧。

等等，真的没有吗？想一想，任何数加或减 0 是不变的，任何数乘以或除以 1 也是不变的，所以我们把其中的任何一个数加上或减去 0.0，或者乘以或除以 1.0 就可以了。组合起来有很多种方法，下面给出其中一种解法。

```
1 int S, a;
2 double b;
3 cin >> S;
4 cin >> a;
5 b = S*1.0/a;
6 cout << b << endl;
7 return 0;
```

8.4 sizeof 操作符

有没有什么简单的方法来判断一个表达式的结果的数据类型呢？方法是用 sizeof 操作符。sizeof 操作符可以求参数的长度，然后再根据其他特性即可推知参数的数据类型。

sizeof 有两种用法：

- sizeof(数据类型)。

- sizeof(表达式)。

例如

```
sizeof(int)
sizeof(a+b)
```

运行下列代码，看看能得出什么结论。

```
1  cout << "sizeof(double) = " << sizeof(double) << endl;
2  cout << "sizeof(7.5) = " << sizeof(7.5) << endl;
3  cout << "sizeof(float) = " << sizeof(float) << endl;
4  cout << "sizeof(7.5f) = " << sizeof(7.5f) << endl;
5  cout << "sizeof(int) = " << sizeof(int) << endl;
6  cout << "sizeof(2) = " << sizeof(2) << endl;
7  cout << "sizeof(char) = " << sizeof(char) << endl;
8  cout << "sizeof('a') = " << sizeof('a') << endl;
9  cout << "sizeof(bool) = " << sizeof(bool) << endl;
10  cout << "sizeof(true) = " << sizeof(true) << endl;
11  cout << "sizeof(false) = " << sizeof(false) << endl;
12  int a = 2;
13  cout << "sizeof(a+2.5) = " << sizeof(a+2.5) << endl;
```

最后一行，sizeof(a+2.5) = 8。虽然，长整型的长度也是 8，但是结合这里有带小数部分的实数，可以推知结果为双精度型。

课后作业

1. 算式 (11+12)%4 的计算结果为（　　）。

   A. 11　　B. 5.6　　C. 3　　D. 5

2. 如果用两个 int 类型的变量 a 和 b 分别表达长方形的长和宽，则下列哪个表达式不能用来计算长方形的周长？

   A. a+b*2　　B. 2*a+2*b　　C. a+b+a+b　　D. b+a*2+b

3. 编程题：用 sizeof 操作符求各个数据类型的长度，并打印出来。比如，对于整型 int，用 cout <<"sizeof(int) = " << sizeof(int) << endl;

4. 编程题：已知一个长方形的长和宽为 a 和 b，求它的周长。输入输出样例如下：

   输入：`10.5 4`　　输出：`29`

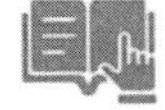

延伸阅读：测试样例数据的重要性

对于很多初学者来说，能写代码是一件很有成就感的事情，因而很多小朋友一把代码写完，就迫不及待地发给老师，一点测试也不做。这样做是不对的，即使是经验丰富的老程序员，也很少能把代码一次写对，所以对于初学者来说，一定要至少用样例数据测试一遍，只有样例数据测试通过了，才能提交代码。

用样例数据测试，至少有三个好处：

（1）可以验证数据类型是否正确。

比如，题目中明明出现了浮点数，但是大家却使用了整型数，用样例数据一测试，立马就会发现错误，因为把样例输入的浮点数赋给整型数，小数部分会被扔掉，结果肯定不对。

（2）可以验证代码逻辑是否正确。

这个好理解，如果逻辑错了，大概率样例数据的结果也是错的。

（3）可以验证输出格式是否正确。

有些小朋友一看题目简单，就不去仔细观察样例输出的格式，比如要求分多行显示的，结果显示在一行里；要求输出 yes 或者 no 的，结果输出了 true 和 false；或者大小写不一致，或者要求占两格的结果只占了一格。所有这些都是可以避免的错误，只要用样例数据一测试，跟样例输出一比较，这些错误一眼就能发现。

但是，另一方面，仅仅用样例数据测试是不够的。第（2）点中，我们说过，如果逻辑错了，结果大概率是错的，但仍有很小的概率，逻辑错了，样例数据的结果却是对的。比如有条题目要求对两个数求余，给出的样例数据是“输入：`10 4`，输出：`2`”，10%4=2，但是代码里写的是 a/b，结果 10/4 碰巧也等于 2，小朋友就认为代码对了。所以，用样例数据测试通过，只是协助发现问题，但不能保证代码就一定是对的。要保证代码完全正确，必须严格按照解答编程题的流程，认真执行每一步，并且多做测试，第 25 章会讲解如何用特殊数据测试。

第 9 章　变量的定义与使用

通过前面几章的学习，我们发现，编程总是离不开变量的，代码中的运算都是在对变量运算。我们也已经明白了变量大概是怎么一回事。但变量到底是什么？如何定义一个变量？变量的名字可以随便起吗？这些正是这一章要学习的内容。学完这一章，你将会了解：

- 什么是变量、常量、常数。
- 如何定义一个变量。
- 变量的命名规则。
- C++ 中有哪些关键字。
- 如何给变量赋初值。
- 赋值语句是否会改变变量的数据类型。

9.1 变量的定义

9.1.1 什么是变量、常量、常数

变量是指在程序执行过程中，其值可以改变的量。来看下面的代码：

```
int a;
a = 2;
a = 3+5;
```

在第二行里，a 被赋值为 2，第三行里，a 又被赋值为 3 + 5。所以，变量的值是可以改变的。

与变量相对的叫**常量**，即在程序执行过程中，其值不可以改变的量。常量通过一个关键字 const 来声明：

```
const double pi = 3.14;
```

这行代码定义了一个常量 pi，它的值为 3.14，在程序的整个运行期间，pi 的值始终等于 3.14，不允许改变。

还有一类数叫**常数**，是指像 12、'a'、true 这类确定的数。

有关常数的数据类型，7.3 节中已经有所涉及，这里再举几个例子，如表 9-1 所示。

表 9-1　不同数据类型的常数举例

类型	常数举例
long long	125ll，125LL，0LL
double	7.7，6.0，0.0
float	7.7f，6.0F，0.0f
int	8，125，0
char	'a'，'0'，'A'，'-'
bool	true，false

需要注意的是，GESP 考试中经常把常数说成常量。

【真题解析】

常量 '3' 的数据类型是（　　）。

A. double　　B. float　　C. char　　D. int

解析：用单引号括起来的单个符号为字符型，所以这里的 '3' 不是一个整数 3，而是一个字符，是 char 型。答案为 C。

9.1.2　定义变量

变量在使用前一定要先定义，变量定义使用下面的语句：

```
数据类型 变量名 1, 变量名 2, ..., 变量名 n;
```

定义一个变量，实际上就是让系统准备一块空间（可以想像成一个盒子），并给这块空间起个名字，而数据类型则指明了空间的大小。下面是一些定义变量的例子：

```
int a;
float b;
char c, d;
```

这三行代码相当于准备了 4 块空间，其中 int 类型的空间和 float 类型的空间一样大，占 4 Byte，char 类型的空间比它们小，占 1 Byte，如图 9-1 所示。

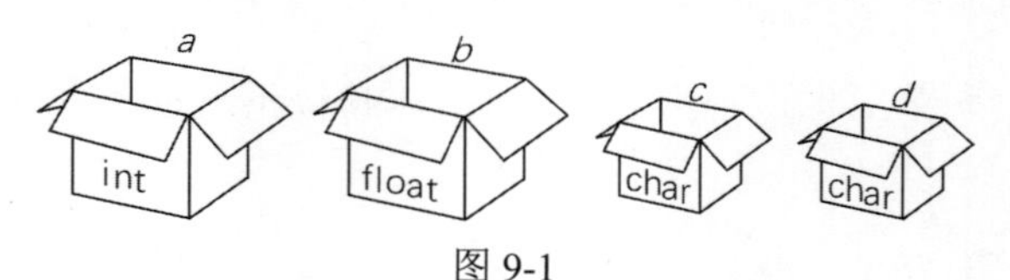

图 9-1

正如上面代码第三行所示，一次可以定义多个变量，只需在变量名之间用逗号隔开，前提是这些变量的数据类型必须是一样的。

提示

变量定义也称为变量声明。

9.1.3 变量命名规则

变量名必须符合以下命名规则：

- 变量名只能包含字母、数字、下画线，字母区分大小写。
- 变量名的第一个符号只能是字母或者下画线（不能以数字开头）。
- 变量名不能使用 C++ 语言中的关键字。

下面的都是有效的变量名：

fiveStar, _gesp, age, Hi, my_name, a2, N;

下面的都是无效的变量名：

5star, H&M, gest@cn, five star, 0xFF;

在实际使用时，我们不但要考虑命名规则，还要考虑变量的含义，尽量用变量的用途来命名它。比如，我们要对一组数求和，那么用 sum 比较好；再比如，我们要求满足条件的数的个数，用 count 比较好。在必要的时候，可以使用多个单词，用下画线连接起来，比如 total_count，表示总的个数。

9.1.4 关键字

C++ 中的**关键字**是指，一些具有特殊意义的预先定义好的单词，这些单词不能用来作为变量名使用。C++ 中的关键字如表 9-2 所示：

表 9-2 C++ 中的关键字

auto	false	static	using	if	goto	static_cast
bool	true	public	namespace	else	and	const_cast
char	enum	protected	inline	for	not	dynamic_cast
int	union	private	new	while	or	reinterpret_cast
short	struct	virtual	delete	do	xor	static_assert
long	class	override	this	switch	return	register
float	wchar_t	final	nullptr	case	try	explicit
double	sizeof	operator	void	default	catch	extern
signed	typeid	const	friend	break	throw	
unsigned	typedef	constexpr	template	continue	noexcept	

以上所讲的变量名的命名规则，同样也适用于**标识符**。标识符是指用来标识某个实体的符号，这里的实体包括变量、常量、函数、语句块等。所以，变量名只是标识符的其中一种用途。

9.1.5 定义常量

如果要定义一个常量，则在数据类型前面加一个 const 关键字，如下所示：

```
const double pi=3.14;
const int MAX_LEN = 100;
```

【课堂练习】

请对所有的数据类型，都定义一个变量。

解答略。

【真题解析】

1. 以下不可以作为 C++ 标识符的是（　　）。

A. x321　　B. 0x321　　C. x321_　　D. _x321

解析：选项 B 以数字打头，不符合标识符的命名规则。所以答案为 B。

2. 以下可以作为 C++ 标识符的是（　　）。

A. number_of_Chinese_people_in_millions　　B. 360AntiVirus

C. Man&Woman　　D. break

解析：选项 B 以数字打头，不可以；选项 C 出现了 & 符号，不可以。剩下 A 和 D，都符合命名规则的前两条，就看哪一个是关键字了。看是不是关键字有个诀窍，就是关键字通常都是一个单词，最多的也不会超过两个单词，所以 D 是关键字。用排除法得知 A 是可以的。命名规则并没有规定变量名的长度，只要符合 3 条规则即可，所以答案为 A。

3. 以下能作为变量名的是（　　）。

A. double　　B. else　　C. while　　D. cout

解析：所有选项都符合命名规则的前两条，就看哪个是关键字了。A、B、C 都是关键字，cout 是 C++ 中的一个对象名，所以它不是关键字（如果它是关键字，就不能用作对象名），既然不是关键字，就可以用作变量名。所以答案为 D。除了 cout，cin、endl 也是对象名，都可以作为变量名使用。

9.2 变量的使用

变量的使用不外乎两点，第一改变变量的值，第二使用变量的值。变量的值的改变是通过赋值语句实现的，使用变量的值只要直接引用变量名就可以了，把变量名放在一个表达式里，在运行的时候就会读取它的值。

9.2.1 赋值语句

来看下面的代码：

```
int a = 16;
int b = 8;
```

```
int c;
c = a+b;
cout << c <<endl;
```

我们把形如

```
变量名 = 表达式 ;
```

的语句称为**赋值语句**，即把表达式的值赋给左边的变量，表达式可以是单个常数、常量、变量，或者它们的任意组合（见 8.1 节表达式的定义）。

赋值语句的左边必须是变量名，而且只能是**单个变量**，下面的赋值语句是非法的：

```
a+b = c+d;
2 = a;
2 = a+b;
```

前面说过，定义一个变量，实际上就是让系统准备一块空间，但是系统准备空间时，并没有把这块空间里原来的内容清空，所以**变量刚刚定义时，它的值是不确定的，**它的值就是这块空间里原来存放的数（注：这里指的是局部变量，即在函数内部定义的变量。对于全局变量，这个说法不对）。所以，**在使用变量的值之前，一定要给它先赋初值，**如下所示：

```
int a;
a = 5;
```

9.2.2 变量的初始化

我们也可以在定义变量的时候，同时给它赋一个初值，这称为变量的**初始化**，如下所示：

```
int a = 5;
int b, c = 6;
```

在同一行中定义多个变量时，可以只对部分变量初始化。

变量的初始化并不是必需的，但为了防止在赋初值之前就使用它的值，初始化是一个好的习惯。

除了直接赋值和初始化以外，还有一种给变量赋初值的方法，就是用 cin 语句读取用户的输入，比如：

```
int a;
cin >> a;
```

【真题解析】

1. 执行下边的代码，输出的是（　　）。

```
1 int a, b;
2 b = a + 5;
3 cout << b << endl;
```

A. 5　　　　B. 0

C. 10　　　　D. 不确定

解析：由于变量 a 定义了之后，并没有赋初值，所以 a 的值不确定，因而 b 的值也不确定。答案为 D。

2. 执行下面的代码，如果用户输入 10，则输出的是（　　）。

```
1 int a, b;
2 cin >> a;
3 b = a + 5;
4 cout << b << endl;
```

A. 5　　　　B. 0

C. 由于 a 没有赋初值，所以 b 的值不确定　　　　D. 15

解析：代码中虽然没有看到给 a 赋值的语句，但是 cin >> a 起到了给 a 赋值的作用，用户输入 10，所以 a = 10，b 的值为 15，答案为 D。

9.2.3 再谈赋值语句

现在来看下面的代码：

```
int a;
a = 3.14;
```

这里有三个问题：

（1）这样的赋值允许吗，编译能通过吗？

（2）赋值后，a 的数据类型会变化吗？

（3）赋值后，a 的值是多少？

我们有下面的规则：

（1）赋值语句的左右两边的数据类型可以不一样。

（2）赋值语句不会改变变量的数据类型。

（3）赋值语句会把右边的数值自动转换成左边的数据类型。

有了这三个规则，问题（1）和 问题（2）已经迎刃而解了，那么问题（3）呢？很简单，3.14 会转变成整型，直接把小数部分扔掉，变成 3。

【真题解析】

下列关于 C++ 语言的叙述，不正确的是（　　）。

A. 变量定义时可以不初始化　　　　B. 变量被赋值之后的类型不变

C. 变量没有定义也能够使用　　　　D. 变量名必须是合法的标识符

解析：选项A，变量定义时可以不初始化，正确，初始化只是一个好的习惯，但不是必须的。选项B，赋值语句不会改变变量的数据类型，正确。选项C，变量在使用前必须先定义，错误。选项D明显正确。所以答案为C。

课后作业

1. 判断下列说法是否正确：

（1）在C++语言中，标识符中可以有数字，但不能以数字开头。

（2）'3'是一个int型常数。

（3）在C++语言中，标识符的命名不能完全由数字组成，至少有一个字母就可以。

2.（　　）不是C++语言的关键字。

A. int　　B. for　　C. do　　D. cout

3.（　　）可以作为C++的标识符。

A. 2int　　B. for　　C. gesp@ccf　　D. endl

4. 编程题：已知一个梯形上下底边和高分别为整数 a、b、h，求梯形的面积（如图9-2所示）。所有的数都小于 10^6，梯形的面积公式为 $S=(a+b)\times h/2$。输入输出样例如下：

输入：5 8 7　　　输出：45.5

5. 编程题：已知一个长方形的面积和一个边的长度，求另一条边的长度（如图9-3所示），所有的数不超过 10^6。输入输出样例如下：

输入：22.5 5　　　输出：4.5

（提示：注意与8.3.1节中例题的差别）

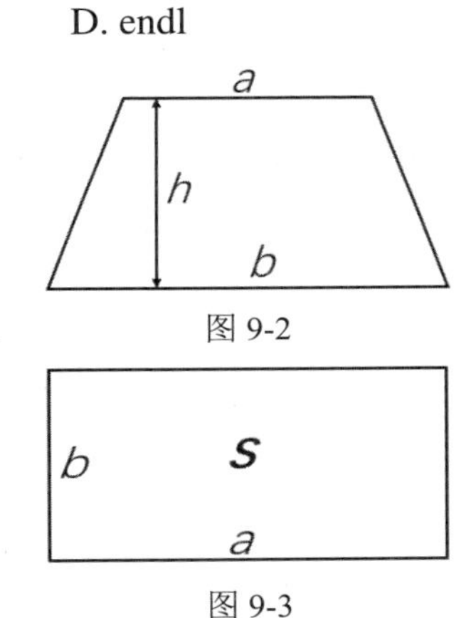

图9-2

图9-3

第 10 章　输入语句

在前面的章节中，我们已经多次使用 cin 来读取用户的输入给变量赋值，这一章我们来详细了解一下输入语句。在这一章你将会学到：

- C++ 风格的输入语句 cin。
- 如果输入的数据与数据类型不一致会发生什么情形。
- C 风格的输入语句 scanf。
- 通用头文件。

10.1 cin（C++ 风格）

在第 4 章的延伸阅读中，我们给大家讲了，cout 严格来讲不是一个函数，而是 ostream 对象的一个实例，<< 才是它的函数。同样的道理，cin 也不是一个函数，它是 istream 对象的一个实例，>> 才是它的函数。

10.1.1 基本语法

cin 用法如下：

```
cin >> 变量名 ;
```

例如

```
int a;
cin >> a;
```

该语句表示，把用户的输入当成一个整型数存放到变量 a 里。a 的类型可以是任意的基本数据类型，但必须在该语句之前指定。

10.1.2 串联使用 >>

cin 也可以像 cout 一样，一次读取多个数据，使用 >> 把多个变量串联起来，如下所示：

```
int a, b, c;
cin >> a >> b >> c;
```

程序会把用户输入的第一个数给 a，第二个数给 b，第三个数给 c。输入时，需要以空格或者回车符隔开。当以空格隔开时，最后仍然需要输入回车符，程序才开始读取数据。当以回车符隔开时，每敲入一个回车符，程序就读取一个数。

数据赋给变量的顺序，是按照 cin 语句后面变量的顺序，而不是按照变量定义的顺序。比如下面的代码：

```
int c;
int b, a;
cin >> a >> b >> c;
```

当用户输入 5 6 7 时，a=5，b=6，c=7，跟上面第一份的代码的结果是一样的。

cin 后面不但可以跟多个变量，而且这些变量的类型可以不相同，但是用户的输入必须跟变量的顺序一致。比如，下面的代码：

```
int a, b;
char op;
cin >> a >> op >> b;
```

当用户输入 15 + 20 时，会把 15 赋给 a，+ 号赋给 op，20 赋给 b。

如果你写成了 cin>>a>>b>>op; 但是输入的还是 15 + 20，就会出现错误。

10.1.3 数据不一致的情形

如果你要用户输入一个整型数，用户却输入了其他的数据，会出现什么情形呢？ 程序会尽可能找到匹配的数据，碰到不匹配的就返回。以下面的代码为例：

```
int a;
cin >> a;
cout << a;
```

输入以下不同的数据，a 的值如表 10-1 所示。

表 10-1 不同的输入对读取结果的影响

输入	a 的值	解释
12ab	12	12 是匹配的，但是 a 不匹配，返回
12+5/12-5	12	12 是匹配的，但是 +/- 不匹配，返回。程序不会进行运算
+12ab	12	第一个 + 解释成正数，然后匹配到 12
-12ab	-12	第一个 - 解释成负数，然后匹配到 12
++12	0	第一个 + 解释成正数，第二个 + 不匹配，返回
ab	0	找不到任何匹配的数
+ab/-ab	0	第一个 +/- 解释成正 / 负数，但是后面找不到任何匹配的数

当对自己的代码进行测试时，请确保输入正确的数据。对于初学者而言，并不要求大家在代码里处理输入错误的情形。

【真题解析】

执行 C++ 语句 cin >>a 时，如果输入 5+2，下述说法正确的是（　　）。

A. 变量 a 将被赋值为整数 7

B. 变量 a 将被赋值为字符串，字符串内容为 5+2

C. 语句执行将报错，不能输入表达式

D. 依赖于变量 a 的类型。如果没有定义，会有编译错误

解析：在调用 cin 语句前，变量必须先定义。此题中，由于不知道变量 a 的类型，所以无法确定这句代码的执行结果，答案为 D。

10.2 scanf（C 风格）

上面讲的是 C++ 风格的输入语句，在考试中，我们也会看到 C 风格的输入语句 scanf。

scanf 用法如下：

```
scanf(格式化字符串 , 变量地址);
```

由于 scanf 是 C 风格的，所以要包含头文件 stdio.h。下面是 scanf 用法举例：

```
#include <stdio.h>
int a, b;
scanf("%d", &a);
scanf("%d", &b);
```

格式化字符串中的 %d，表示后面的变量类型必须为十进制整型。除了 %d，还有一些符号如下：

- %c，表示变量是字符型。
- %s，表示变量是字符串型。
- %u，表示变量是无符号十进制整型。
- %f，表示变量是浮点数。

格式化字符串要求传递变量的地址，方法是变量前面加个 & 符号，这个符号用来求变量的地址。

scanf 也可以一次读取多个值，方法是在格式化字符串中列出多个格式符，然后后面跟随多个变量的地址，变量的顺序与格式符的顺序要严格保持一致。举例如下：

```
int a, b;
scanf("%d %d", &a, &b);
```

如果输入的数据与变量的数据类型不一致，也会像 cin 一样发生数据不完整的行为，这里不再赘述。

【例题】

用户输入两个整数，绝对值不超过 10 000，求它们的和并输出，要求使用 scanf。输入输出样例如下：

输入：25 56　　　　输出：81

示例代码：

```
1 int a, b, c;
2 scanf("%d %d", &a, &b);
3 c = a+b;
4 cout << c << endl;
5 return 0;
```

10.3 通用头文件

我们已经看到，使用 C++ 风格的输入（包括输出）语句时，要包含 iostream 头文件，而使用 C 风格的输入函数时，要包含 stdio.h 头文件。如果你要使用数学函数，则还要包含 cmath 头文件。如果要使用字符串，则要包含 string 头文件。

那么，有没有什么通用的头文件，只要包含一个就可以呢？答案是有的，这个通用的头文件为 bits/stdc++.h。这个头文件几乎包含了所有 C++ 库中的头文件，所以包含了这个文件，其他的文件就不需要包含了，使用起来简单快捷。

不过，从另一个角度来看，由于包含了所有的头文件，因此编译的速度自然就会稍慢一些，因此这种方法一般只适用于平时练习代码或者小型的项目，对于编程竞赛或者大型的项目，是不建议使用的。

另外，它也不是 C++ 系统的标准头文件，因而不是所有的编译系统都有。如果你使用的编译系统没有这个头文件，那么就仍然必须一个一个地包含。

在课堂练习和课后作业中，我们会使用通用头文件。但是在竞赛中，大家还是尽量避免使用。但是如果发现编译通不过，而又不知道包含哪些头文件，那么就只能包含这个通用头文件了。

【例题】

1. 已知现在是 h 点 m 分 s 秒，求现在是这一天中的第几秒，其中 h、m、s 都是整数，$0 \leqslant h \leqslant 23$，$0 \leqslant m, s \leqslant 59$。这相当于把一个时刻，转换成距离凌晨 0 点 0 分的时间段，如图 10-1 所示。输入输出样例如下：

输入：0 0 0　　　　输出：0

输入：8 50 32　　　输出：31832

凌晨 0 点 0 分　　　　h 点 m 分

图 10-1

分析：1 个小时等于 3600 秒，1 分钟等于 60 秒，所以 h 点 m 分 s 秒 就是 h*3600 + m*60 + s 秒。代码如下：

```
1 int h, m, s, t;
2 cin >> h >> m >> s;
3 t = h*3600 + m*60 + s;
4 cout << t << endl;
5 return 0;
```

2. 已知同一天中的两个时刻 h_1 点 m_1 分，h_2 点 m_2 分，四个数都是整数（第二个时刻在第一个时刻之后，如图 10-2 所示），求两个时刻之间的差，用分钟表示。输入输出样例如下：

输入：8 10 8 20　输出：10

输入：8 50 9 15　输出：15

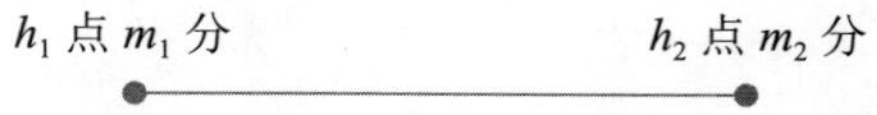

h_1 点 m_1 分　　h_2 点 m_2 分

图 10-2

分析：要求两个含有不同单位的时刻的差，首先要把数值换成同一个单位（取数据中的最小单位）。本题中的最小单位为分钟，所以把两个数都转换成这一天中的第几分钟，然后再相减，如图 10-3 所示。

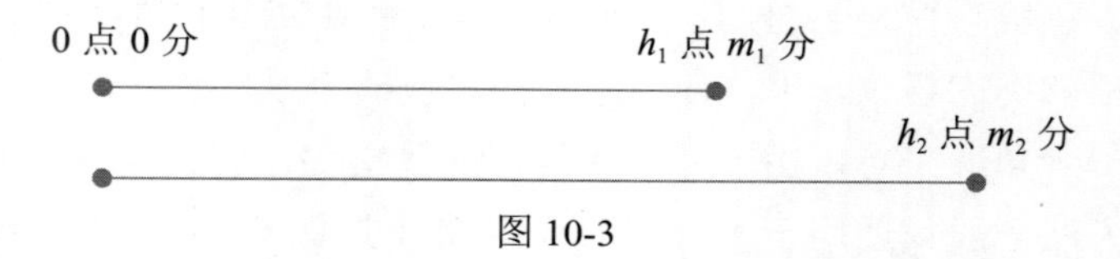

图 10-3

代码如下：

```
1 int h1, m1, h2, m2, d;
2 cin >> h1 >> m1 >> h2 >> m2;
3 d = h2*60 + m2 - (h1*60 + m1);
4 cout << d << endl;
5 return 0;
```

课后作业

1. 成功执行下面的 C++ 代码，先后从键盘上输入 5 回车和 2 回车，输出是(　　)。

```
1  cin >> a;
2  cin >> b;
3  cout << a + b;
```

A. 将输出整数 7

B. 将输出 52，5 和 2 之间没有空格

C. 将输出 5 和 2，5 和 2 之间有空格

D. 执行结果不确定，因为代码段没有显示 a 和 b 的数据类型

2. 编程题：已知小格有 y 圆 s 角 m 分钱，求他一共有多少分钱。所有的数据都小于 10 000，且均为整数。输入输出样例如下：

输入：`15 3 6`　　输出：`1536`

3. 编程题：一辆公交车 $h1$ 点 $m1$ 分到站，$h2$ 点 $m2$ 分离站（在同一天内），请问这辆公交车停了多长时间？用分钟表示。输入输出样例如下：

输入：`15 59 16 4`　　输出：`5`

4. 编程题：小格看了两部电影，电影的时长用两个数字表示，比如：1 30，表示 1 小时 30 分钟。输入两部电影的时长，求时长的差，单位为分钟。输入输出样例如下：

输入：`1 30 1 26`　　输出：`4`

输入：`1 50 2 5`　　输出：`-15`

延伸阅读：时刻和时间段的区别

时刻指的是某一个特定的瞬间，比如 2024 年 10 月 8 日 9 点 23 分 36 秒。时间段是指两个时刻的差，比如一部电影的时长就是一个时间段，表示从电影开始放映到结束放映这两个时刻的差。从几何的角度看，时刻是一个点，时间段是一个线段，如图 10-4 所示。

时刻　　时间段

图 10-4

如何区分时刻和时间段呢？一般从上下文中都能看得出来。当我们说“现在是”“什么时候开始”时，表示的都是时刻，而当我们说“经历了多久”“一段时间以后”表示的就是时间段。另外，表示时刻和时间段的单位一般也是不一样的。在表示时刻时，月的部分一般就用“月”，天的部分一般用“日”或者“号”，关于小时的部分，我们一般不讲“小时”，而用“点”，分钟部分也不说“分钟”，而说“分”，比如 2 月 10 日、3 月 15 号、10 点 50 分、9 点 45（“分”省略掉了），表示的都是时刻。而在表示时间段时，月的部分一般要用“个月”，天的部分用“天”，小时的部分要用“小时”或者“个小时”，分钟的部分用“分”或者“分钟”，比如 2 个月、10 天、3 个小时、2 小时 25 分钟。

但是，当我们用数字表示时刻时，我们实际上用的仍然是一个时间段，因为我们不知道时间的起点在哪儿。当我们说现在是 2024 年 10 月 8 日 9 点 23 分 36 秒时，实际上说的是公元 0 年 1 月 1 日 0 点 0 分 0 秒到现在的时间段，如图 10-5 所示。

图 10-5

而我们平时说现在是上午 10 点 25 分 16 秒的时候，也是指今天的 0 点 0 分 0 秒到现在的这段时间，如图 10-6 所示。

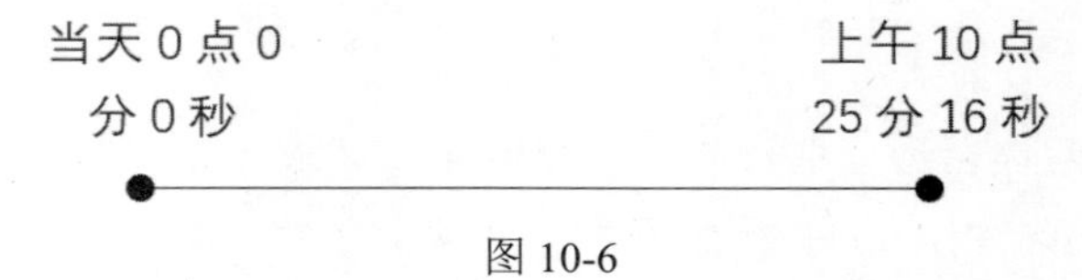

图 10-6

在现实生活中是这样，在计算机中就更是如此了。如果在计算机中要用公元 0 年 1 月 1 日 0 点 0 分 0 秒到现在的时间段来表示时刻，那么转换成秒的话，将是一个很大的数字，使用起来很不方便。因此，在 C++ 中，表示时刻的数据类型 time，它的数值是指从 1970 年 1 月 1 日 0 点 0 分 0 秒开始经历过的秒数，因而它只能表示 1970 年 1 月 1 日 0 点 0 分 0 秒之后的时间，如图 10-7 所示。

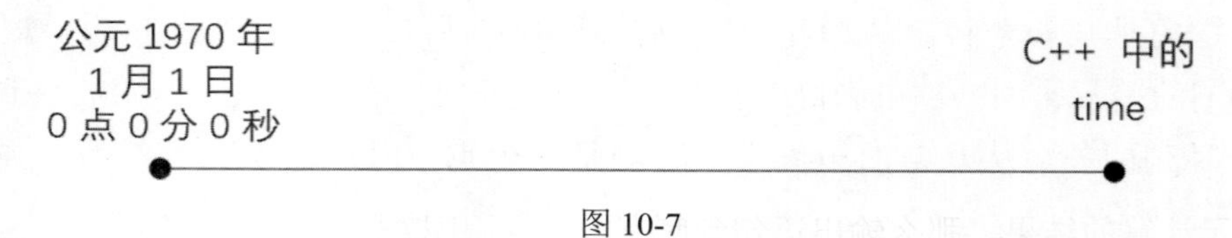

图 10-7

关于时刻 t 和时间段 d，我们有这样的规律：

（1）两个时间段相加，得到一个更大的时间段，即 $d_1 + d_2 = d_3$。

（2）两个时间段相减，得到一个时间段差，即 $d_2 - d_1 = \Delta d$。

（3）一个时刻加 / 减一个时间段，得到另一个时刻，即 $t_1 +/- d = t_2$。

（4）两个时刻相减，得到的为时间段，即 $t_2 - t_1 = d$。

（5）两个时刻相加是没有意义的。

在执行上述加减运算时，必须先把时刻转成时间段（根据上面讲的，时刻其实都是时间段），然后再相加或相减。当单位不一致时，必须先**统一单位**，即统一换算成分钟或者秒，根据题目里提到的最小单位而定。

第 11 章　输出语句

在前面的章节中，我们已经多次使用了 cout 来显示运行的结果，这一章我们来详细了解一下输出语句。在这一章你将会学到：

- 输出语句的作用。
- C++ 风格的输出语句 cout。
- C 风格的输出语句 printf。
- 各种格式符的含义。
- 为何可以直接输出表达式的值。
- 如何使用输出语句进行简单的调试。

11.1 输出语句的作用

在第 4 章中，我们使用输出语句输出了一些文字信息，在后面的几章里，我们使用了 cout 来显示计算的结果，那么输出语句到底有哪些作用呢？这里总结如下：

（1）提示用户输入。我们的程序是在一个黑色的窗口里运行的，所以在运行的过程中，用户并不知道需要输入什么、输入几个、以什么格式输入。到目前为止，我们总是假设用户知道这些信息，但如果是一个真正的程序，可能被成百上千个用户使用，那么就需要明确地告诉用户需要输入什么、怎么输入。以第 5 章的加法计算器为例，程序可能在一开始的时候加入这样的提示："这是一个简单的加法计算器。请输入两个整数，用空格隔开，输入完毕后请按回车键："。当加入这样的提示语句后，用户就知道怎么使用这个程序了，如图 11-1 所示。

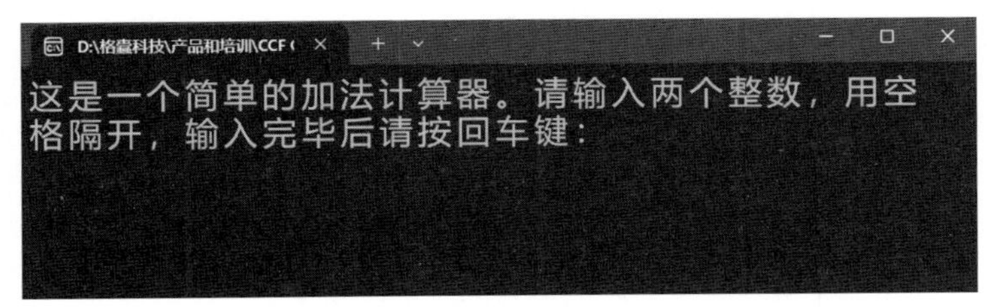

图 11-1

作为对比，图 11-2 是没有提示的程序运行的界面，用户就不知道到底要做什么。

图 11-2

但是，需要注意的是，参加 GESP 考试时，题目里一般都会明确要求不要加入任何提示语句，因为 GESP 开始是机器测评的，加入了提示语句会改变输出的内容，导致机器无法识别哪些是提示内容，哪些是计算的结果。

（2）输出程序的计算结果。这个大家已经在前面的学习中体会到了。如果不把结果输出显示，那么用户就不知道程序算得对不对。

（3）显示程序的中间状态。对于一个很复杂的程序，如果发现最后的结果不对，而通过阅读代码的方式又找不到错误的原因，这时就可以在代码中加入输出语句，输出一些变量的值，通过查看这些值的变化，找到程序出错的原因。这部分将在 11.5 节以及 25.3 节提到。

11.2 cout（C++ 风格）

在第 4 章的延伸阅读中，我们给大家讲了，cout 严格来讲不是一个函数，而是 ostream 对象的一个实例，<< 才是它的函数（但这是一个特殊的函数，是一个运算符。在 C++ 中，运算符也是一种函数）。正因为这样，我们称 cout << xxx 为输出语句。

11.2.1 基本语法

cout 用法如下：

```
cout << 表达式；
```

其中表达式可以是单个的常数、常量、变量，也可以是很复杂的表达式，也可以是字符串（用英文的双引号括起来的字符序列）。

例如

```
cout << 1+5;
cout << a+b;   //a 和 b 为前面定义的变量
cout << 'a';
cout << "Hello, workd!";
```

11.2.2 串联使用 <<

cout 也可以像 cin 一样，一次显示多个表达式，使用 << 把多个表达式串联起来，如下所示：

```
cout << a << '+' << b << '=' << a+b;
```

这种显示计算结果的方式要比 cout << a+b; 好很多。假如 a 为 45，b 为 27，cout << a+b; 只显示 72，而上面的语句则显示 45+27=72，明显好很多。

11.2.3 字符串

用英文的双引号括起来的字符序列称为字符串。

字符串将被**原封不动**地显示出来，即使字符串中存在变量和加减乘除的符号。比如下列语句将打印出 2+5，而不是 7：

```
cout << "2+5";
```

一个很长的字符串可以拆成几个字符串，分别用双引号括起来，中间不需要加任何符号，甚至换行都可以，比如下面的代码都显示“123456”。

```
cout << "123""456";
cout << "123"
"456";
```

【课堂练习】

1. 执行下列代码，打印结果是什么？

```
int a = 10, b = 4;
cout << "double(a)/b";
```

解答：打印结果为 double (a)/b，因为这是一个字符串，字符串需要原封不动地打印出来。

2. 执行下列代码，打印结果是什么？

```
int a = 5, b = 3;
cout << "a-b=" << a-b;
```

解答：打印结果为 a-b=2，前面的“a-b=”是一个字符串，需要原封不动地打印出来。

3. 执行下列代码，打印结果是什么？

```
cout << """456""";
```

解答：打印结果为 456。这里面的 6 个双引号应该理解为，前两个是一对，最后的两个是一对，都是空字符串，中间的两个是一对。

11.3 printf（C 风格）

上面讲的是 C++ 风格的输出语句，在考试中，我们也会看到 C 风格的输出语句 printf。

printf 用法如下：

```
printf( 格式化字符串 , 表达式列表 );
```

格式化字符串由一般字符和格式符组成。一般字符会原封不动地打印，格式符会被替换成表达式的值。下面是 printf 用法举例：

```
int a, b;
cin >> a >> b;
printf("a+b=%d", (a+b));
```

如果输入 34 和 56，则输出为 a+b=90，如图 11-3 所示。

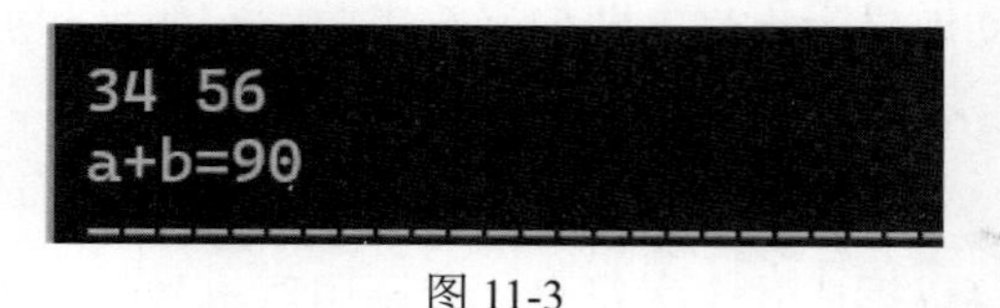

图 11-3

由于 printf 是 C 风格的，所以要包含头文件 stdio.h。

11.3.1 格式符：%d

格式化字符串中的 %d，表示后面的表达式的值必须为整型。如果是布尔型、字符型，会自动转换成整型。长整型也会被转成整型，但超出整型的最大值会发生越界行为。这种转换可以看成另外一种自动类型转换。

运行下面的代码，查看打印的结果：

```
printf("%d ", true);
printf("%d ", 'a');
printf("%d ", 34359738435LL);
```

会打印出 1（true 的值），97（'a' 的 ASCII 码值），67（34359738435LL 转整型时发生越界，变成了 67）。

格式符还可以带有其他参数，表示不同的含义。比如：

- %4d：表示输出一个整型数，占 4 位，右对齐，不足 4 位前面留空；如果实际的数字位数比 4 大，则 4 不起作用。
- %04d：表示输出一个整型数，占 4 位，不足 4 位前面补 0。

【课堂练习】

运行下面的代码，查看打印的结果：

```
int a = 25;
printf("%d\n",a);
printf("%4d\n",a);
printf("%04d",a);
```

打印结果如图 11-4 所示。

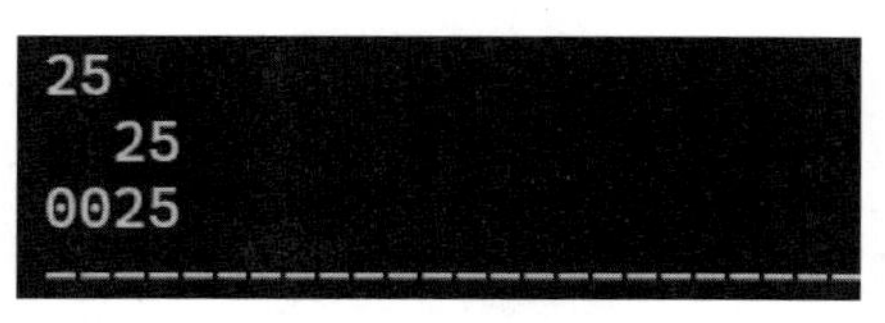

图 11-4

【真题解析】

下面 C++ 代码执行时输入 10 后，正确的输出是（　　）。

```
1  int N;
2  cout << "请输入正整数: ";
3  cin >> N;
4  if (N % 3)
5      printf("第5行代码%2d", N % 3);
6  else
7      printf("第7行代码%2d", N % 3);
```

A. 第 5 行代码 1　　B. 第 7 行代码 1　　C. 第 5 行代码 1　　D. 第 7 行代码 1

解析：10%3 = 1，所以这里的条件为真（条件判断的知识将会在后续章节学习），所以第 5 行代码将被执行，问题是选项 A、C 很像，只差了一个空格。虽然我们平时写代码时，空格是随便加的，但是在字符串中，有空格和没有空格是不一样的。%2d 表示数字要显示成 2 格，不足两格前面要补一个空格，所以答案为 C。

11.3.2 格式符：%c

%c：表示输出一个字符，后面表达式的值必须为字符型，如果是整型或长整型，会转成字符型，且超出 127 的部分会按越界处理。

运行下面的代码，查看打印的结果：

```
printf("%c\n", char('a'+1));
printf("%c\n", 99);
printf("%c\n", 34359738435LL);
```

打印出 b、c（ASCII 码为 99 的字符）、C（34359738435LL 转字符型发生越界，变成了 67，对应的字符为 'C'）。

【例题】

读取一个整数 n（$0<n\leqslant 127$），打印出它对应的字符。输入输出样例如下：

输入：98　　输出：b

输入：87　　输出：W

输入：50　　输出：2

分析：可以使用以前学习的类型转换，然后用 cout。本章既然学习了 %c，这里给出使用 printf 的解法：

```
1 int n;
2 scanf("%d", &n);
3 printf("%c\n", n);
4 return 0;
```

11.3.3 格式符：%f

%f：表示输出一个浮点数，后面表达式的值必须为双精度型，如果是单精度型，会转成双精度型。

浮点数因为有小数部分，所以有更多的参数。表 11-1 假设 i 为浮点数 101.0，显示了 printf 配合各种参数的打印结果，作为对照，第一行是使用 cout 的结果：

表 11-1　%f 设置不同参数时的效果

输出语句	打印结果	说明
`cout << i;`	101	cout 不会打印小数部分的 0
`printf("%f", i);`	101.000000	默认显示 6 位小数
`printf("%.5f", i);`	101.00000	指明显示 5 位小数
`printf("%15.5f", i);`	101.00000	指明总宽度占 15 位（含小数点占的 1 位），显示 5 位小数，右对齐，前面不足部分留空格
`printf("%015.5f", i);`	000000101.00000	指明总宽度占 15 位（含小数点占的 1 位），显示 5 位小数，前面不足部分用 0 补充

11.3.4 多个格式符一起使用

可以一次输出多个表达式的值，相应地必须有多个格式符，表达式的个数必须与格式符的个数相同，且顺序必须一致。如果需要换行，则在字符串末尾加上 '\n'。

比如，要求两个数的和，前面我们是这样写的：

```
printf("a+b=%d", a+b);
```

由于普通字符会原封不动地打印，所以不管 a、b 的值是多少，它总是显示“a+b=xxx”的形式（这里的 xxx 指 a+b 的计算结果）。如果要把 a 和 b 的值也显示出来，必须这样写：

```
printf("%d+%d=%d", a, b, a+b);
```

三个格式符，分别对应 a、b、a+b 的值。假设 a 为 24，b 为 35，则显示：

24+35=59

多个格式符也可以是不一样的，我们来看这段代码：

```
char c1, c2;
int n;
```

```
scanf("%c %d", &c1, &n);
c2 = c1 + n;
printf("%c+%d=%c\n", c1, n, c2);
```

运行程序，输入 a 5，输出 a+5=f，如图 11-5 所示。

图 11-5

11.3.5 格式符：%%

由于 % 变成了转义符，系统总是把它以及紧跟在它后面的字符当成一个组合来对待。但有时，我们恰恰就是要输出这个符号本身，比如对于整型变量 a 和 d，a=10，d=4，我们要输出 a 除以 d 的余数，我们期望输出 a%d=2（10%4=2），如果这样写的话：

```
printf("a%d=%d",a%d);
```

程序会把表达式 a%d 的值 2 给第一个 %d，然后第二个 %d 找不到对应的值，就会出错。但实际上这里的第一个 %d 表示的是 a 模 d 的意思，不是一个格式符。

为了不让程序把这里的 %d 当成一个格式符，即不把这里的 % 当成一个转义符，我们必须用 %% 表示。现在我们改写如下：

```
printf("a%%d=%d",a%d);
```

这时，程序就能正确地打印出 a%d=2 了。

当然，如果 % 与后面的字母构不成一个格式符，比如 %b 不是一个格式符，程序也会打印 %。

【真题解析】

C++ 语句 int d=2; printf("6%%d={%d}", 6%d); 执行后的输出是（　　）。

A. "6%2={6%2}"　　B. 6%2={6%2}　　C. 6%2={0}　　D. 6%d={0}

解析：格式化字符串中的第一个 %，由于后面紧跟一个 %，所以两个 % 表示后面的 % 不当成转义符，而是要直接输出。格式化字符串中的第二个 % 和它后面的 d 一起，组成一个格式符，表示用 6%d 的值取代。所以答案为 D。

11.3.6 进制格式符

还有一类格式符，并不是表示后面表达式的值是不同的类型，而是表示把后面的值用不同的进制打印出来。表 11-2 列出了几个这样的格式符，这些格式符通常只适用于无符号整数（第一个 %d 除外）。

表 11-2　各种不同的进制格式符

格式符	显示结果	说明
%d	以有符号的十进制显示	
%o	以无符号八进制显示，没有前导 0	必须为无符号整数
%u	以无符号的十进制显示	必须为无符号整数
%x	以无符号的十六进制显示，显示 abcdef，没有前导 0x 或者 0X	必须为无符号整数
%X	以无符号的十六进制显示，显示 ABCEDF，没有前导 0x 或者 0X	必须为无符号整数

注意下面几点：

- 没有以二进制显示的格式符。
- 如果要加前导 0、0x 或者 0X，必须自己实现。
- 如果要对负整数使用上面的格式符（%d 除外），必须自己添加负号。

【例题】

输入一个整数（可能为负数，在整型数范围内），以十六进制显示出来，采用 0x 格式，并包含 0x。

分析：因为 %x 格式符只能显示无符号数，即正数，所以对于负数，要转换成正数，自己添加负号。另外，还要自己添加前缀。代码如下：

```
1  int n;
2  cin >> n;
3  if(n < 0)
4  {
5      n = 0-n;                    // 如果是负数，显示它反过来的数
6      printf("-");                // 自己添加一个负号
7  }
8  printf("0x");                   // 自己添加前缀
9  printf("%x",n);
10 return 0;
```

这里用到了一个判断语句，虽然还没有学过，但是也很好理解。

以上讲了如何用 printf 控制显示的格式，用 cout 语句也是可以的，但是比较复杂，本书不细述。大家自己编写代码时，如果对格式没有特别要求，则尽量使用 cout；反之，如果对格式有要求，就使用 printf。

11.4 特殊符号

有一些特殊符号在输出时需要特殊处理。下面介绍的这些特殊符号，不管是在 cout 中还是在 printf 中都是一样的。

（1）回车符 '\n'。

这个符号的作用跟 C++ 风格的 endl 是一样的，让输出内容换行显示。

（2）英文的双引号 "。

字符串本身是用英文的双引号括起来的，那么要在结果中显示英文的双引号怎么办呢？比如我们想要输出 Say "Hello"!，我们尝试输入下面的代码：

```
cout << "Say "Hello"";
```

代码会有编译错误，编译器会把前两个双引号看成一对，后两个也看成一对，那么中间的 Hello 就没有引号了。

要在结果中显示双引号，必须用 \"，如下所示：

```
cout << "Say \"Hello\"";
```

但是在表示双引号字符时，则可以直接写成 '"'，也可以写成 '\"'，因为字符是用单引号括起来的，不会产生歧义。

（3）反斜杠符号 \。

我们已经看到，为了表示回车符和英文的双引号，必须用反斜杠符号进行转义。这时反斜杠自己变成转义符了，那么要在结果中显示反斜杠怎么办呢？比如试着执行：

```
cout << "123\456";
```

代码不会输出 123\456，而只是输出 123456。要在代码中显示反斜杠符号 \，必须连续输入两个反斜杠符号，像下面这样：

```
cout << "123\\456";
```

这和 % 一样，由于 % 被用作了格式符中转义符，因而要显示 % 本身时，就要连续输入两个 %。

11.5 临时变量

我们前面在编写代码时，对于每一个要显示的结果，都定义了一个变量。但这个其实不是必须的。从这章学习的内容可以看出，我们可以直接输出一个表达式，程序在执行的时候，会创建一个**临时变量**（类型由表达式的结果来决定），然后计算表达式的值，赋给临时变量，最后再输出临时变量的值。

比如 6.4 节中买书的例子，之前的代码是这样写的：

```
1 int a, b, c;
2 cin >> a;
3 b = a/13;
4 c = a%13;
5 cout << b << endl;
6 cout << c << endl;
7 return 0;
```

现在也可以这样写：

```
1 int a;
2 cin >> a;
3 cout << a/13 << endl;
```

```
4 cout << a%13 << endl;
5 return 0;
```

代码变得更加简洁。一般情况下，当表达式不是很复杂时，都可以直接输出。本书后面一般都采用这种写法。

11.6 使用输出语句调试

我们的代码很少能够一次就编写正确，如果经测试发现有错，应遵循下面的步骤检查。

（1）回退到编写代码的第一步——审题，看看题目的意思有没有搞错，输出格式有没有什么特别的要求。

（2）确定算法对不对。

（3）查看代码有没有错误，跟课堂上的例题做对照，跟别的同学的正确代码做比较。

如果做了这 3 步，还是找不到原因，这时就需要对代码进行调试。调试的概念我们在第 3 章中已经提过，就是对代码进行解剖。调试的技巧有很多，但对于初学者来说，使用输出语句是既简单又实用的技巧。在代码中加入输出语句，把变量的值显示出来，并跟预想的比较，往往就能找出错误的代码。可以在不同的地方加入多个输出语句。

【例题】

针对第 10 章的课后作业 4，假设发生错误的代码如下：

```
1 int a, b, c, d, e, f;
2 cin >> a >> b >> c >> d;
3 e = a * 60 + b;
4 f = c * 60 - d;
5 cout << e - f << endl;
6 return 0;
```

用样例数据测试，发现结果错误。这时我们可以在第 5 行语句前把 e 和 f 的值先显示出来，如下：

```
1 int a, b, c, d, e, f;
2 cin >> a >> b >> c >> d;
3 e = a * 60 + b;
4 f = c * 60 - d;
5 cout << "e = " << e << endl;
6 cout << "f = " << f << endl;
7 cout << e - f << endl;
8 return 0;
```

输入`1 30 1 26`时，输出的是：

```
e = 90
```

```
f = 34
56
```

经过比较，发现f的值不对，再仔细看代码，就发现f在计算时把+写成了-。

接下来修改代码，再次测试。在测试正确后，把多余的输出语句去掉。

课后作业

1. 编程题：用户随机输入6个正整数（小于10 000），要求分三行显示，每行显示2个数，每个数占4格，并且用空格隔开。输入输出样例如下：

   输入：`673 2 4378 90 45 3456`

   输出：

```
 673    2
4378   90
  45 3456
```

2. 编程题：用户输入两个正整数（小于10 000），求它们相除的余数，按要求显示。输入输出样例如下：

   输入：`25 3`

   输出：`25%3=1`

3. 编程题：输入一个整数（在整型数范围内），以八进制显示出来，加入前导0。输入输出样例如下：

   输入：`25`　　　　输出：`031`

   输入：`-16`　　　输出：`-020`

   （参考11.3.6节的判断语句的写法。）

第12章　高级算术运算

我们已经学习了加、减、乘、除、余几种基本的算术运算，这一章我们学习一些复杂的算术运算。具体来说，在这一章将学习：

- 复合赋值运算符。
- 自增自减运算符。
- 赋值语句串联。
- 逗号表达式。
- 如何重复使用变量。

12.1 复合赋值运算符

我们首先来看一段代码：

```
int a = 5, b = 6;
a = a+b;
cout << a << endl;
```

这里的第二行代码 a=a+b 大家是不是觉得不对呢？如果按照解方程的思路，这里 b 等于 0 了。

但是，这里不是方程，这样的代码在 C++ 里是允许的，它表示把 a + b 的值重新赋给 a，执行这句代码后，b 的值不变，a 的值变成了 11。

不仅如此，a = a + b 还可以简写为：

```
a += b;
```

这里的 += 称为加赋值运算符，它是一种复合赋值运算符。

不仅加法可以，减、乘、除、余都可以这样写，如下：

- a −= b; 等价于 a = a−(b);
- a *= b; 等价于 a = a*(b);
- a /= b; 等价于 a = a/(b);
- a %= b; 等价于 a = a%(b);

注意这里在写等价的形式时，b 上加了括号，这是因为这里的 b 可以是单个变量，也可以是一个表达式。当 b 为一个表达式时，应先计算表达式的值，再进行等号前面的操作。让我们来看看如果不加括号，会发生什么情形。

来看下面的代码：

```
int a = 5, b = 6, c = 7;
a *= b+c;
```

上述代码应先执行 b+c，为 13，然后再执行乘法，a = a*13 = 65。现在，如果换成它的等价形式，但是不加括号，将变成：

```
a = a*b+c;
```

变成 a 先跟 b 乘，然后再加 c，结果大错特错了。

所以，请记住，**当把复合运算符写成它的等价形式时，右边的部分一定要加括号。**

【真题解析】

如果 a 为 int 类型的变量，且 a 的值为 6，则执行 a %= 4; 之后，a 的值会是（　　）。

A. 1　　　　B. 2　　　　C. 3　　　　D. 4

解析：a %=4 等价于 a = a % 4 =6%4=2，所以答案为 B。

12.2 自增 / 自减运算符

形如 a = a+1 的表达式在计算机中可以简写为：

```
++a;        // 前 ++
a++;        // 后 ++
```

形如 a = a−1 的表达式在计算机中可以简写为：

```
--a;        // 前 --
a--;        // 后 --
```

上述运算符称为自增运算符和自减运算符，由于只牵涉一个变量，所以也称为**单目运算符**。

运行下面的代码，看看最后输出什么结果：

```
int a = 5, b = 5, c = 7, d = 7;
a++;
++b;
c--;
--d;
cout << a << ", " << b << ", " << c << ", " << d << endl;
```

可以看到，a 和 b 的结果是一样的，c 和 d 的结果是一样的。我们由此得出结论，前 ++ 和后 ++，在单独的一行里，结果是一样的。此结论同样适用于前 -- 和后 --。

但是，如果把它们放在表达式里，结果就不一样了。一起来看下面的代码：

代码 1：

```
int a = 5, b = 6, c = 0;
c = (++b)*a;
cout << c << endl;
```

代码 2：

```
int a = 5, b = 6, c = 0;
c = (b++)*a;
cout << c << endl;
```

两段代码中，变量的初始值都相等，但是代码 1 中，b 使用了前 ++，代码 2 中，b 使用了后 ++。结果是，代码 1 中，c 等于 35，代码 2 中，c 等于 30。

造成这个差异的原因在于，前 ++ 和后 ++ 放在表达式里，它们的行为是不一样的。前 ++ 的执行顺序是，先自己加 1，然后参与表达式的运算；后 ++ 的执行顺序是，先参与表达式的运算，再自己加 1。换句话说，代码 1 等价于：

```
b = b+1;
c = b*a;
```

代码 2 等价于：

```
c = b*a;
b = b+1;
```

请把这个结论深深地刻印在你的脑袋里。这个结论对前 -- 和后 -- 同样适用。

另外，单目运算符的优先级大于双目运算符，所以上面代码中的括号是可以去掉的。（但是在自己写代码时，为了增加可读性，还是建议加上。）

【真题解析】

如果 a、b 和 c 都是 int 类型的变量，下列（　　）语句不符合 C++ 语法。

A. c=a+b;　　B. c+=a+b;　　C. c=a+++b;　　D. c=a++b;

解析: A 是个正常的表达式，没问题。B 等价于 c = c + (a+b)，也没问题。C 看起来很复杂，但是我们讲过，单目运算符比双目运算符优先级高，所以 C 等价于 c=(a++)+b; 是符合语法的。D 看起来比 C 简单，但是如果把 ++ 跟 a 结合，变成 c=(a++)b; 那么 a++ 与 b 之间没有运算符了，所以 D 是不符合 C++ 语法的。答案为 D。

12.3 赋值语句串联

我们已经学过 cin 语句和 cout 语句的串联使用方法，在 C++ 中，赋值语句也是可以串联的。来看下面的代码：

```
int a = 5, b = 6;
int c, d;
c = d = a+b;
```

```
cout << c << endl;
cout << d << endl;
```

执行这段代码后，c 和 d 的值相等。这符合我们的预期。但它的原理是什么呢？

原来，当我们写下面的赋值语句时：

```
a=5;
```

程序不但把 5 赋给了 a，同时这句代码执行完毕后，还把 a 的值返回给调用者，只是当赋值语句在单独的一行时，这个返回值被简单地抛弃了。但是，如果把赋值语句放到一个表达式里，这个返回值就可以参与运算。

上述代码等价于：

```
c = (d=a+b);
```

它进一步等价于：

```
d = a+b;
c = d;
```

所以，记住下面的结论：

赋值语句串联时，从右往左执行。

【课堂练习】

执行下面的代码，输出什么结果？

```
int a = 5, b = 6;
int c = 3;
c = b = a+c;
cout << c;
```

解答：b 已经有初始值了，会不会先执行 c=b，然后再执行 b=a+c 呢？请记住，赋值语句串联时，从右往左执行。所以先执行 b=a+c，然后执行 c=b，所以最后 c 等于 8，输出 8。

由于赋值语句会返回一个值，这个特性就使得赋值语句可以被放在任意的表达式里，比如下面的代码：

```
int a = 5, b = 6;
int c, d;
c = b*(d = a+b);
cout << c << endl;
cout << d << endl;
```

第三行等价于：

```
d = a+b;
c = b*d;
```

不管表达式多么复杂，只要按照执行顺序拆成简单的表达式，问题就迎刃而解了。但我们并不建议大家自己写代码时写这样的表达式，因为会降低可读性。

12.4 逗号运算符

我们也会经常看到这样的代码：

```
int a, b;
a = 5, b = 6;
```

即在同一行里，写两个赋值语句，中间用逗号隔开。这其实就是逗号运算符的一种应用。逗号表达式的语法为：

```
(表达式 1, 表达式 2, 表达式 3, ... , 表达式 n)
```

逗号表达式的要领：

（1）逗号表达式的运算过程为：**从左往右**逐个计算表达式。

（2）逗号表达式作为一个整体，它的值为**最后一个表达式**（即表达式 n）的值。

（3）逗号运算符的优先级别在所有运算符中最低。

第（1）点，从左往右计算，这个比较直观。比较难的是第（2）点，当逗号表达式作为一个整体，放在一个更大的表达式里时，是**最后一个表达式**的值参与运算。这里的“运算”是个广义的概念，看大表达式的行为，有时候可能只是打印出来，并不是加减乘除运算。

```
int a = 5, b = 0, c = 0;
a = 50/(b = a-3, c = a+5);
```

其中的第二行等价于：

```
b = a-3;
c = a+5;
a = 50/c;
```

同样，大家自己写代码时，不要写这样的复杂语句。

【真题解析】

1. 判断题：代码 cout << (2, 3, 2+3); 将打印 2, 3, 5。

   解析：错误。逗号表达式中的**最后一项**的返回值才会参与到外面的大表达式的运算中，这里的“运算”就是打印，所以只有 5 被打印出来。

2. 判断题：如果 a 为 int 类型的变量，则 C++ 语句 cout<<(a=2, a++); 的输出为 3。

   解析：这道题同时考查逗号运算符和后 ++。后 ++ 是先参与运算，然后再执行加 1 操作，所以这行代码等价于 a=2; cout<<a; a=a+1; 所以输出为 2。错误。

3. 对 int 类型的变量 a、b、c，下列语句不符合 C++ 语法是（　　）。

   A. c += 5;　　　　B. b = c % 2.5;

   C. a = (b = 3, c = 4, b + c);　　　　D. a −= a = (b = 6) / (c = 2);

   解析：A 等价于 c = c+5，符合语法。C 等价于 b=3; c=4; a=b+c; 也是符合语法的。D 看起来很复杂，但是我们把它一点一点拆解，等价于 b=6; c=2; a=b/c; a = a−a; 最后一个式子 a=a−a 也是合法的，所以 D 是合法的。只剩下 B 了，我们讲过，求余运算只能适用于整型数，而 2.5 是个双精度数，所以 B 不符合语法。答案为 B。

12.5 变量重复使用

我们讲过，变量之所以叫变量，是因为它的值是可以改变的。其实，不光是值可以改变，它的含义也是可以改变的。一个变量在前面用于一种用途，在后面可以用于另一种用途，前提是数据类型必须是相同的。

【例题】

已知一个物体重 *m* 斤 *n* 两（都为整数，且小于 10 000），请把它换算成克。1 斤 =500 克，1 两 =100 克。输入输出样例如下：

输入：5 4　　　　　　输出：2900

分析：我们需要 3 个变量，分别存放斤、两和克，代码如下：

```
1 int m, n, t;
2 cin >> m >> n;
3 t = m*500 + n*100;
4 cout << t << endl;
5 return 0;
```

本题中定义了 3 个变量，但是第 3 个变量并不是必需的，我们可以重复使用第一个变量。修改过的代码如下：

```
1 int m, n;
2 cin >> m >> n;
3 m = m*500 + n*100;
4 cout << m << endl;
5 return 0;
```

当执行了 m = m*500 + n*100; 后，m 的值变了，它的含义也变成克数了，这在计算机中是允许的，但编程者心里必须清楚，此时 m **的含义变了**，不能再把它当成斤数来使用了。

在后续的代码中，我们会频繁使用这一技巧。

课后作业

1. 判断下列说法是否正确。

（1）如果 a 为 int 类型的变量，则赋值语句 a=a+3; 是错误的，因为这条语句会导致 a 无意义。

（2）C++ 语句 cout<<(2, 3, "23") 的输出为 2, 3, 23。

（3）C++ 语句 cout<<(2, 3, "2+3") 的输出为 5。

（4）如果 a 为 int 类型的变量，则 C++ 语句 cout<<(a=2, a--) 的输出为 1。

（5）a *= b-d 等价于 a = a*b-d。

（6）(b++)*c 与 (++b)*c 的执行结果是一样的。

（7）变量一定要初始化。

（8）表达式 b = a+++c 是合法的。

（9）表达式 a = b%(4*5, c=2) 是合法的（b 和 c 都是 int 型）。

2. 求变量的值。

（1）int a=5; a*=3; 求 a 的值。

（2）int b=6; b/=(3, 2); 求 b 的值。

（3）int a=4, b=3; b*=(a+b); 求 b 的值。

（4）int a=4, b=6; a=b---a; 求 a、b 的值。

（5）int a=3, b=5, c = 6*(b-=3, a+=1); 求 a、b、c 的值。

3. 如果 a 为 int 类型的变量，且 a 的值为 6，则执行 a*=3; 之后，a 的值会是（　　）。

A. 3　　B. 6　　C. 9　　D. 18

4. 编程题：已知一个平行四边形的一条边的长度 a 和这条边上的高 h，以及另一条边的长度 b，求另一条边上的高（如图 12-1 所示）。a、b、h 都是整数，且小于 10 000。输入输出样例如下：

输入：`6 4 5`　　输出：`4.8`

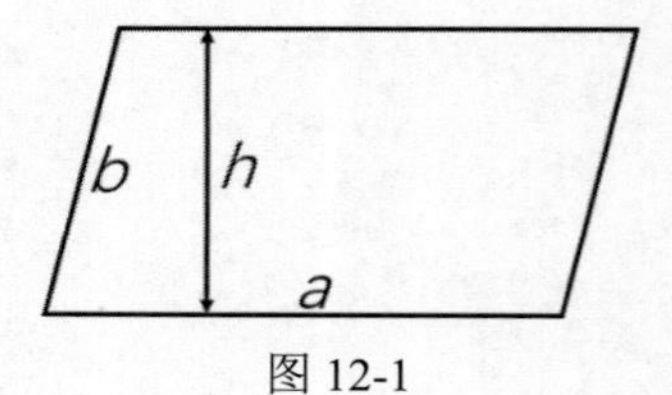

图 12-1

延伸阅读：后 ++ 和后 --

在介绍前 ++ 和后 ++ 的区别时，我们说后 ++ 是先参与表达式的运算，再自身加 1。比如下面的代码：

```
c = (b++)*a;
```

等价于：

```
c = b*a;
b = b+1;
```

但是这种说法其实并不严谨。严谨的说法是，后 ++ 先把原来的值放到一个临时变量里，然后自己加 1，然后把那个临时变量的值（也就是原来的值）返回并参与外面的运算。也就是说，顺序仍然是先执行自身加 1，再执行外面的运算，只不过执行外面的运算时，用的是原来的值。所以

```
c = (b++)*a;
```

应该等价于：

```
int t = b;
```

```
b = b+1;
c = t*a;
```

后 -- 的原理也是一样的。

但是，这样的描述对于初学者来说比较难理解，不容易看出它们的区别，所以大多数情况下，我们仍然采用了文中的说法。

第 13 章　算术运算应用

我们已经学完了所有的算术运算，本章将利用学到的知识来解决一些具体的应用：

- 如何把一个正整数的各个位数拆分开来。
- 如何把用秒表示的时间转换成用小时、分钟和秒表示的时间。
- 如何求一个大于或等于 a，且是 4 的倍数的最小整数。

13.1 位数拆分

所谓位数拆分，就是把一个十进制正整数的各个位的数拆开，比如，一个数 6259，把它的千位数、百位数、十位数和个位数拆开，拆成 6、2、5、9 四个数，如图 13-1 所示。那么，如何用代码来进行位数拆分呢？

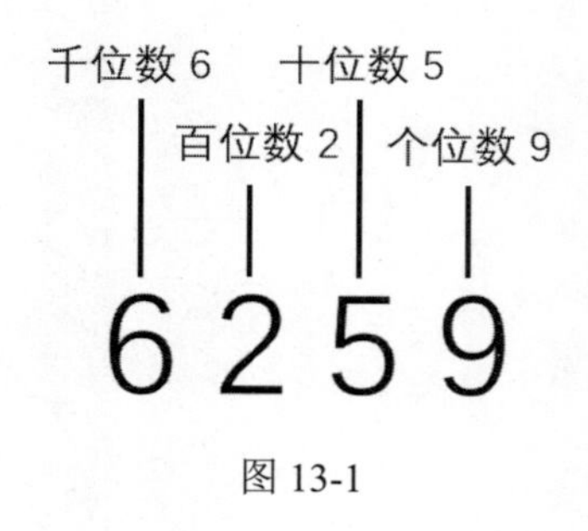

图 13-1

【例题】

输入一个超过两位的正整数 n（$10 \leqslant n \leqslant 10^6$），求它的十位数和个位数，结果显示在同一行里，用空格隔开。输入输出样例如下：

输入：159　　　　　输出：5 9

分析：如果是一个已知的确定的数，比如 1357，我们一眼就能“看”出它的十位数和个位数是多少，根本不用去“算”。但是我们在编写代码的时候，是不知道用户会输入什么数的，没法“看”出来，必须用用户输入的数“算”出来。怎么计算出一个数的个位数和十位数呢？

（1）任何一个正整数除以 10 的余数，就是它的个位数。

（2）求十位数看起来不能用一步操作完成，但可以把这个数先除以 10 得到商，再求这个商的个位数，就是这个正整数的十位数；或者也可以先求这个正整数除以 100 的余数，得到一个两位数，然后再求这个两位数除以 10 的商。

所以代码如下：

```
1 int n;
2 cin >> n;
3 cout << n/10%10 << ' ' << n%10 << endl;
4 return 0;
```

其中求十位数的部分也可以用 n%100/10。

13.2 时间转换

在第 10 章的延伸阅读部分，我们提到了时刻和时间段的区别，并且列出了它们之间的换算关系。利用这些关系，可以生成很多不同类型的题目。

【例题】

1. 输入一个正整数表示分钟（小于 10 000），请把它转化成小时和分钟，结果显示在同一行里，用空格隔开。输入输出样例如下：

输入：59　　　　输出：0 59

输入：8329　　　输出：138 49

分析：1 小时等于 60 分钟，那么把总的分钟数除以 60 所得的商就是小时数，余数则为剩下的分钟数。

```
1 int a;
2 cin >> a;
3 cout << a/60 << ' ' << a%60 << endl;
4 return 0;
```

2. 现在是 h 点 m 分（$0 \leqslant h \leqslant 23, 0 \leqslant m \leqslant 59$），再过 n 分钟，是几点几分（如图 13-2 所示）？假设过了 n 分钟后，还在当天。输入输出样例如下：

输入：5 50 5　　　输出：5 55

输入：9 40 25　　输出：10 5

h 点 *m* 分　　　　?

n 分钟

图 13-2

分析：h 点 m 分为一个时刻，n 分钟为一个时间段。根据第 10 章的延伸阅读部分的内容，一个时刻加一个时间段，变成另一个时刻。当遇到单位不一样时，先要统一单位。现在最小的单位是分钟，所以先统一转成分钟（h 点 m 分转成的分钟就变成了一个时间段的概念，即从凌晨 0 点 0 分到这个时刻的时间段），再相加，再转成小时和分钟。

```
1 int h, m, n;
2 cin >> h >> m >> n;
3 h = h*60+m+n;   // 重复使用变量 h
4 cout << h/60 << ' ' << h%60 << endl;
5 return 0;
```

注意：本题中的说明“假设过了 n 分钟后，还在当天”很重要，如果过了 n 分钟就到了第二天（比如深夜 11 点 55 分，过 10 分钟，就到第二天了），那么第 4 行的代码就不能这样写了。大家思考一下，应该怎么写？

3. 现在是 n 点（$0 \leqslant n \leqslant 23$），$x$（$0 \leqslant x \leqslant 1000$）小时后是第几天的几点（图 13-3）？当天称为第 1 天。输入输出样例如下：

输入：20 2　　　输出：1 22　　　// 当天的 22 点

输入：23 1　　　输出：2 0　　　// 第 2 天的凌晨 0 点

输入：23 27　　　输出：3 2　　　// 第 3 天的凌晨 2 点

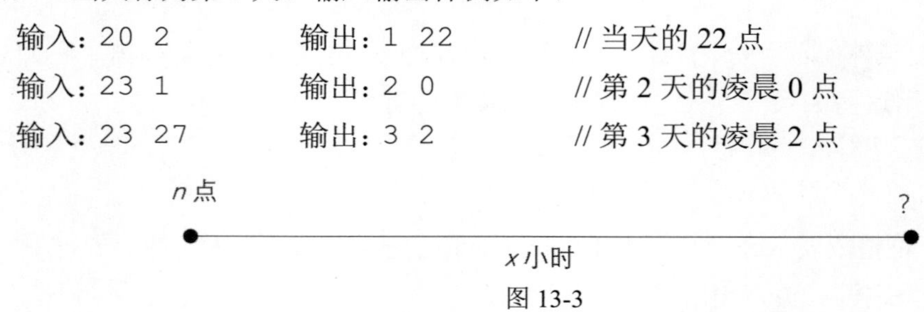

图 13-3

分析：同样，n 点表示时刻，x 小时是时间段，为了相加，时刻必须先转成时间段。现在是 n 点，表示距离今天凌晨 0 点为 n 个小时，x 小时后距离今天凌晨 0 点就是 $n+x$ 个小时。1 天为 24 小时，就等于 $n+x$ 小时分解成几天和几小时，跟前面把总的分钟数分解成几小时几分钟是一样的。但是这里当天称为第 1 天，所以天数要加 1。代码如下：

```
1 int n, x;
2 cin >> n >> x;
3 n = n + x;  // 重复使用变量 n
4 cout << n/24 + 1 << ' ' << n%24 << endl;
5 return 0;
```

如果大家比较本章开始的位数分解的题目，以及第 6 章中小格买书的题目，就会发现，这几道题目的解法几乎是一样的，都是把一个大的数整除以一个数得到第一个结果，对同一个数求模得到第二个结果。这些难道是巧合吗？其实，这些题目的本质就是进制转换。自然数是十进制，时分秒之间是六十进制，天数和小时是二十四进制，一本书的价钱是 13 元，那么就是每 13 元买一本书，就是逢 13 进 1，相当于十三进制。

4. 今天是礼拜 n（$1 \leqslant n \leqslant 7$，即礼拜天称为礼拜 7），那么 x 天（$0 \leqslant x \leqslant 1000$）后是礼拜几？输入输出样例如下：

输入：6 1　　　输出：7

输入：5 20　　　输出：4

分析：这个题目看起来跟上面的题目是类似的，甚至还更简单，因为它没有求 x 天后是第几个礼拜的礼拜几，仅仅求礼拜几，那么是不是 $(n+x)\%7$ 就可以了呢？我们把第一组样例数据代进去，发现结果为 0。这是因为任何数模 7 的结果一定是在 0 和 6 之间，不可能达到 7。为什么上一道题目就可以把总数模 24 呢？因为一天中的小时计时是从 0 开始的，最大是 23，即第一个小时内的小时数称为 0 点，最后一个小时内的小时数称为 23 点，这个称呼正好是模 24 的取值范围。

我们现在把第一天叫作礼拜 1，把第二天叫作礼拜 2，以及把第 7 天叫作礼拜 7，这其实只是一种称呼而已。我们完全可以换一种称呼，比如，把一个礼拜叫作一个 week，把第一天叫作 week 0，第二天叫作 week 1，第 7 天叫作 week 6，那么礼拜 n 就对应 week $n-1$，如图 13-4 所示。

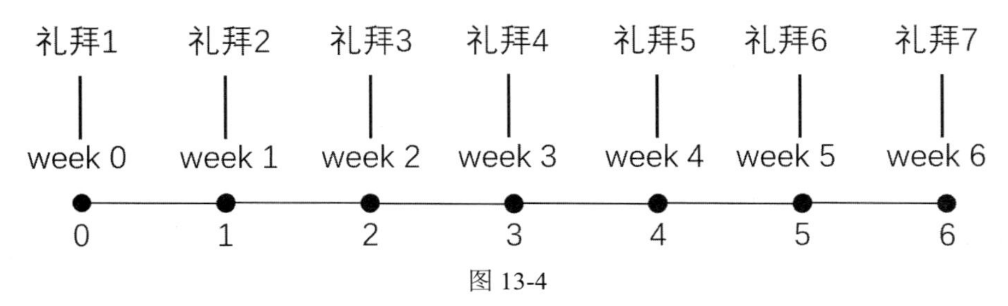

图 13-4

现在 week 称呼的范围正好是模 7 的取值范围了，所以 x 天后的 week 称呼就是 $(n-1+x)\%7$，然后我们再把 week 称呼转成礼拜称呼，就是 $(n-1+x)\%7+1$。所以代码如下：

```
1 int n, x;
2 cin >> n >> x;
3 cout << (n-1+x)%7+1 << endl;
4 return 0;
```

注：这种解法的代码比较简单，但理解起来比较困难。后续学到分支结构以后，会提供稍微复杂一点的解法，但理解起来会更加容易。

13.3 最小的倍数

假定 a 是一个整数，那么我们能用一个表达式来求出大于或等于 a，并且是某个数的倍数中最小的数吗？比如我们要求 4 的倍数中最小的数，那么：

如果 a 为 4，这个数就是 4；如果 a 为 5、6、7，这个数就是 8。

我们如何用一个表达式来表示这个数呢？

【例题】

如果 a 为 int 类型的变量，下列（　　）表达式可以正确求出满足“大于或等于 a 且是 4 的倍数”的整数中最小的那个？

A. a*4　　B. a/4*4　　C. (a+3)/4*4　　D. a-a%4+4

解析：本题看似考查算术运算，实则需要很强的数学功底。我们对几个选项一一分析。

选项 A，假设 a 为 3，a*4 即为 3*4=12，12 虽然满足大于或等于 a 且是 4 的倍数，但不是满足条件的“整数中最小的”，排除 A。

选项 B，假设 a 为 3，a/4 结果为 0，因为 a 为 int 类型，int 类型进行计算结果还是 int，会把小数部分舍去，故 a/4*4 结果为 0，不满足条件，排除 B。

选项 C，令 a=4k+t，k 是一个整数，0 ≤ t ≤ 3，则 (a+3)/4=(4k+t+3)/4=k+(t+3)/4。分下面两种情况：

（1）如果 a 是 4 的倍数，则：

a=4k，t=0，

(t+3)/4=3/4=0，

(a+3)/4=k，

(a+3)/4*4=k*4=a，等于 a 且是 4 的倍数。

（2）如果 a 不是 4 的倍数，则 1 ≤ t ≤ 3，4 ≤ t+3 ≤ 6，

4k+4 ≤ a+3=4k+t+3 ≤ 4k+6，

k+1=(4k+4)/4 ≤ (a+3)/4 ≤ (4k+6)/4=(4k+4+2)/4=k+1

(k+1)*4 ≤ (a+3)/4*4 ≤ (k+1)*4，

即 (4k+4) ≤ (a+3)/4*4 ≤ (4k+4)，结果为 4k+4，大于 a 且是 4 的倍数的整数中最小的，满足题意。

选项 D，假设 a 为 4，4%4=0，a-a%4+4=8，8 虽然满足大于或等于 a 且是 4 的倍数，但不是满足条件的整数中最小的，排除 D。

所以本题正确答案为 C。

课后作业

1. 编程题：输入 1 个任意位的正整数 n（$100 \leqslant n \leqslant 10\,000$），求它的百位数、十位数和个位数，显示在一行里，用空格隔开。输入输出样例：

   输入：963　　　　输出：9 6 3

2. 编程题：已知一个 3 位正整数，求它的倒过来的数。输入输出样例：

   输入：245　　　　输出：542

3. 编程题：输入一个正整数 n 表示秒钟 ($0 \leqslant n \leqslant 10^6$)，把它转换成小时、分钟和秒，分 3 行显示。输入输出样例如下：

   输入：

   74685

   输出：

   20

44

45

4. 编程题：一辆公交车 h 点 m 分到站，它停留了 n 分钟（假设它停留后还在当天），请问这辆公交车离站时是几点几分？输入输出样例如下：

输入： `15 59 5`　输出：`16 4`

5. 编程题：小格学习累了，想乘坐星际飞船到另外一个星球 Z 上游玩一段时间。星球 Z 上的时间过得非常快，在星球 Z 上待 1 天，地球上的时间过去了 1 个月。已知小格出发时是今年的第 N 个月，小格在星球 Z 上待了 X 天（$1 \leqslant X \leqslant 100$），那么小格回来时是第几个月？本题不用考虑大小月。输入输出样例如下：

输入：`7 5`　输出：`12`　（当年的 12 月）

输入：`10 16`　输出：`2`　（第三年的 2 月）

算术运算总结

知识点总结

1. 基本概念

（1）标识符：指程序中类、属性、方法、对象、变量等元素的名字。

（2）关键字：具有特殊意义的预定义的保留的标识符。

（3）变量：在程序执行过程中其值可以改变的量。

（4）常量：在程序执行过程中其值不可以改变的量。

（5）常数：像 3.14、'a'、0 这样的确定的数。

（6）运算符：用于进行各种运算的符号。

（7）算术运算符：特指用于进行算术运算的符号。

（8）单目运算符：指只需要一个变量的运算符。

（9）双目运算符：指需要两个变量的运算符。

（10）表达式：由数字、运算符、小括号、变量等排列所得的组合。

（11）优先级：是一种约定，表示先后顺序。

2. 基本数据类型

（1）在 C++ 中，不同的数据，其所占空间和储存方式是不一样的，使用数据类型来区分这些不同。

（2）C++ 中的基本数据类型总结，参见表 7-4，其中，整型数和长整型数称为整数，单精度型数和双精度型数称为实数，也叫浮点数。

（3）字符数据类型表示一个字符，如 'A'、'+'。字符数据类型占一个字节，取值范围为 -128 ～ 127，其中负数部分未表示任何字符，0 ～ 127 表示了 128 个字符，称为 ASCII 字符集，字符对应的数字称为 ASCII 码。ASCII 码的规律如下：

- 所有的数字字符对应的 ASCII 码是连续的。
- 所有的小写字母对应的 ASCII 码是连续的。
- 所有的大写字母对应的 ASCII 码是连续的。

（4）布尔型数据用来表示一个判断条件的真或者假，它只有两个值：true 和 false，分别对应 1 和 0。它也占一个字节。

（5）常数的类型：

- 没有小数且没有后缀的为整型。
- 没有小数且带有后缀 ll 或者 LL 的为长整型。
- 有小数且没有后缀的为双精度型。
- 有小数且有后缀 f 或者 F 的为单精度型。
- 用单引号括起来的单个字符为字符型。

（6）类型选择：如果计算结果中不会出现小数，则选择整型（如果数据在整型的取值范围内）或者长整型（如果结果可能超过整型的取值范围）；如果计算结果可能（只要有可能）出现小数，则使用双精度型。

3. 运算规则

（1）每一种运算符都有它的优先级，括号的优先级最高。

（2）在运算时，优先级高的先运算，优先级低的后运算。

（3）对于优先级相同的运算符，则按照先后顺序执行。

4. 基本算术运算

（1）加（+）、减（-）、乘（*）、除（/）、余（%）是最基本的几种算术运算。

（2）加减乘除的特性：适用于任何数据类型，但**两个整数运算，结果还是整数**。只要其中一个是浮点数，结果就是浮点数。

（3）求余运算：只能适用于整数。对于含有负数的情况，余数值的正负与第一个数保持一致，第二个数在运算时取其绝对值，如 10%(−3) = 1，(−10)%3= −1。

（4）求余运算常用来判断一个数能不能被另一个数整除。求余运算和除运算合起来，则常用于数字分解。

（5）乘、除、余的优先级相同，加、减的优先级相同，前者高于后者。

5. 赋值运算

（1）赋值（=）：把右边表达式的结果赋给左边的变量。整个语句称为赋值语句。

（2）赋值语句是一个特殊的表达式，可以放到一个更大的表达式里，它的结果是左边变量的值。

（3）赋值运算的优先级比所有的算术运算符低。

6. 复合算术运算

（1）+=、-=、*=、/=、%= 为 +、-、*、/、% 、= 的复合运算形式，a+=b 表示 a=a+(b)。这些运算符的优先级比基本算术运算符低。

（2）自增运算符 ++：自己加 1，分前 ++ 和后 ++，如 ++a、a++。前 ++ 和后 ++ 在单独的语句中，结果是一样的，但是在一个大的语句中时，前 ++ 是先自增 1 再运算；后 ++

是先运算再自增 1。

（3）自减运算符 --：自己减 1，规律同 ++。

（4）++ 和 -- 运算符的优先级比基本运算符高。

（5）赋值语句串联：从右往左执行，最左边变量的值表示整个表达式的结果。

（6）逗号运算符：从左往右执行，最后一个表达式的值表示整个表达式的结果。

7. 变量的定义与使用

（1）变量在使用前一定要先定义。变量定义的语法为：

```
数据类型 变量名；
```

- 一行中可以定义多个变量，类型必须相同。
- 变量定义顺序与使用顺序无关，只要在第一次使用变量前定义就可以。

（2）常量的定义，在数据类型前加个 const 关键字。

（3）在使用变量的值之前一定要先给变量赋初值。变量赋初值的方式有 3 种：

- 初始化，即在定义的同时设置一个值。
- 单独一行赋值语句赋值。
- 调用 cin 或者 scanf 由用户输入。

（4）变量名必须符合标识符的命名规则。标识符的命名规则有 3 点：

- 名称中只能包含字母、数字、下画线。
- 数字不能打头。
- 名称不能是关键字。

标识符并没有对长度做任何限制。在实际使用时，我们不但要考虑命名规则，还要考虑变量的含义，尽量用变量的用途来命名变量。

（5）变量一旦定义，其数据类型就不会改变。

（6）如果在赋值语句中，右边表达式的结果的数据类型与左边变量的数据类型不一致，则会把表达式的结果自动转换成左边变量的数据类型，可能会产生数据丢失。

（7）变量可以重复使用。但要注意，重复使用后，其含义可能已经发生了变化。

8. 类型自动转换

（1）所有的基本数据类型本质上都是数值，可以放在一起参与任何算术运算。

（2）当不同类型的数进行算术运算时（如果是求余运算，则只能是整数），遵循类型自动转换规则：精度低的数据类型向精度高的数据类型转换，结果是精度高的数据类型。

（3）基本数据类型精度由低到高为：布尔型→字符型→整型→长整型→单精度型→双精度型。

（4）使用 sizeof 操作符判断数据的长度。sizeof 操作符用法：

```
● sizeof(数据类型);
● sizeof(表达式);
```

9. 输入语句

（1）C++ 风格的输入语句 cin：

- 语法：`cin >> 变量名;`。
- 可以使用 >> 把多个变量串联起来，一次读取多个数据。多个变量的类型可以不同，输入的数据必须与变量的顺序完全一致。

（2）C 风格的输入语句 scanf：

- 语法：`scanf(格式化字符串, 变量地址);`，变量地址通过 & 获取。
- 要包含头文件 stdio.h（如果包含了 bits/stdc++.h，则无须包含此文件）。
- 不同的数据类型需要使用不同的格式符。
- 同样可以一次读入多个数据。

（3）当输入的数据与数据类型不匹配时，程序会尽可能找到匹配的数据，碰到不匹配的就返回。

10. 输出语句

（1）输出语句的作用：

- 提示用户输入。
- 显示计算的结果。
- 显示程序的中间状态，帮助查找出错原因。

（2）C++ 风格的输出语句 cout：

- 语法：`cout << 表达式`。
- 字符串会原封不动地输出，其他表达式会计算出结果输出。
- 可以使用 << 把多个表达式串联起来输出。

（3）C 风格的输出语句 printf：

- 语法：`printf(格式化字符串, 表达式列表);`，格式化字符串由一般字符和格式符组成。一般字符会原封不动地打印，格式符会被替换成表达式的值。
- 格式符必须与表达式的值的类型一致。
- 格式符可用于定制输出格式，或以不同的进制输出。
- 格式符 %% 表示直接输出 %。

（4）可以直接把一个表达式放在输出语句中，程序会创建一个临时变量。

（5）可以使用输出语句进行简单的调试，但是最后别忘了把多余的输出语句去掉。

【真题解析】

在 GESP 考试中，经常会出现代码填空题，这类题目应该如何解答呢？我们看下面的题目。

1. 在下列代码的横线处填写（　　），可以使得输出是“20 10”。

```
1  #include <iostream>
2  using namespace std;
3  int main(){
4      int a=10, b = 20;
5      a = __________; //在此处填入代码
6      b = a + b;
7      a = b - a;
8      cout << a << " " << b << endl;
9      return 0;
10 }
```

A. a + b　　　　B. b　　　　C. a−b　　　　D. b − a

解析：GESP 中并没有填空题的题型，所以代码填空也是以选择题的形式出现。这其实就简单多了，最笨的方法就是把每一个选项代进去，自己在大脑中运行代码，查看结果是不是正确。这种解法简单，但也费时，如果正确答案为 D，那么每一个选项都要代进去算一遍。

比较好的解法是使用倒推法。以本题为例，第 8 行显示数据，并不改变 a 和 b 的值，跳过。从第 7 行开始分析，a 最后为 20，可知 b−a = 20。而第 7 行并没有改变 b 的值，b 最后为 10，所以在第 7 行时，b 已经为 10 了。于是 10−a=20，a=−10，可以得出在第 7 行之前 a 为 −10。

然后看第 6 行，b 的值是在这一行改变的，所以 10 = −10 + b，得出 b = 20，即在第 6 行之前 b 为 20。第 6 行并没有改变 a 的值，所以在第 6 行前，a 为 −10。（哪个变量出现在等号的左边，哪个变量的值就改变了。仅出现在等号右边的变量，其值在本语句中不会改变。）

再看第 5 行。第 5 行改变了 a 的值，导致 a 变成 −10，把几个选项代进去，很快得出答案是 C。

2. 在下列代码的横线处填写（　　），可以使得输出是“20 10”。

```
1  #include <iostream>
2  using namespace std;
3  int main(){
4      int a=10, b = 20;
5      a = __________; //在此处填入代码
6      b = a / 100;
7      a = a % 100;
8      cout << a << " " << b << endl;
9      return 0;
10 }
```

A. a + b　　　　B. (a + b) * 100　　　　C. b * 100 + a　　　　D. a * 100 + b

解析：我们还是从第 7 行开始分析。第 7 行改变了 a 的值，a 最终为 20，即 a%100 = 20，可知在第 7 行之前，a 的值应该为 100 的倍数再加 20。

然后看第 6 行，b 的值最终为 10，那么 a/100 = 10，即 a 在第 6 行之前为 1000 ~ 1099 之间的数。第 6 行并没有改变 a 的值，所以上面的结论在第 6 行之前也成立。两个条件结合起来可知 a 为 1020。

再看第 5 行，正是这一行导致 a 变成了 1020。因此，只需查看 4 个选项中，哪个式子能使 a 变成 1020。答案是 D。

本题中，我们通过 a%100 和 a/100 的值推出了 a 的值。实际上，对于任意两个整数 a 和 k，我们有：

a = a/k*k + a%k

记住这个公式，就能从 a/k 和 a%k 的值很快得出 a 的值。

课后作业

1. 假设现在是上午 10 点，求出 N 小时（正整数）后是第几天几时，如输入 20 小时则为第 2 天 6 点，如输入 4 则为今天 14 点。为实现相应功能，应在横线处填写的代码是（　　）。

```
1  int N, dayX, hourX;
2  cin >> N;
3  dayX = __________, hourX = __________;
4  if(dayX == 0)
5      cout << "今天" << hourX << "点";
6  else
7      cout << "第" << (dayX+1) << "天" << hourX << "点";
```

A. (10 + N) % 24, (10 + N) / 24　　B. (10 + N) / 24, (10 + N) % 24

C. N % 24, N / 24　　D. 10 / 24, 10 % 24

2. 编程题：小格每天乘公交车上学，他观测到公交车到站的时间和离站的时间，求公交车在站台停留的时间。输入为 4 个整数，如 9 50 9 53，表示 9 点 50 分到站，9 点 53 分离站，输出为 1 个整数，表示停留时间，如 3，表示停留 3 分钟。输入输出样例如下：

输入：6 59 7 1　　输出：2

输入：10 29 10 32　　输出：3

3. 编程题：小格学习累了想休息一会儿，他记录下来休息开始的时刻（时，分，秒），以及休息结束的时刻（时，分，秒）（小时为 24 小时制），请计算他休息了多长时间（时，分，秒）。保证休息结束后还在当天。输入输出样例如下：

输入：9 20 30 9 25 30　　输出：0 5 0

输入：20 30 50 21 31 45　　输出：1 0 55

4. 编程题：小格学习累了想休息一会儿，他记录下来休息开始的时刻（时，分，秒），其中小时采用 24 小时制，他还记录了休息的时间（单位为秒），请你计算休息完后是什么时刻（时，分，秒）。保证休息结束后还在当天。输入输出样例如下：

输入：9 20 30 60　　输出：9 21 30

输入：20 30 50 30　　输出：20 31 20

5. 编程题：小格很喜欢吃大白兔奶糖，一天他去买奶糖，售货员先给他称了一袋，用 2 个整数表示，如：1 2，表示 1 斤 2 两。小格说再加上几块吧，用 1 个整数表示，如 6，表示又加了 6 块。请问小格一共买了多少奶糖，用两个数表示如：1 2.6，表示 1 斤 2.6 两。说明：1 斤等于 500 克，1 两等于 50 克，1 块奶糖重 4 克。输入输出样例如下：

输入：`1 2 6`　　输出：`1 2.48`

输入：`1 3 4`　　输出：`1 3.32`

第三部分　分支语句

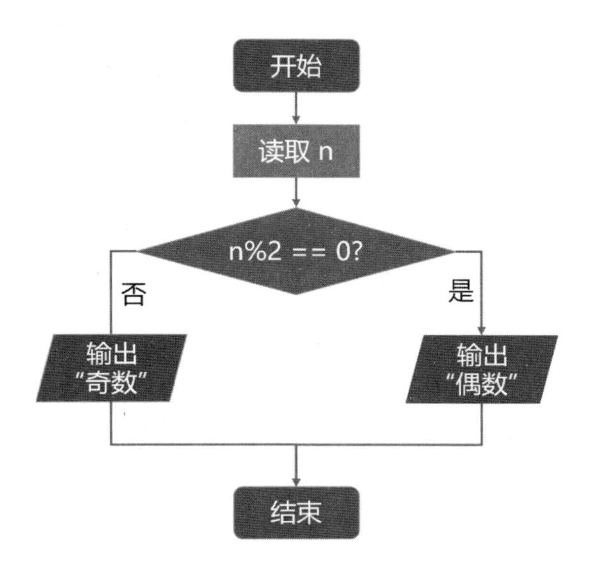

我们在第二部分看到的代码都是按顺序执行的，每一行代码都会执行到，这样的程序结构叫顺序结构，也是最简单的一种结构。在实际的应用中，我们往往需要针对不同的情形执行不同的代码，比如判断一个数是不是偶数，是就输出“偶数”，不是就输出“奇数”，“偶数”和“奇数”不可能同时输出。这种根据不同的条件执行不同的代码的程序结构称为分支结构，实现这种分支结构的语句称为分支语句。这一部分我们就来探讨分支语句。

第 14 章　if-else 分支语句

C++ 程序是一种结构化程序，程序的控制流由逻辑结构（如顺序、分支和循环）组成。到目前为止，我们编写的大部分程序都是顺序结构。顺序结构就像一条笔直的大路，从头到尾没有分叉，没有绕圈，如图 14-1 所示。

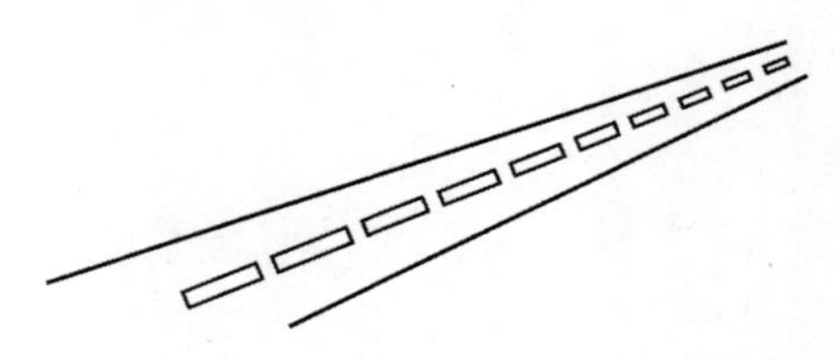

图 14-1

下面的程序就是一个典型的顺序结构的例子：

```
1 double a, b;
2 cin >> a >> b;
3 cout << a+b << endl;
4 cout << a-b << endl;
5 cout << a*b << endl;
6 cout << a/b << endl;
7 return 0;
```

现在我们来看这个题目：

判断考试成绩是否及格，如果小于 60，就是不及格，输出 0；如果大于或等于 60，就是及格，输出 1。输入输出样例如下：

输入：58　　　　输出：0

输入：85　　　　输出：1

输出 0 还是 1 取决于考试成绩，需要对考试成绩进行判断，这时我们要用到分支语句。这正是本章的内容，具体包括：

- 什么是分支语句。
- 有哪些关系运算符。
- 什么是关系表达式。
- 单分支、双分支和多分支的区别。
- 什么是问号表达式。

14.1 分支语句简介

在学习分支语句之前，我们先对上面题目的解法用自然语言描述一下：

```
程序开始；
定义一个整型变量 a;
读取成绩，放到变量 a 中；
如果 a<60，打印 0; 否则打印 1;
程序结束；
```

我们讲过，C++ 是一个高级程序设计语言，其特点就是用近似于人类的语言来写代码。如果我们把上面的第 4 行译成英文，结果如下所示：

```
if a<60, output 0; else, output 1;
```

这就非常接近 C++ 代码了。

在 C++ 中，我们用 if-else 来实现分支结构。if-else 的语法如下：

```
if(条件判断)
    语句块 1;
else
    语句块 2;
```

这里的“语句块”，既可以是单个语句，也可以是复合语句。所谓**复合语句**，是指用一对花括号将多行（也可以是一行）语句括起来的语句，在语法上，它等价于单个语句。如果是单行语句，则要缩进去一个 tab 的宽度（通常是 4 格），如果是复合语句，那么花括号跟 if 语句是对齐的，里边的语句也要缩进去一个 tab 的宽度。

注意：如果这里要执行的语句超过一句，则必须使用复合语句。

现在我们使用 if-else 来解答开始的题目，代码如下：

```
1 int a;
2 cin >> a;
3 if(a < 60)
4     cout << 0 << endl;
5 else
6     cout << 1 << endl;
7 return 0;
```

不管输入什么数，cout << 0 << endl; 和 cout << 1 << endl; 永远只会执行其中一行，不会两行都执行。这就是分支结构的特点，就像一条分叉的马路，要么向左，要么向右，两者只能选其一，如图 14-2 所示。

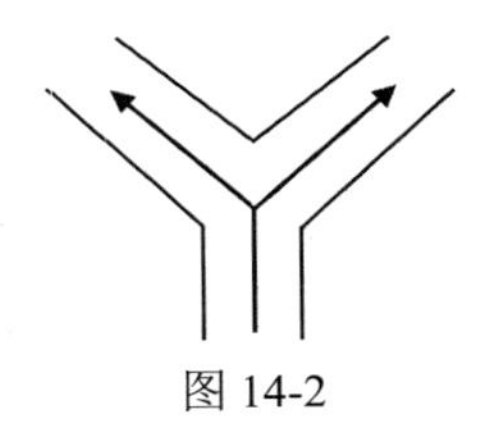

图 14-2

复合语句举例：

```
1 int a;
2 cin >> a;
3 if(a < 60)
```

```
4  {
5      cout << "poor" << endl;
6      cout << 0 << endl;
7  }
8  else
9  {
10     cout << "good" << endl;
11     cout << 1 << endl;
12 }
13 return 0;
```

花括号与 if 语句对齐，内部语句要缩进去一个 Tab 的宽度。

14.2 关系运算符

在上面的代码中，我们使用了 < 运算符。除了 <，还有如下运算符：

- >：大于。
- ==：等于。
- <=：小于或等于。
- >=：大于或等于。
- !=：不等于。

以上这些表示两个数的关系的运算符，称为关系运算符。关系运算符的两边可以是表达式，不局限于单个变量或常量，下面的表达式都是合法的：

```
a+b < c+d
i*i < 101
a%2 != 0
```

关系运算符的优先级是低于算术运算符的，所以下面的式子是等价的：

```
a < (b + c);
a < b + c;
```

14.3 关系表达式

用关系运算符将两个表达式连接起来的式子称为关系表达式。一个条件判断通常是一个关系表达式。

【课堂练习】

从关系运算符的定义可以看出，< 的反面是 >=，现在请尝试用 >= 改写前面的代码。

参考代码：

```
1 int a;
```

```
2 cin >> a;
3 if(a >= 60)
4     cout << 1 << endl;
5 else
6     cout << 0 << endl;
7 return 0;
```

注意，这里 cout << 0 << endl; 和 cout << 1 << endl; 的顺序必须颠倒。

14.4 单分支、双分支和多分支

在分支结构中，if 和 else 通常都是配对使用的，我们称之为双分支。但这并不是必需的。有时，当条件为真时，需要执行某个操作；当条件为假时，什么都不必做。比如，求一个数的绝对值，当这个数为负数时，需要求它的相反数，而当它是正数或 0 时，什么也不必做。

一般地，我们把只有 if 子句的分支称为**单分支**，语法如下：

```
if(表达式)
  语句块;
```

【例题】

求一个数的绝对值。一个数的绝对值等于：

（1）它本身，如果这个数是 0 或正数。

（2）它的相反数，如果这个数是负数。

分析：我们可以让绝对值一开始设为它自己，然后针对负数的情况做一个调整，这样就只需要一个分支了。

参考代码：

```
1 double a, c;
2 cin >> a;
3 c = a;                //先让绝对值等于这个数本身
4 if(a < 0)
5     c = 0-a;          //如果这个数为负数，再求它的相反数
6 cout << c << endl;
7 return 0;
```

【例题】

输入两个数，打印其中较大的数。

分析：可以先把第一个数当成最大值，如果第二个数大于第一个数，再把第二个数当成最大值，这样只需要一个分支就够了。

参考代码：

```
1 double a, b, max;
2 cin >> a >> b;
3 max = a;              // 先把最大值设成第一个数
4 if(b > a)
5     max = b;          // 如果第二个数大于第一个数，再设成第二个数
6 cout << max << endl;
7 return 0;
```

在另外一些情况下，if-else 可以同时使用多个，构成**多分支**。多分支的语法如下：

```
if(表达式1)
   语句块1;
else if(表达式1)
   语句块2;
...
else if(表达式n)
   语句块n;
else
   语句块n+1;
```

【例题】

编写程序实现这样的效果：输入一个成绩 s（0 ≤ s ≤ 100），输出它的等级。分数 s 和等级 l 的关系如下。

90 ≤ s ≤ 100，l= ‘A’；

80 ≤ s < 90，l= ‘B’；

70 ≤ s < 80，l= ‘C’；

60 ≤ s < 70，l= ‘D’；

s < 60，l= ‘E’。

输入输出样例如下：

输入：95　　　　输出：A

输入：87　　　　输出：B

输入：60　　　　输出：D

输入：50　　　　输出：E

分析：成绩有可能带小数，所以成绩使用 double 类型。第一个条件为 90 ≤ s ≤ 100，但我们实际上不需要判断 s ≤ 100，因为题目里已经假定好了，输入的数据不会超过 100。

代码如下：

```
1  double s;
2  cin >> s;
3  if(s >= 90)
4      cout << 'A';
5  else if(s >= 80)
6      cout << 'B';
```

```
7  else if(s >= 70)
8      cout << 'C';
9  else if(s >= 60)
10     cout << 'D';
11 else
12     cout << 'E';
13 cout << endl;
14 return 0;
```

思考：如果一个人的成绩为 95，这段程序为什么只输出 A，不输出 B？ 95 是大于 80 的，那么第二个 if 里的条件 s>=80 是不是也应该成立？答案是，**else if 表示的含义是，如果第一个条件不满足并且第二个条件满足**，所以它等价于 s<90 并且 s>=80，所以不输出 B。

也正因为如此，不管是双分支还是多分支，分支中的代码是**互相排斥**的，即永远只有一个分支中的代码被执行。运行下面的两段代码，看看结果有什么不同。

代码段 1：

```
int a = 10, b = 0;
if(a > 5)
    b = 1;
else if (a > 0)
    b++;
cout << b;
```

代码段 2：

```
int a = 10, b = 0;
if(a > 5)
     b = 1;
if(a > 0)
     b++;
cout << b;
```

第一段代码运行结果 b=1，第二段代码运行结果 b=2，为什么呢？

因为在第一段代码中，b++ 是在另外一个分支里，尽管此时 a>0 也是成立的，但这里实际的条件是 a<=5 并且 a>0，现在 a 为 10，不满足，所以 b++ 没有执行到，所以 b=1。

在第二段代码中，两个 if 语句都是单分支，是两个独立的分支语句，彼此没有关系。两个 if 的条件都满足，所以 b 被赋值了两次，最终 b 为 2。

【真题解析】

下面 C++ 代码执行时输入 21 后，有关描述正确的是（　　）。

A. 代码第 4 行被执行

B. 第 4 和第 6 行代码都被执行

C. 仅有代码第 6 行被执行

D. 第 8 行代码将被执行，因为 input() 输入为字符串

```
1  int N;
2  cin >> N;
3  if(n % 3  == 0)
4      cout << "能被3整除";
5  else if(N % 7 == 0)
6      cout << "能被7整除";
7  else
8      cout << "不能被3和7整除";
9  cout << endl;
```

解析：21%3=0，所以第 3 行条件判断成立，第 4 行毫无疑问被执行。根据多分支中只有一个分支的语句被执行，可知只有第 4 行被执行，所以答案为 A。

14.5 问号表达式

前面在讲解单分支时，我们使用了下面的代码：

```
max = a;
if(b > a)
    max = b;
```

这三行代码可以用一行代码表示：

```
max = b > a?b:a;
```

这个右边的部分就是问号表达式。其中的 ?: 称为**问号运算符**，用问号运算符连接起来的表达式称为**问号表达式**。问号运算符的优先级低于关系运算符，高于赋值运算符。

一般地，问号表达式的语法是这样的：

```
判断表达式 ? 表达式 a : 表达式 b
```

它的意思是，当判断表达式的值为真时，执行表达式 a，否则执行表达式 b。

巧妙地使用问号表达式，会使代码简洁很多。比如本章开始判断成绩是否及格的代码，用问号表达式代码如下：

```
int d = a >= 60?1:0;
cout << d << endl;
```

14.6 中途退出程序

我们知道在 main 函数的最后要有一条 return 0; 语句，告诉系统程序结束了。现在我们学习了分支语句，那么程序也可以在某一个分支中结束，此时可以在分支语句中调用 return 0;，程序就会提前结束，不再执行后面的代码。

比如，要计算两个整数相除的结果，如果发现除数是 0，就可以直接退出程序。代码大概是这样：

```
//假设 a 和 b 是用户输入的两个数
```

```
if(b == 0)
    return 0;
```

这样下面的代码不管有几行，也不需要放到一个花括号中。

14.7 延迟定义变量

到目前为止，我们一般都是在 main 函数的开始定义变量，但 C++ 中并没有规定变量只能在 main 函数的开始定义，只要在使用变量之前定义它，不管在哪里都是可以的。比如下面的代码：

```
int a, b, c;  // 一开始就定义了 c
cin >> a >> b;
c = a + b;
cout << c;
```

也可以写成这样：

```
int a, b;
cin >> a >> b;
int c = a + b;  // 到求和时才定义 c
cout << c;
```

甚至，我们也可以把变量定义在一个分支语句里，这样这个变量只能在这个分支语句里使用，像下面这样：

```
if (a > b)
{
    int c;
    // 其他代码
}
```

我们把这种只有在需要的时候才定义变量的行为称为延迟定义变量。这样的好处是，如果程序执行不到这个分支，那么就不需要定义这个变量，就会节省一点空间。

【课堂练习】

执行下面的代码，如果输入 10, 15，显示什么结果？

```
int a, b;
cin >> a >> b;
(a > b)? (cout << "a 小于 b" << endl):(cout << "a 大于 b" << endl);
return 0;
```

解答：

会显示“a 大于 b”。执行结果是看代码的逻辑，不是自己去判断。

课后作业

1. 判断下列说法是否正确。

（1）if 语句可以没有 else 子句。

（2）a > b+c 和 a > (b+c) 是等价的。

2. 编程题：用户输入一个整数，判断它是不是偶数，要求使用问号表达式。输入输出样例如下：

输入：5　　　　　　输出：0

输入：4　　　　　　输出：1

说明：本题只是为了练习使用问号表达式，才提出这样的要求，实际的 GESP 考试并不会要求采用什么写法。

3. 编程题：小格第一次参加 GESP 考试，已知他选择题、判断题和编程题各得的分数（都是整数），你来判断他有没有通过，通过输出 yes，未通过输出 no。规则：3 个部分成绩加起来大于或等于 60 分就算通过。输入输出样例如下：

输入：24　16　40　输出：yes

输入：23　17　20　输出：yes

输入：12　8　38　输出：no

4. 编程题：小格和小蠹去看电影，电影的时长用两个数字表示，比如 1 30，表示 1 小时 30 分钟。输入他们所看电影的时长（两个电影的时长，4 个整数），求时长的差（正数或 0），单位为分钟。输入输出样例如下：

输入：1 30 1 26　　输出：4

输入：1 50 2 5　　输出：15

（提示：请注意与第 10 章“课后作业”第 4 道题的区别）

5. 编程题：在最新推出的购买手机补贴政策中规定，超过 6000 元的，不能享受补贴，否则可以享受 15% 的补贴，但补贴不能超过 500 元。请根据手机的价格（不超过 10 000 元）计算享受的补贴额度，小数部分忽略。输入输出样例如下：

输入：6001　　　　输出：0

输入：6000　　　　输出：500

输入：3006　　　　输出：450

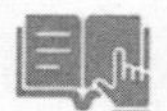

延伸阅读：能使用中文编写代码吗

传统的计算机编程语言如 C、C++、Java 等是基于英文的，但现在已经有一些支持中文编程的语言和工具出现。例如，易语言是一种面向中文用户的编程语言，其语法和编程界面都是中文的，支持中文变量名、函数名和注释等，使得中文用户更容易上手和理解。易语言可以用于编写 Windows 下的各种应用程序。此外，虽然 Python 本身是基于英文的，但有一些工具和库提供了中文编程的支持，例如，有些 Python 的集成开发环境（IDE）允许用户将代码中的变量名、函数名等替换为中文（如图 14-3 所示），或者提供中文的编程界面和文档。

```
1  from zwpy import *
2  from zwpy.easygui_zw import *
3
4  谜底=随机整数(1,11)
5  while 1:
6      用户输入=整数输入框('我有一个1-10之间的数字，你猜猜是几?', '猜数字')
7      if 用户输入 is 空:
8          continue
9      if 用户输入<谜底:
10         消息框('太小了')
11     elif 用户输入>谜底:
12         消息框('太大了')
13     else:
14         消息框('天呐，你竟然猜对了!')
15         退出程序()
```

图 14-3

然而，需要注意的是，尽管中文编程在某些方面可能更容易被中文用户接受和理解，但在全球范围内，英文编程仍然是主流。这是因为英文编程具有更广泛的社区支持、更多的学习资源和文档，以及更广泛的应用场景。此外，英文编程也更符合计算机科学和编程的通用规范，大多数程序员都以此为生，因此掌握英文编程仍然是非常重要的。

第 15 章　分支语句应用以及逻辑运算符“与”

第 14 章讲了分支语句，并列举了一些简单的应用。这一章我们继续学习分支语句的应用，同时来看看如果要同时满足多个条件，应该怎么判断。学完这一章，你将会了解到：

- 怎么表示同时满足多个条件。
- 如何进行最值计算。
- 如何判断一个数是否为水仙花数。
- 如何判断优等生招生条件是否满足。
- 如何判断一个特定位数的数是不是回文数。

15.1 最值计算

所谓最值，即几个数中的最大值或者最小值，其中又以两个数的情形居多。虽然，当只有两个数时，用“较大值”或者“较小值”比较准确，但是为了方便，我们一般统一使用“最大值”或者“最小值”的叫法。

【例题】

小格的哥哥小矗今年参加高考，他有两次机会，一次在春天，一次在夏天，高考的最终成绩以两次考试成绩中较高的一次为准（每门课都是这样）。现在已知其中一门课的春天和夏天的成绩 a、b（$0 \leqslant a, b \leqslant 150$），求这门课的高考成绩。输入输出样例如下：

输入：130 136　　　输出：136

输入：138 132　　　输出：138

分析：使用第 14 章学到的问号表达式，只需 4 行代码：

```
1 int a, b;
2 cin >> a >> b;
3 cout <<((a >= b)?a:b) << endl;
4 return 0;
```

注意：这里第 3 行代码中，**问号表达式两边的小括号不能少**，具体原因要到 GESP 三级以后才学到，这里先记住就行。

15.2 水仙花数判断

在数学中，有一类数被称为**自幂数**，也被称为超完全数字不变数（pluperfect digital invariant，PPDI）、自恋数或阿姆斯特朗数，是指一个 n 位数，它的每个位上的数字的 n 次幂之和等于它本身。例如，153 是一个自幂数，因为 $153 = 1^3 + 5^3 + 3^3$，1634 也是一个自幂数，因为 $1634 = 1^4 + 6^4 + 3^4 + 4^4$。

根据数的位数不同，自幂数又有不同的名称。比如，3 位的自幂数又被称为**水仙花数**，153 就是一个水仙花数，如图 15-1 所示。

$$153 = 1^3 + 5^3 + 3^3$$

图 15-1

那么，如何用代码来判断一个 3 位数是不是水仙花数呢？

【例题】

输入一个 3 位正整数，判断它是不是水仙花数，是就输出 1，否则就输出 0。输入输出样例如下：

输入：153　　　　输出：1

输入：254　　　　输出：0

分析：根据自幂数的定义，一个 3 位数的自幂数，它的每个位上数字的 3 次方之和等于它本身，所以我们要先求出这个 3 位数的百位数、十位数和个位数。这可以用我们以前学到的 / 和 % 来实现。

代码如下：

```
1  int a, b, c, d;
2
3  cin >> a;
4  b = a/100;
5  c = a/10%10;
6  d = a%10;
7
8  if(b*b*b+c*c*c+d*d*d == a)
9      cout << 1 << endl;
10 else
11     cout << 0 << endl;
12
13 return 0;
```

第 5 行是求十位数的代码，也可以用 c = a%100/10 来替换。

这个代码只能用来判断指定位数的数，比如 4 位数或者 5 位数（代码需要稍加修改），但是不能用来判断任意位数的数。如果是任意位数的数，就要用到后面学到的方法。

15.3 优等生判断

每一个小学生都希望能进入所在省市的重点初中，但是重点初中并不是那么容易进入的。比如小格心仪的重点初中，其招生条件为：语文和数学都不低于 90 分（如图 15-2 所示）。请你判断小格的分数能不能进入这个重点初中。输入输出样例如下：

语文 ⩾ 90
数学 ⩾ 90

图 15-2

输入：93 93　　　　输出：1

输入：97 89　　　　输出：0

分析：这个招生条件要求，语文和数学都不低于 90 分。我们用两个整型变量 a 和 b，分别表示语文成绩和数学成绩。于是条件转化为 a >= 90，并且 b >= 90。

如果用自然语言来描述，差不多是这样：

```
如果 a >= 90 并且 b >= 90, 输出 1;
否则 , 输出 0;
```

那么，如何表示“并且”的关系呢？我们可以使用类似下面这样嵌套的方式，但更简单的方法是使用逻辑运算符。

```
if(a >= 90)
{
   if(b >= 90)
        cout << 1 << endl;
   else
        cout << 0 << endl;
}
else
{
   cout << 0 << endl;
}
```

15.4 逻辑运算符：与

逻辑运算符有三种，这一章我们先学习“与”，就是“并且”的意思：

与（并且，and）：表达式 1 && 表达式 2

这是一个双目运算符，表示两个表达式必须同时成立才为真，否则就是假。

【例题】

请判断下列表达式的真假：

（1）(6>8) && (10>=9)

（2）(20>=20) && (30<=30)

（3）(3==4) && (5==5)

解答：

（1）6>8 为假，所以整个表达式的值为假。

（2）两个小表达式的值都是真，所以整个表达式的值为真。

（3）3==4 为假，所以整个表达式的值为假。

逻辑运算符 && 的优先级低于关系运算符，所以上面的表达式跟下面的是等价的：

```
6 > 8 && 10 >= 9
20 >= 20 && 30 <= 30
3 == 4 && 5 == 5
```

现在让我们使用逻辑运算符，来解答优等生判断的问题。代码如下：

```
1 int a, b;
2 cin >> a >> b;
3 if(a >= 90 && b >= 90)
4     cout << 1 << endl;
5 else
6     cout << 0 << endl;
7 return 0;
```

可以看到，使用逻辑运算符的代码，比上面使用嵌套的代码简洁许多。

“并且”的关系，经常用来判断一个数是否在一个范围内，但代码的写法跟语言描述的方法完全不一样。比如，当我们说一个数 *n* 的取值范围在 [0,1000] 时，我们会用 $0 \leqslant n \leqslant 1000$ 来表示。但是，用代码判断时，千万不能这样写，必须用下面的方法：

```
n >= 0 && n <= 1000
```

【真题解析】

判断这个说法是否正确：如果 a 为 int 类型的变量，则表达式 (a/4==2) 和表达式 (a>=8 && a<=11) 的结果总是相同的。

解析：这道题实质考查整除的知识。a/4 == 2，除以 4 商为 2 的整数有 8、9、10、11 四个数，而 (a>=8 && a<=11) 表示的整数也是 8、9、10、11，所以是正确的。

15.5 回文数判断

一个数如果反向排列与原来的数是一样的，这个数就称回文数，比如 1221 就是一个回文数，1232 不是回文数。图 15-3 显示了一个 5 位数的回文数。现在我们用代码来判断一个数是不是回文数。

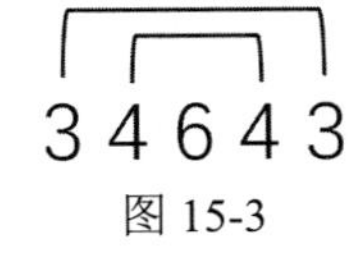

图 15-3

【例题】

输入一个 5 位正整数，判断它是不是回文数，是就输出 1，不是就输出 0。输入输出样例如下：

输入：23102　　　输出：0

输入：34643　　　输出：1

分析：根据定义，一个5位数的回文数，必须个位数等于万位数，十位数等于千位数，百位数无限制。所以先求出各个位上的数（百位数不用求），然后判断一下，就可以了。代码如下：

```
1  int n;
2  cin >> n;
3  int w = n/10000;          //万位数
4  int th = n%10000/1000;    //千位数
5  int te = n%100/10;        //十位数
6  int d = n%10;             //个位数
7  if(w == d && th == te)
8      cout << 1 << endl;
9  else
10     cout << 0<< endl;
11 return 0;
```

课后作业

1. 下面C++代码执行后的输出是（　　）。

```
1  int m = 14;
2  int n = 12;
3  if(m % 2 == 0 && n % 2 == 0)
4      cout << "都是偶数";
5  else if(m % 2 == 1 && n % 2 == 1)
6      cout << "都是奇数";
7  else
8      cout << "不都是偶数和奇数";
```

A. 都是偶数　　　　B. 都是奇数

C. 不都是偶数或奇数　　　　D. 以上说法都不正确

2. 编程题：一个数如果反向排列与原来的数是一样的，这个数就叫回文数（如图15-4所示）。给定一个6位正整数，判断它是不是回文数，是就输出1，不是就输出0。输入输出样例如下：

346643

图 15-4

输入：231702　　　输出：0

输入：346643　　　输出：1

3. 编程题：一个数如果反向排列与另外一个数是一样的，我们把这两个数称为镜反数对（如图15-5所示）。输入两个3位正整数，判断它们是不是镜反数对。输入输出样例如下：

231　132

图 15-5

输入：231　132　　　输出：1

输入：345　534　　　输出：0

4. 编程题：如果一个整数 n 能被整数 a 整除，又能被整数 b 整除，则称 n 为 a 和 b 的公倍数（如图 15-6 所示）。输入三个正整数 n $(0<n \leqslant 10^6)$ 和 a、b $(1 \leqslant a, b \leqslant 1000)$，判断 n 是不是 a 和 b 的公倍数。输入输出样例如下：

输入：21 3 7　　　输出：1

输入：24 8 5　　　输出：0

输入：23 3 6　　　输出：0

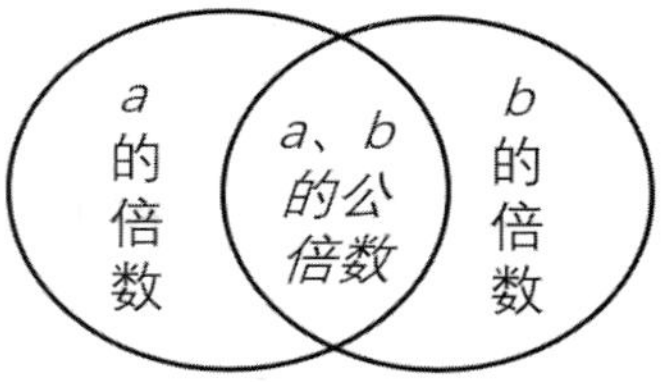

图 15-6

延伸阅读：有趣的自幂数

本文讲述了自幂数的概念。为了区分不同位数的自幂数，人们给不同位数的自幂数起了不同的名字。

- 当 $n=1$ 时，自幂数称为**独身数**，所有的 1 位数，都是独身数。
- 当 $n=2$ 时，没有自幂数。
- 当 $n=3$ 时，自幂数称为**水仙花数**，共有 4 个：153，370，371，407。
- 当 $n=4$ 时，自幂数称为**四叶玫瑰数**，共有 3 个：1634，8208，9474。
- 当 $n=5$ 时，自幂数称为**五角星数**，共有 3 个：54 748，92 727，93 084。
- 当 $n=6$ 时，自幂数称为**六合数**，只有 1 个：548 834。
- 当 $n=7$ 时，自幂数称为**北斗七星数**，共有 4 个：1 741 725，4 210 818，9 800 817，9 926 315。
- 当 $n=8$ 时，自幂数称为**八仙数**，共有 3 个：24 678 050，24 678 051，88 593 477。
- 当 $n=9$ 时，自幂数称为**九九重阳数**，共有 4 个：146 511 208，472 335 975，534 494 836，912 985 153。
- 当 $n=10$ 时，自幂数称为**十全十美数**，只有 1 个：4 679 307 774。

总共有 88 个自幂数，最大的自幂数是 115 132 219 018 763 992 565 095 597 973 971 522 401（39 位）。

观察以下自幂数，你能得出什么推论？

370，371，24 678 050，24 678 051

推论：

- 如果 1 个自幂数的个位数为 0，那么这个自幂数加 1，也是自幂数。
- 如果 1 个自幂数的个位数为 1，那么这个自幂数减 1，也是自幂数。

那么你能根据这个结论，推算出次大的自幂数是什么数吗？

第 16 章　逻辑运算符“或”和“非”

第 15 章讲了多个条件同时满足，但是有的时候，几个条件只要一个满足就可以了，这又该怎么判断呢？这正是这一章要讲解的内容。这一章包括：

- 如何表示多个条件只要一个满足。
- 如何判断是否是 k 幸运数。
- 如何判断是否是特长生。
- 如何判断是否是闰年。
- 逻辑运算符总结以及“与”和“或”的短路特性。

16.1 *k* 幸运数判断

如果一个正整数的个位数为 k 或者这个数能被 k 整除，那么就说这个数是我的 k 幸运数（如图 16-1 所示）。输入一个正整数 n，$1 \leqslant n \leqslant 10\,000$，判断它是不是我的 3 幸运数。输入输出样例如下：

图 16-1

输入：`21`　　　　输出：`1`

输入：`23`　　　　输出：`1`

输入：`5`　　　　输出：`0`

分析：个位数为 k 的条件为 a%10 == k，能被 k 整除的条件为 $a\%k == 0$，两个条件是“或者”的关系。第 15 章学的是“并且”的关系，这里并不适用，所以我们要引入新的逻辑运算符。

16.2 逻辑运算符：或

或 (or)：表达式 1 || 表达式 2

这是一个双目运算符，表示两个表达式只要有一个是真的，整个表达式就为真，两个都是假的，整个表达式才为假。

【例题】

请判断下列表达式的真假：

（1）(7>5) || (5 > 8)

（2）(6>8) || (10>=9)

（3）(6<9) || (−2<3)

（4）(20>=20) || (30>=30)

解答：

（1）7>5 为真，所以整个表达式的值为真。

（2）10>=9 为真，所以整个表达式的值为真。

（3）两个都为真，所以整个表达式的值为真。

（4）两个都为真，所以整个表达式的值为真。

逻辑运算符 || 的优先级低于关系运算符，所以上面的表达式跟下面的是等价的：

```
7 > 5 || 5 > 8
6 > 8 || 10 >= 9
6 < 9 || -2 < 3
20 >= 20 || 30 >= 30
```

采用逻辑运算符“或”，判断 3 幸运数的代码如下：

```
1 int n;
2 cin >> n;
3 if(n%10 == 3 || n%3 == 0)
4     cout << 1 << endl;
5 else
6     cout << 0 << endl;
7 return 0;
```

16.3 特长生判断

小格向往的重点初中，以前一直采用优等生招生政策，但是优等生要求学生的各科成绩很平均，学校慢慢发现这个政策有点过时，很多单科特别优秀的学生被优等生的条件挡在了门外。于是校领导决定，增加特长生招生政策：有一门不低于 98 分，即可作为特长生录取（如图 16-2 所示）。

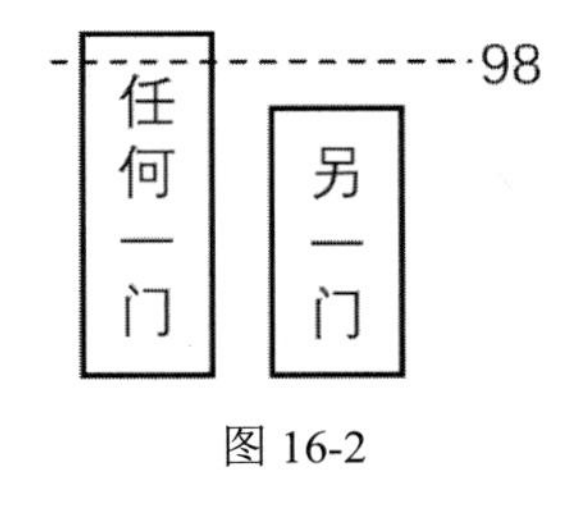

图 16-2

【例题】

请你判断小格的分数（都是整数）能不能作为特长生进入这个重点初中。输入输出样例如下：

输入：97 89　　　　输出：0

输入：85 98　　　　输出：1

输入：98 85　　　　输出：1

分析：设两门分数分别为 a、b，有一门不低于 98 分，有两种情况，一种情况是

a>=98，另一种情况是 b>=98，这两种情况是或者的关系，合起来为 a>=98 || b>=98。代码如下：

```
1 int a, b;
2 cin >> a >> b;
3 if(a >= 98 || b >= 98)
4     cout << 1 << endl;
5 else
6     cout << 0 << endl;
7 return 0;
```

16.4 逻辑运算符：非

还有一种逻辑运算符，叫“非”：

非（not）：!(表达式)

这是一个单目运算符，表示条件的反面。如果表达式的值为真，那么“!(表达式)”值为假，反之亦成立。

【例题】

请判断下列表达式的真假：

（1）!(125==125)

（2）!(10==9)

（3）!(10!=9)

解答：

（1）125==125 为真，反一下为假。

（2）10==9 为假，反一下为真。

（3）10!=9 为真，反一下为假。

逻辑运算符“非”理解起来有点困难，绝大多数情况下，“非”都可以用其他的方式替代。当我们写“ !(表达式) ”时，如果表达式是一个关系表达式，则直接把表达式中的关系运算符用相反的运算符即可，比如：

- !(a>b) 等价于 (a<=b) （注意不是 a<b，大于的反面是小于或等于）。
- !(a==b) 等价于 (a!=b)。
- !(a!=b) 等价于 (a==b)。

16.5 逻辑运算符总结

16.5.1 优先级

3 个逻辑运算符中，由于！为单目运算符，所以！的优先级最高，其次是 &&，然后是 ||。不但如此，！运算符比关系运算符和算术运算符优先级还要高，仅次于括号。

我们把所有学过的运算符的优先级从高到低排序如表 16-1 所示（表中未包含括号，括号的优先级最高，每一组的优先级是相同的）。

表 16-1 运算符的优先级（从高到低）

优先级组（从高到低）	运算符
1	++，--（后缀自增 / 自减运算符）
2	！（逻辑非），++，--（前缀自增 / 自减运算符）
3	* / %
4	+ --
5	> < >= <=
6	== !=
7	&&
8	||
9	?:（问号运算符）
10	= += -= *= /= %=
11	,（逗号运算符）

我们看这个式子：

```
!(7>5) && (6>3)
```

上面的表达式中，先判断 7>5，然后求反得到第一个值，然后判断 6>3 得到第二个值，最后把两个值进行“与”操作。

大家自己写代码的时候，如果不太确定，就按照自己的思路用括号隔开。切记，程序的正确性高于可读性，可读性高于简洁性——正确性永远排在第一位。

16.5.2 短路特性

我们重新回顾一下逻辑运算符“与”和“或”：

与（并且，and）：表达式 1 && 表达式 2

两个表达式必须同时成立才为真，否则就是假。

或（or）：表达式 1 || 表达式 2

两个表达式只要有一个成立就为真，两个都是假的才是假。

现在我们来思考一个问题，对于 &&，既然两个表达式必须同时成立才为真，那么当第一个表达式不成立时，还有必要去判断第二个表达式吗？

同样对于 ||，两个表达式只要有一个成立就为真，那么如果第一个表达式成立了，还有必要去判断第二个表达式吗？

答案是不必要，这就是 C++ 语言中的**短路特性**，也叫**短路求值特性**，它是指在逻辑表达式中，如果通过第一个操作数的求值结果**已经可以**确定整个表达式的值，那么不再对后续的操作数进行求值。具体来说：

- 对于 && 运算，如果第一个表达式的值为假，那么不再计算第二个表达式。
- 对于 || 运算，如果第一个表达式的值为真，那么不再计算第二个表达式。

【例题】

判断下面的说法是否正确。执行下面的代码：

```
int a=0, b=5;
if( a!= 0 && b/a !=1) { ... }
```

因为 a =0，b/a 会导致程序崩溃。

分析：当 a=0 时，a!= 0 不成立，导致第一个表达式的值为假，后面一个表达式不会执行。所以程序不会崩溃。答案为错误。

16.6 闰年判断

这里的闰年指的是公历的闰年，即 2 月份有 29 天（如图 16-3 所示）。

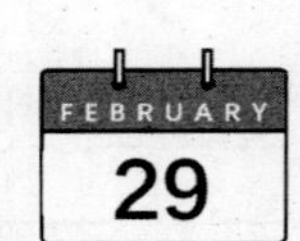

图 16-3

公历闰年的条件为：①年份能被 4 整除但不能被 100 整除；或者②年份能被 400 整除。

【例题】

输入一个年份 n（$0<n \leqslant 3000$），判断它是不是公历闰年。输入输出样例如下：

输入：2000　　输出：1

输入：1900　　输出：0

输入：2024　　输出：1

输入：2025　　输出：0

分析：第一个条件为 n%4 == 0 && n%100 != 0，第二个条件为 n%400 == 0，两个条件为或者的关系，合起来为 (n%4 == 0 && n%100 != 0) || n%400 == 0。所以代码如下：

```
1 int n;
2 cin >> n;
3 if((n%4 == 0 && n%100 != 0) || n%400 == 0)
4      cout << 1 << endl;
5 else
```

```
6     cout << 0 << endl;
7 return 0;
```

如果觉得这样的代码有点复杂，也可以这样拆开来写：

```
if(n%4 == 0 && n%100 != 0)
   cout << 1 << endl;
else if(n%400 == 0)
    cout << 1 << endl;
else
    cout << 0 << endl;
```

也就是说，“或”的关系，通常可以拆成两个 if（不是两个独立的 if，而是一个多分支）。

课后作业

1. 下面 C++ 代码执行后的输出是（　　）。

```
1 int m=4;
2 if(m/5 != 0 || m/3 != 0)
3     cout << 0;
4 else if(m/3 != 0)
5     cout << 1;
6 else if(m/5 != 0)
7     cout << 2;
8 else
9     cout << 3;
```

A. 0　　B. 1　　C. 2　　D. 3

2. 编程题：某店铺开张 2 周年，正在举办各种优惠活动，其中一个是，用户购买的商品个数，只要含有 2 这个数字的，就可以获赠一杯饮料。已知小格买了 n 个商品（个数不超过 99），判断他能否获赠一杯饮料。输入输出样例如下：

输入：2　　输出：1

输入：12　　输出：1

输入：21　　输出：1

输入：18　　输出：0

3. 编程题：如果一个数的个位数为 k 或者这个数能被 k 整除，那么就说这个数是我的 k 幸运数。输入两个正整数 n $(0<n \leqslant 10\,000)$ 和 k $(1 \leqslant k \leqslant 9)$，判断 n 是不是我的 k 幸运数。输入输出样例如下：

输入：21 3　　输出：1

输入：23 7　　输出：0

输入：54 4　　输出：1

输入：32 4　　输出：1

延伸阅读：闰年是怎么形成的

我们通常讲的闰年，是指公历（即西历）的闰年，是指二月份多了 1 天，一年有 366 天。公历闰年的成因主要是弥补人为规定的年度天数与地球实际公转周期之间的时间差。公历，也称为格里高利历，是基于地球绕太阳公转（如图 16-4 所示）一周所需的时间来制定的。

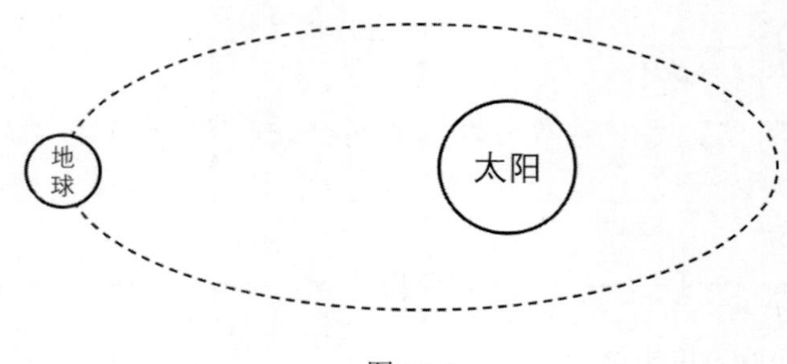

图 16-4

地球绕太阳公转一周的实际时间大约是 365 天 5 小时 48 分 46 秒，但为了计算方便，人们规定一年为 365 天。这就导致每年下来会有大约 0.2422 天的差距，每四年累积约一天的时间差。为了补偿这种差异，人们决定每 4 年增加一个额外的日子到二月份，使得这一年成为 366 天，即闰年。这种做法被称为闰年制度，旨在调整公历与地球公转周期之间的时间差，确保历法的准确性。

但是，由于每年的时间差约为 0.2422 天（即 5 小时 48 分 46 秒），并不是正好 0.25 天，所以如果每 4 年加 1 天，那么 100 年下来，又少了约 1 天，所以每 100 年不闰。但这样 400 年下来，又多了约 1 天，所以每 400 年又要闰一次。这就形成了文中的公历闰年的规律。

除了公历闰年，还有农历闰年，是指在一年中加入一个月份，使这一年有 13 个月。农历闰年的成因主要是为了调整地球运动周期与月球运动周期之间的不匹配。农历，作为一种阴阳历，既考虑地球的运动，又兼顾月球的运动。农历的一个月是按照月相变化来编排的，平均长度约为 29.53 天。因此，12 个农历月的总长度比一个回归年（地球环绕太阳一周的时间）短了近 11 天。由于月相的限制，农历月不能被拆分，因此，为了解决这个问题，农历的置闰只能在合适的年份插入整个月份，即闰月。这样，农历的闰年就有 13 个月，以弥补与地球运动周期之间的不匹配。

农历的置闰规则比较复杂，这里就不细述了。

第 17 章　布尔数据类型

在 C++ 中，表示条件的“真”与“假”的属性，需要用到一种很特殊的数据类型：布尔类型。这是一种很特别的数据类型，与其他的数据类型有很大的差别，因而我们一直到这里才开始讲解。这一章的内容包括：

- 布尔类型的本质。
- 其他非布尔类型的数据如何转换成布尔类型。

17.1 组合招生政策

小格向往的重点初中，增加了特长生招生政策后，原来的优等生政策仍然有效，所以现在要想进入这个重点初中，可以有两种方式：

- 数学和语文两门都不低于 90 分，作为优等生录取。
- 有一门不低于 98 分，则作为特长生录取。

请你判断小格的分数（都是整数）能不能进入这个重点初中。输入输出样例如下：

输入：93 93　　　输出：1

输入：97 89　　　输出：0

输入：85 98　　　输出：1

分析：现在条件变得复杂了。设语文和数学成绩为 a、b，第一个条件为 a>=90 并且 b>=90，即 a>=90 && b>=90。

第二个条件为 a>=98 或者 b>=98，即 a>=98 || b>=98。

两个条件也是或者的关系，所以合起来为：(a>=90 && b>=90) || (a>=98 || b>=98)。但是这样的条件写起来太复杂了，对于如此长的一个表达式，我们有没有办法把它拆成几个短的表达式呢？

回想一下我们在学习加减乘除的时候，对于一个复杂的表达式，我们可以通过引入一些中间变量，然后把复杂的表达式拆成几个简单的表达式。比如，下面的式子：

```
50/(38-3, 20+5)
```

可以拆成：

```
int a = 38-3;
int b = 20+5;
50/b
```

为了把这个式子拆解，我们引入了两个 int 类型的变量 a 和 b，然后就可以把原来很长的表达式拆成较短的表达式，增加可读性，且不易出错。

我们可以借用这个方法，把开始那个很长的表达式拆成几部分，比如，令

```
w = (a>=90);
x = (b>=90);
y = (a>=98);
z = (b>=98);
```

于是原来的表达式即可转化为 (w&&x) || (y || z)，立马简单了许多。但是，这里的 w、x、y、z 应该使用什么数据类型呢？

17.2 布尔型（bool）

在 C++ 中，用于表示条件的真或假的数据类型，称为布尔型（bool）。布尔型的变量占 1 个 Byte，它只有两个值 1 和 0，用 true 和 false 表示，也可以直接用 1 和 0 表示（如图 17-1 所示）。因为布尔型数值表示的是一种逻辑关系，所以布尔型数值也称为**逻辑值**或逻辑量。

布尔型变量的值：
true 或1
false 或0

图 17-1

由定义可知，一个关系表达式的值是布尔类型，所以我们可以这样使用布尔型变量：

```
bool a_good = (a>=90);
bool b_good = (b>=90);
```

由于关系表达式的优先级高于赋值运算，所以上面式子中的括号是可以省略的：

```
bool a_good = a>=90;
bool b_good = b>=90;
```

第 16 章中讲过，两个关系表达式可以用逻辑运算符连接起来，表示更复杂的条件。而关系表达式的值是一个 bool 值，所以两个 bool 值也可以用逻辑运算符连接起来，并且形成的表达式的值还是一个 bool 值，所以上面的两个值可以进一步组合如下：

```
bool ab_good = a_good && b_good;
```

17.3 bool 变量的值

执行 bool b = true; cout << b; 后将打印出什么？

会不会打印出“true”这个单词呢？不会。将打印出 1。记住，bool 类型的值只有 2 个：0 和 1，false 和 true 只是两个代号，false = 0，true = 1。

17.4 逻辑表达式

用逻辑运算符把关系表达式或者逻辑值连接起来的式子，称为**逻辑表达式**。逻辑表达

式的值仍然为一个逻辑值，所以可以嵌套表示，构成一个很复杂的表达式。

【例题】

判断下列逻辑表达式的值：

（1）true && true

（2）false && true;

（3）false || true;

（4）false || (true && false)

（5）!true || !false

解答：

（1）两个都为真，与一下还是真。

（2）一个假一个真，与一下为假。

（3）一真一假，或一下为真。

（4）先算括号，一真一假，与一下为假；两个假或一下还是假。

（5）非运算符优先级高，先算两个非操作——真反一下为假，假反一下为真；再算或操作——假和真或一下，为真。

使用布尔型变量，17.1 节中组合招生的题目解答如下：

```
1  int a, b;
2  cin >> a >> b;
3  bool a_good = a >= 90;
4  bool b_good = b >= 90;
5  bool a_super_good = a >= 98;
6  bool b_super_good = b >= 98;
7  if((a_good && b_good) || (a_super_good || b_super_good))
8      cout << 1 << endl;
9  else
10     cout << 0 << endl;
11 return 0;
```

这里，我们用了一些比较长的变量名，从意思看，表示“两个都好”“a 特别好”“b 特别好”，长的变量名虽然写起来麻烦，但是增加了可读性，是一种比较好的选择。

用布尔型变量来判断 16.5 节中的闰年，代码也会更加简单：

```
1 int n;
2 cin >> n;
3 bool b4 = (n%4 == 0 && n%100 != 0);
4 bool b400 = (n%400 == 0);
5 if(b4 || b400)
6     cout << 1 << endl;
7 else
8     cout << 0 << endl;
9 return 0;
```

17.5 非 0 即为真

我们看到，在分支语句中，if 括号中的条件判断通常是一个关系表达式，但由于关系表达式的值是布尔值，所以实际上，if 括号中只要是布尔值就可以了，因而，单个的布尔变量（或常数 true、false）、关系表达式、逻辑表达式，都可以放在 if 括号中。

但是，实际上，if 括号中可以放任意的表达式，并不限于值为布尔类型的表达式。一个非 bool 型的表达式，只要它的值不是 0，它作为条件判断就是真，否则就是假。

换句话说，式子 if(b) 等价于 if ((b) != 0)，其中 b 为任意的表达式。下面的表达式都是有效的：

```
if(1)
if(n)
if(a+b)
if(n%4)
if(!n)
if(!(n%100))
```

它们等价于：

```
if(true)      // 永远为真
if(n != 0)
if(a+b != 0)
if(n%4 != 0)
if(n == 0)
if(n%100 == 0)
```

既然任意一个表达式都可以放到 if 括号中，它们就也可以赋给一个 bool 类型的变量，或者参与逻辑运算。下面的赋值是允许的：

```
bool b1 = 3;
bool b2 = n%2;
bool b3 = !(n%4) && n%100;
```

这样的表达式比较简洁，但是可读性并不好，建议初学者不要这样写。要始终记住，程序的正确性高于可读性，可读性高于简洁性。但是如果在考试中遇到了这样的代码，要能够看得懂。

思考：执行了 bool b1 = 3; 后，b1 的值是多少？

试着打印 b1，发现 b1 的值为 1。因为 b1=3 等价于 b1 = (3!=0)，3 不等于 0，所以 3!= 0 为真，所以 b1 = true，所以 b1 的值为 1。

【真题解析】

1. 下面 C++ 代码执行后的输出结果是（　　）。

A. 都是偶数　　B. 都是奇数　　C. 不都是偶数或奇数　　D. 以上说法都不正确

```
1 int m = 14;
2 int n = 12;
3 if(m % 2 && n % 2)
4     cout << "都是偶数";
5 else if(m % 2 == 1 && n % 2 == 1)
6     cout << "都是奇数";
7 else
8     cout << "不都是偶数和奇数";
```

解析：第 3 行中，直接用两个算术表达式进行逻辑运算，它等价于 if(m%2 != 0 && n%2 != 0)，由于 m=14，n=12，所以 m%2=0，n%2=0，所以第 5 行不成立，所以最后是第 8 行执行了，所以这道题的答案为 C。

这道题还给我们一个启示：不能光看数的性质，要看代码的逻辑。如果光看数的性质，那么 14 和 12 都是偶数，就会选择 A。但是代码的逻辑不是这样。这就好比你看到一个人点头，并不一定就表示他同意，可能他点头表示不同意，摇头才表示同意，道理是一样的。

2. 在 C++ 语言中， int 类型的变量 x、y、z 的值分别为 2、4、6，以下表达式的值为真的是（　　）。

A. x>y || x>2　　B. x != z−y　　C. z > y+x　　D. x<y || !x<z

解析：x=2，y=4，z=6，x>y 为假，x>2 为假，所以 A 为假。z-y = 2，而 x=2，所以 B 为假。 y+x = 6，z 正好等于 6，所以 C 为假。最后来看 D 选项。x<y 为真，后面是“或者”的关系，所以不管 !x<z 的值是真还是假， D 都为真。至此，不管是用排除法还是实际的运算，我们都已经推出答案为 D。但是从学习的角度出发，我们还需要考察一番 !x<z 的值到底是真还是假。x=2，x 作为一个逻辑值就是真，!x 就是假，!x 就为 0，z 为 6，于是 0<z 为真。一个短短的表达式 !x<z 里，发生了多次自动类型转换。

课后作业

1. 判断下列说法是否正确。

（1）if 括号中只能放 bool 类型的表达式。

（2）if(2) 是合法的表达式。

（3）如果 N 是整型数，那么 !!N 等于 N 本身。

2. 设 bool 变量 x = true，y = false，z = true，求下列表达式的值：

（1）x && y && z;

（2）x || y || z;

（3）(x || y) && z;

（4）z || x && y;

（5）!x && !y || z;

3. 编程题：如果一个整数 n 能整除整数 a，又能整除整数 b，则称 n 为 a 和 b 的公约数（如图 17-2 所示）。输入三个整数 n ($0<n \leqslant 100$)，和 a、b ($1 \leqslant a, b \leqslant 10^6$)，判断 n 是不是 a 和 b 的公约数。输入输出样例如下：

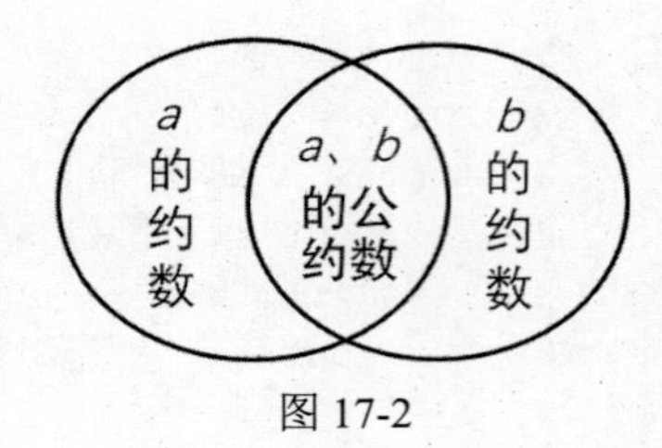

图 17-2

输入：3 9 12　　　输出：1

输入：5 13 15　　　输出：0

输入：7 15 16　　　输出：0

4. 编程题：输入四个整数 a、b、c、d（$0< a, b, c, d \leqslant 10^6$），判断它们是不是从小到大排列的。输入输出样例如下：

输入：21 3 7 9　　　输出：0

输入：3 4 5 6　　　输出：1

输入：3 8 6 1　　　输出：0

输入：7 7 8 8　　　输出：1

5. 编程题：输入 3 个正整数（都小于 10^6），判断它们能不能构成三角形，能就输出 yes，不能就输出 no。（3 个数构成三角形的条件是，任意两边的长度加起来必须大于第三边，如图 17-3 所示）。输入输出样例如下：

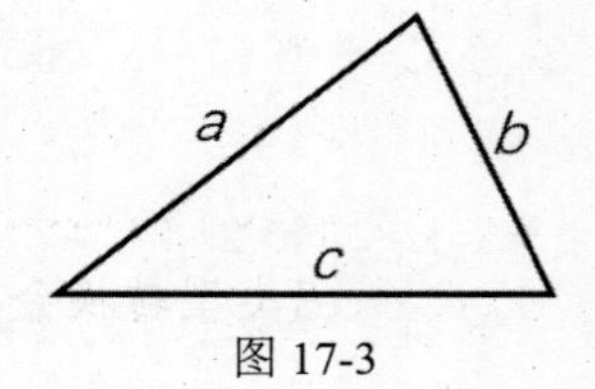

图 17-3

输入：5 4 6　　　输出：yes

输入：4 11 7　　　输出：no

第 18 章　数据类型转换

我们已经知道，在C++ 中，有很多种不同的数据类型，有整数、实数、字符，还有 bool 值。由于在计算机内部，所有的数据都是用二进制表示的，所以所有的数据（包括文本数据、音频、视频等）本质上都是数，所以它们都是可以参与加减乘除运算的，当然，并不是所有的数据进行算术运算都是有意义的。8.3 节中已经讲到了，当不同类型的数参加运算时，会发生自动类型转换。本章继续深入讲解数据类型转换的知识，本章内容包括：

- 如何强制性地把一个数据转成另一种数据类型。
- 赋值时，如果两边的数据类型不一致会发生什么事情。
- 表达式中的隐式类型转换遵循什么规则。
- 表达式中的隐式类型转换在何时发生。
- 数据类型转换会有什么影响。

在我们学习字符型数据时，我们提到，所有的小写字母的 ACSII 码是连续排列的，所有的大写字母的 ACSII 码也是连续排列的，这很容易使我们想到，对一个字母进行平移，会得到另一个字母。比如把 'A' 向右平移 2 位，应该得到 'C'，用数学式子表示就是：

'A' + 2 = 'C'

现在，让我们来运行下面的代码，看看打印出什么。

```
cout << 'A' + 2 << endl;
```

我们发现程序打印出 67，而不是我们期望的 'C'。这是怎么回事呢？

在第 8 章中，我们讲过，当不同类型的数据进行算术运算时，会发生自动类型转换，精度低的会被转成精度高的。这里，'A' 为字符型，2 为整型，相加时，字符型转换成了整型 65，然后跟 2 相加，所以最后变成了 67。

那么，我们怎么才能打印出 'C' 呢？这就是我们接下来要讲的内容。

18.1 强制类型转换

我们可以把一种数据类型的值强制转换成另一种数据类型，有三种写法：

- (数据类型)a
- 数据类型 (a)

- (数据类型)(a)

其中，在第一种写法中，a 只能是单个变量或者常量、常数；在第二种和第三种写法中，a 可以是任意的表达式（含单个变量或者常量、常数）。

18.1.1 强制类型转换与精度无关

强制类型转换与精度无关，可以在任意两个不同类型之间转换。

注意：强制类型转换仅仅转换表达式的值，如果表达式是单个变量，变量的数据类型并不会改变。例如：

```
int a = 5;
double b = (double)a;
```

第二行代码只是把 a 的值转换成 double 型，然后赋给 b，但是 a 的数据类型还是 int 型。

【真题解析】

1. 定义变量 char c，下面对 c 赋值的语句，不符合语法的是（　　）。

   A. c=(char)66;　　B. c=(char)(66);　　C. c= char(66);　　D. c=char 66;

   解析：答案为 D，在强制类型转换的三种表示方法中，唯独没有 D 的写法。

2. 下面关于整型变量 int x 的赋值语句不正确是（　　）。

   A. x=(3.16);　　B. x=3.16;　　C. x=int(3.16);　　D. x=3.16 int;

   解析：A 中的括号虽然是多余的，但不会出错。B 和 C 都是通常的写法。D 是错的，强制类型转换的三种表示方法中，没有 D 的写法。所以答案为 D。

使用强制类型转换，本章开始的题目代码如下：

cout << char('A'+2) << endl;

此时，就能打印出字母 'C' 了。

【例题】

已知一个长方形的面积和一个边的长度，求另一条边的长度，两个数都是整数，且不超过 10^6。输入输出样例如下：

输入：22 5　　　　输出：4.4

分析：长方形的面积除以一条边的长度，得到另一条边的长度。题目中说了两个数都是整数，但除法会产生小数，所以不能直接把两个整数相除。按照之前的写法，必须把两个数中的其中一个定义成浮点数（两个都定义成浮点数当然也可以），但是学了本章的内容，代码可以写成这样：

```
1 int S, a;
```

```
2 cin >> S >> a;
3 cout << (double)S/a << endl;    //使用强制类型转换把 S 变成 double 型
4 return 0;
```

这样就没必要把 S 和（或）a 定义成浮点数了。

【思考】

前面代码中的第 3 行可以这样写吗？

```
cout<< double(S/a) << endl;
```

尝试输入 22 5，结果为 4。

因为这里括号的优先级是最高的，这里是先计算 S/a，为 4，然后再把 4 转变成 double 型，所以结果还是 4。

18.1.2 强制类型转换会丢失数据

强制类型转换并不要求只能把精度低的转成精度高的，反过来也是可以的，只不过这样一来，数据可能会丢失一些。比如下面的代码：

```
cout << (int)5.2 << endl;
```

5.2 本来是双精度型，强制转换成 int 后，变成了 5，小数部分丢失了。

【真题解析】

判断题：C++ 表达式 int(3.14) 的值为 3。

解析：正确。不管是单精度实数还是双精度实数，转成整数后小数部分会被扔掉，**不管小数部分是多少**。int(3.999) = 3，int(−2.56) = −2。

18.2 隐式类型转换

强制类型转换，是开发者明确指示编译器，把一种数据类型转换成另一种数据类型。但是，有时候，编译器在没有开发者明确指示的情况下，也会自动将一种数据类型转换为另一种数据类型，这样的转换称为隐式类型转换。与此相对的，强制类型转换也称为**显式类型转换**。

隐式类型转换有好几种情形，我们今天先学习两种，第一种是赋值时的隐式类型转换，第二种是表达式中的隐式类型转换。

18.2.1 赋值时的隐式类型转换

我们来看下面的代码：

```
int a = 0;
double f = 4.56;
a = f;
cout << a << endl;
```

f 为双精度型，a 为整型，那么现在把 f 的值赋给 a 后，a 的值是多少呢？

在第 17 章中已经说过，变量一旦定义，它的类型就固定了，赋值语句不会改变变量的数据类型。a 为整型，所以 a 的值只能为 4，这里就发生了赋值时的隐式类型转换。这里的 a = f 等价于 a = (int)f。

从这个例子可以看出，与强制类型转换一样，赋值时的隐式类型转换可能会丢失数据。

规律：在赋值语句中，只要两边的数据类型不一致，就一定会发生赋值时的隐式类型转换。

所以本章开始的代码也可以这样写：

```
char C = 'A'+2;
cout << C << endl;
```

此时，第二行就不用再进行强制类型转换了。

一般地，我们可以总结出如下规律：

```
cout << 数据类型 ( 表达式 );
```

等价于

```
数据类型 a = 表达式 ;
cout << a;
```

前者使用了强制类型转换，后者使用了赋值时的隐式类型转换。

【思考】

下面的代码中有隐式类型转换吗？

```
float pi;
pi = 3.14;
```

3.14 是一个带有小数点的常数。我们讲过，带有小数的常数，如果没有 f 或者 F 后缀的话，为双精度型，而 pi 是单精度型，所以这里也发生了隐式类型转换。

再来看更多的例子。

（1）布尔型转整型。

下面的代码执行后，输出什么结果？

```
bool b = true;
int a = b;
cout << a << endl;
```

我们已经多次讲过，bool 类型的数的本质，是一个只占 1 个 Byte 的整数，它的值只有 0 和 1 两个值，true 和 false 只是两个代号，true =1，false = 0，所以 b = 1，a = 1，发生了从布尔型到整型的转换。

【真题解析】

如果 a、b 和 c 都是 int 类型的变量，下列哪个语句不符合 C++ 语法 ?(　　)

A. a=(b==c);　　　　B. b=5.5;

C. c=a+b+c;　　　　D. a+c=b+c

解析：选项 A 是合法的，b==c 的值要么为 0，要么为 1，赋给 a 时，发生了从布尔型到整型的转换，是可以的。选项 B 和 C 明显是对的。选项 D，赋值语句的左边必须是单个变量。所以答案为 D。

（2）非布尔型转布尔型。

下面的代码执行后输出什么结果？

```
bool b = 0.5;
cout << b << endl;
```

在第 17 章讲过，任何一个表达式 a，都可以直接作为一个逻辑值使用，它表示 a!=0，这其实也是一种隐式类型转换，即把非 bool 类型的值转换成 bool 类型。所里这里把 0.5 作为逻辑值赋给 b 后，b = true（因为 0.5!=0），所以打印 1。（再次记住，b 的值只可能是 0 或者 1。）

（3）字符型转整型。

下面的代码执行后输出什么结果？

```
int a = 'A';
cout << a << endl;
```

这里发生了字符型到整型的转换，等价于把 'A' 的 ASCII 码赋给了 a，所以打印出 65。当把一个字符放到算术表达式里时，会用这个字符的 ASCII 码进行计算。

（4）整型转字符型。

下面的代码执行后输出什么结果？

```
char b = 66;
cout << b << endl;
```

这里发生了从整型到字符型的转换，等价于把 ASCII 码值为 66 的字符赋给了 b，所以打印出 'B'。

【例题】

输入一个数 f（$0 \leqslant f \leqslant 10\,000$），判断它有没有小数，有的话，输出 1，没有的话，输出 0。输入输出样例如下：

输入：20.5　　　　输出：1

输入：35　　　　　　　输出：0

分析：判断一个数有没有小数，只需把它的整数部分取出，然后判断是否跟原数相等，相等说明没有小数，不等说明有小数。而取出整数部分只需要把原数赋给一个整型变量就可以了，这时会发生赋值时的隐式类型转换。代码如下：

```
1 double f;
2 int a;
3 cin >> f;
4 a = f;     //这里发生了赋值时的隐式类型转换
5 if(a == f)
6     cout << 0 << endl;
7 else
8     cout << 1 << endl;
9 return 0;
```

18.2.2 表达式中的隐式类型转换

表达式中的隐式类型转换，其实就是我们在第 8 章中提到的自动类型转换，指的是当不同类型的数据进行运算（这里的运算不限于算术运算，也可以是关系运算或者逻辑运算）时，**精度低的数据类型向精度高的数据类型转换，结果是精度高的数据类型。**

在所有的基本数据类型中，精度排序是这样的：

布尔型、字符型、整型、长整型、单精度型、双精度型

由于表达式中的隐式类型转换，总是从精度低的向精度高的转换，因此表达式中的隐式类型转换是不会丢失数据的。

第 8 章已经举了一些例子，我们再来看一些例子。

【例题】

1. 请计算下面表达式的值：

```
(3<5) + 2;
```

分析：3<5 为一个关系表达式，它的值是布尔型，且为真，所以它的值为 1，1+2=3，所以最后等于 3。

2. 判断下面表达式的结果的数据类型：

```
(3==0) + 'A' + 1 + 3.0
```

分析：3==0 是个布尔型，'A' 是字符型，1 为整型，3.0 为双精度型，依次向上转换，最后结果是双精度型。

3. 判断下面表达式的结果的数据类型：

```
'1' + '1'
```

分析：这里虽然两个数都是字符型，但字符跟字符相加是没有意义的，只有数值相加才有意义，所以这里也发生了隐式类型转换，把字符型转成整型，然后相加。相加后就变成了整型。

4. 判断下面表达式的结果类型：

```
a + b    //(a 和 b 均为布尔型)
```

分析：这里两个数都是布尔型，布尔值相加表示啥意思呢？表示满足条件的个数。这里同样发生了隐式类型转换，把布尔型转成整型。如果 a 和 b 都是真，则值为 2。

5. 判断下列表达式的值：

```
5>4>3
```

分析：千万不要直接认为它是真的，这个式子等价于 (5>4)>3（运算规则：优先级相同时，按顺序执行）。先计算 (5>4)，为真，值为 1，再计算 1>3，为假，所以值为 0。

所以，如果要判断 a 比 b 大并且 b 比 c 大，不可以写成 a>b>c，一定要写成 a>b && b>c。

6. 判断下面表达式的值：

```
2 - 1 && 2 % 10
```

分析：逻辑运算符的优先级低于算术运算符，所以先计算 2-1=1，2%10=2。然后计算 1&&2，但是 1 和 2 不是逻辑值，这时要把它们先转成逻辑值。任何一个表达式转成逻辑值时，非 0 即为真，所以两个值都是真，执行“与”运算后还是真，值为 1。

【真题解析】

1. 如果 a 和 b 均为 int 类型的变量，下列表达式不能正确判断“a 等于 0 且 b 等于 0”的是（　　）。

A. (a == 0) && (b == 0)　　B. (a == b == 0)

C. (!a) && (!b)　　D. (a == 0)+ (b == 0) == 2

解析：选项 A 是判断“a 等于 0 且 b 等于 0”的标准写法，是正确的。选项 B 等价于 (a==b)==0，如果 a == b 为假，即只要 a 与 b 不相等，那么 B 就成立，所以 B 不能正确判断。C 选项，!a 等价于 a==0，!b 等价于 b==0，所以 C 是 A 的等价写法，所以 C 也是正确的。D 选项，(a == 0) 和 (b == 0) 都是 bool 值，它们的值只能为 0 和 1，要使得它们相加等于 2，必须每个都等于 1，也就是说 (a == 0) 和 (b == 0) 必须都为真，所以也是正确的。所以答案为 B。

2. 如果 a 为 char 类型的变量，下列哪个表达式可以正确判断“a 是大写字母”？（　　）

A. a - 'A' <= 26　　B. 'A' <= a <= 'Z'

C. 'A' <= 'a' <= 'Z'　　D. ('A' <= a) && (a <= 'Z')

解析：a 是大写字母意味着 a 的值在 'A' 与 'Z' 之间，当我们用文字描述时，我们可以这样写 'A' <= a <= 'Z'，但是写成代码的时候，一定要写成 ('A' <= a) && (a <= 'Z')（更一般的写法是 (a >= 'A') && (a <= 'Z')，要判断的变量一般放在前面）。选项 A 不能保证 a

大于或等于 'A'，甚至也不能保证小于或等于 'Z'，因为如果 a - 'A' == 26，那么 a = 'A' + 26 = 'Z' + 1，超过 'Z' 了；选项 B 应理解成 ('A' <= a) <= 'Z'，'A' <= a 返回一个布尔值，布尔值要么为 0，要么为 1，永远小于 'Z'，所以这个表达式恒成立；选项 C 根本没有判断变量 a。所以答案为 D。

18.2.3 两种类型的转换同时发生

在大多数情况下，两种类型的转换是同时发生的。来看下面的代码。

```
char a, b;
cin >> a;
b = a + 2;
cout << b;
```

这段代码实现了把用户输入的字符向右平移 2 位得到的新字符（假设平移 2 位后还是一个有效的 ASCII 字符）。在 b = a + 2 中，首先发生的是表达式中的隐式类型转换，把字符型转换成整型，然后发生了赋值时的隐式类型转换，又把整型转换成了字符型。

【例题】

执行下面的代码后，b 的值是什么？

```
bool b = true + 3;
cout << b;
```

分析：true 为 bool 型，3 为整型，两者相加，发生表达式中的隐式类型转换，true=1，1+3=4。然后把 4 赋给 b 时，发生赋值时的隐式类型转换，整型转 bool 型，4!=0，转成 bool 型，为真，所以 b = 1。

18.2.4 转换发生的时机

关于表达式中的隐式类型转换，最后一点需要强调的是，**只有即将参与运算的两个数类型不一致时，才发生隐式类型转换，其他暂未参与运算的数不在考虑之列**。比如，下面的表达式：

```
9/2*4.5
```

虽然式子中出现了 4.5，但在计算 9/2 时（ / 和 * 的优先级相同，/ 在前，先计算 /），9 和 2 都是整型，此时不会发生类型转换，9/2=4。只有当计算 4*4.5 时，两个数的类型不一致，才发生类型转换。

【例题】

1. 执行以下代码，输出结果为多少？

```
int a = 10, b = 4;
```

```
double f = a/b;
cout << f << endl;
```

解析：有人可能认为，f 为 double 型，所以 a/b = 2.5。但是不对，f 的值为 2。原因跟上面说的一样，在计算 a/b 时，a 和 b 都是整型，所以这里没有类型转换，整型数相除还是整型，所以 a/b = 2，并且这里的 2 也是整型。只有当把整型值 2 赋给 double 型变量 f 时，才发生赋值时的隐式类型转换，整型 2 转成 double 型，还是 2。

2. 执行以下代码，输出结果为多少？

```
int a = 10, b = 4;
double f = double(a/b);
cout << f << endl;
```

解析：大家可能又以为 f 的值变为 2.5 了，但是 f 的值还是 2。这里强制转换的动作是在 a/b 做完后才发生的。在计算 a/b 时，a 和 b 依然都是整型，依然没有类型转换，算出来的值依然是整型值 2，把整型值 2 强制转换成 double 型，还是 2。

那么，到底怎样 f 才能得到 2.5 呢？必须**在 a/b 发生之前**，把其中一个数（或者两个数）转换成 double 型，可以有很多种方法，这里列出一种：

```
int a = 10, b = 4;
double f = double(a)/b;
cout << f << endl;
```

【课堂练习】

如果 a 和 b 为 int 类型的变量，且值分别为 7 和 2，则下列哪个表达式的计算结果不是 3.5?（　　）

A. double(a)/b　　B. double(a/b)　　C. double(a)/double(b)　　D. a/double(b)

解答：只有选项 B 是在 a/b 之后才转成 double 类型的，且此时是把 a/b 的值（整数 3）转成 double 类型，其他都是在除法发生前转的，所以答案为 B。

课后作业

1. 判断下列说法是否正确。

(1) C++ 表达式 ('1'+'1') 的值为 '2'。

(2) int a = 2.9; 不会发生隐式类型转换，因为 2.9 为 double 类型，a 为整型，不会发生从高精度到低精度的类型转换。

(3) 赋值时的隐式类型转换可能会丢失数据。

(4) 若算式中同时有长整型和单精度型，转换时是把单精度型转成长整型，因为单精度型长度为 4 Byte，长整型长度为 8 Byte，隐式转换时是把长度短的数据转成长度长的数据。

2. 如果 a 和 b 均为 int 类型的变量，下列表达式能正确判断“a 等于 0 且 b 等于 0”的是（　　）。

A. (a == b == 0)　　B. !(a || b)　　C. (a+b== 0)　　D. (a==0)+(b==0)

3. 如果 a、b 和 c 都是 int 类型的变量，下列哪个语句不符合 C++ 语法？(　　)

A. a=(b==c)+1;　　B. c=b=5.5;　　C. (c++)++;　　D. a=1, c=b+c;

4. 如果 a 和 b 为 int 类型的变量，且值分别为 7 和 2，则下列哪个表达式的计算结果是 3.5？(　　)

A. 0.0+a/b　　B. double(a/b)　　C. a/b*1.0　　D. a/(0.0+b)

5. 如果 a 和 b 为 int 类型的变量，且值分别为 10 和 4，则下列哪个表达式的计算结果不是 2.5？(　　)

A. a/(0.0+b)　　B. 1.0*a/b　　C. a/(b*1.0)　　D. double(a/b)

6. 编程题：判断一个整数（正数、负数或 0）是奇数还是偶数，是偶数输出 1，是奇数输出 0。**要求不使用分支语句**，直接使用隐式数据类型转换。输入输出样例如下：

输入：-3　　输出：0

输入：-4　　输出：1

输入：0　　输出：1

输入：5　　输出：0

输入：6　　输出：1

（本题的目的是学习使用隐式数据类型转换，所以才提出不使用分支语句。在实际的 GESP 考试中，一般不会有这样的要求，但也不能完全排除。）

7. 编程题：已知一个长方形的面积和一个边的长度，求另一条边的长度，两个数都是整数，且不超过 10^6。输入输出样例如下：

输入：22 5　　输出：4.4

要求：面积和一边的长度使用 int 类型，分别使用强制类型转换、赋值时的隐式类型转换、表达式中的隐式类型转换 3 种方式解答。

（本题的目的是熟悉各种数据类型转换技巧，实际的 GESP 考试并不会指定使用什么方法。）

第 19 章　分支结构应用

这章我们利用前面学到的知识来实现几个有趣的应用，包括：

- 字母大小写转换。
- 恺撒加密。
- 更加复杂的招生政策的相关判断。

19.1 字母大小写转换

我们知道，英文中每句话的第一个字母是需要大写的，因而很多文字处理软件都具有自动检测和更正功能：如果发现一句话的第一个字母不是大写，将自动把这个字母转换成大写。那么这个小写转大写的功能是怎么实现的呢？

回忆一下我们在学习字符数据类型的时候，提到了 3 个规律：

- 所有阿拉伯数字的 ASCII 码是连续的。
- 所有小写的英文字母的 ASCII 码是连续的。
- 所有大写的英文字母的 ASCII 码是连续的。

于是，对于任何一对英文字母 X 和 x（表示同一个字母的大写和小写），我们有：

X – 'A' = x – 'a'

上述公式的意思是，在 ASCII 字符表中，任何一个大写字母到 'A' 的距离，等于其对应的小写字母到 'a' 的距离。

这个是显而易见的，比如 'F' 到 'A' 的距离为 5，'f ' 到 'a' 的距离也是 5。 再比如 'P' 到 'A' 的距离为 15，'p' 到 'a' 的距离也是 15。

把上述式子变化一下，得到如下的两个公式：

X = x – 'a' + 'A';

x = X – 'A' + 'a';

于是，知道了一个字母的小写（或者大写）字符，就可以计算出它的小写（或者大写）字符。

【例题】

用户输入一个小写字母 x（'a' ≤ x ≤ 'z'），输出它对应的大写字母。输入输出样例如下：

输入：c　　　　　　　　输出：C

输入：y　　　　　　　　输出：Y

代码如下：

```
1 char x, X;
2 cin >> x;
3 X = x -'a' + 'A';
4 cout << X << endl;
5 return 0;
```

注意：第 3 行，一定要先把 x 减去 'a'，再加上 'A'，否则可能会发生越界问题。另外，第 3 行代码发生了两次数据类型转换，大家能说出分别对应于哪一种吗？

19.2 字母循环平移加密

数据加密是计算机系统对信息进行保护的一种可靠的办法，它利用密码技术对信息进行加密，实现信息隐蔽，从而起到保护信息安全的作用。图 19-1 展示了一个加密传输的例子，原文为“明天上午 9 点 30，一起去参观博物馆，好吗？”如果对这段文字直接传输（即不作加密），那么如果被坏人截到了，这个信息就泄露了。但是对这段信息加密后变成了一堆乱码（称为密文），此时就算被坏人截获，坏人看到的也是一堆乱码，不知道它的意思。只有合法的接收者才能把这段密文解密恢复成原文。

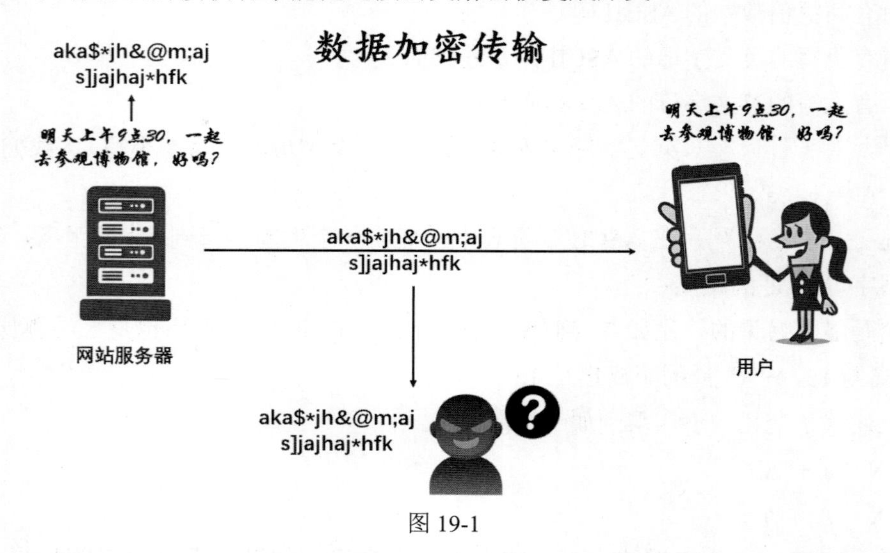

图 19-1

不过，数据加密的概念并不是计算机发明后才有的事物，它是一门历史悠久的艺术，最早可以追溯到古埃及时期。加密的方法也是多种多样，比如在公元前 440 年的古希腊，人们采用一种隐形术来对信息加密。今天我们要介绍的是一种字母循环平移的方法，即在字母表中把字母向后移动 *n* 位，如果到了末尾，就从头开始。这种加密方法是由古罗马的恺撒大帝发明的，所以也称**恺撒密码**。

如图 19-2 所示，把字母向后移动 5 位，则 A 变成了 F，B 变成了 G，C 变成了 H，以此类推，W 变成了 B，X 变成了 C，Y 变成了 D，Z 变成了 E。小写字母也一样。

图 19-2

于是，下面的这句话：

We will launch an attack at four am tomorrow morning.（中文意思为“我们将在明天凌晨 4 点发动攻击”。）

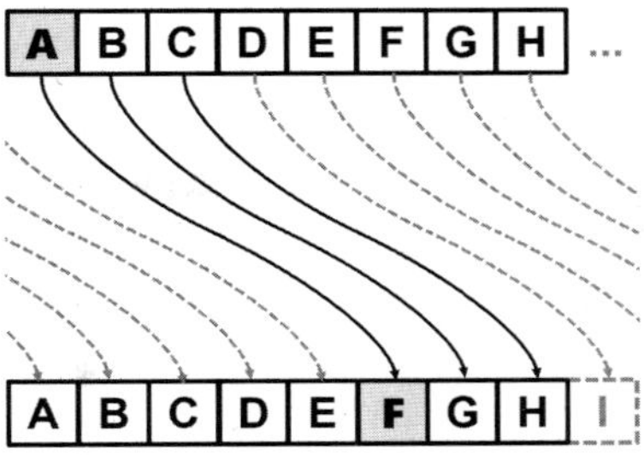

就变成了

Bj bnqq qfzshm fs fyyfhp fy ktzw fr ytrtwwtb rtwsnsl.

第二句看起来就像是一堆乱码。

当然这种加密方法在现在看来是非常简单的，用计算机很快就破解出来了，但在 2000 年前，却是一种行之有效的加密方法。

现在让我们把这种加密技术转化成一道编程题。

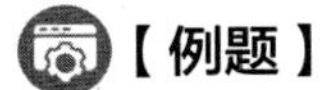【例题】

用户输入一个英文字母以及一个整数 n（$0 \leqslant n \leqslant 1000$），求这个字母向后循环平移 n 位后的字母。输入输出样例如下：

输入：`A 5`　　　　输出：`F`

输入：`s 100`　　　输出：`o`

分析：我们把字母表首尾相连，制作成 2 个圆环，内环表示原来的字母，外环表示移动后的字母。起初，内环和外环的字母位置是一致的（如图 19-3 所示）。当我们把内环沿顺时针方向转动 360 度后，内环回到了原始的位置，内环和外环的字母位置仍然是一致的，跟没有转动一样。所以**平移 26 位等于没有平移**，平移 n 位与平移 n%26 位的效果是一样的。图 19-4 是平移 5 位的情况，平移 31 位、57 位、83 位跟平移 5 位是一样的。

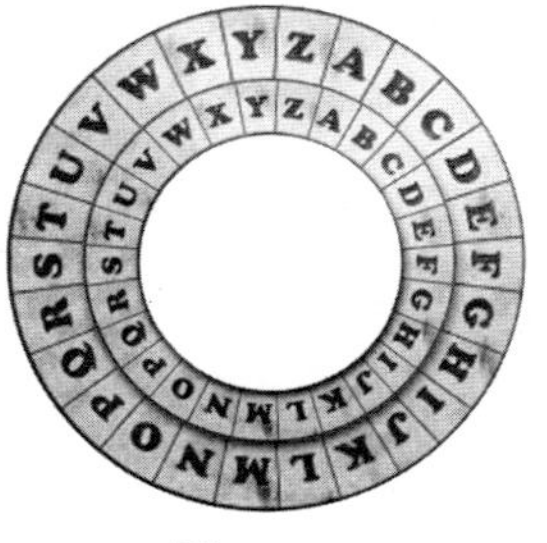

图 19-3

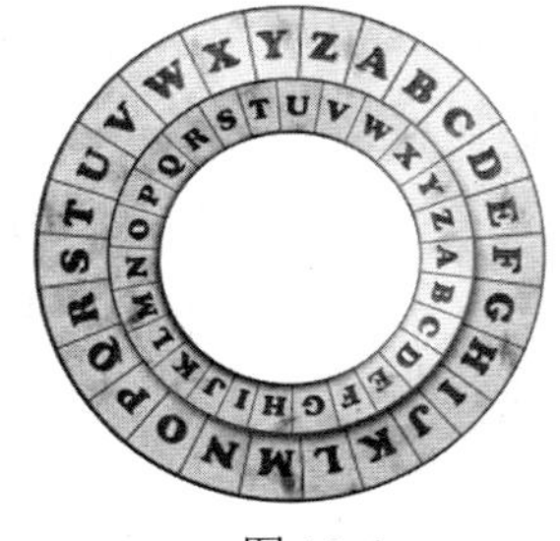

图 19-4

由于 n%26 的取值范围为 [0, 25]，所以我们仅考虑平移 [0, 25] 的情况。

我们以小写字母为例。设原来的字母为 c，转换后的字母为 c'，我们有：

c' = c + n%26;

考虑到 n%26 的取值范围为 [0, 25]，c 加上这个数后，可能会超过 127，所以这里的 c' 使用 int 数据类型。

由于 'a' <= c <= 'z'，0<= n%26 <= 25，所以，'a' <= c + n%26 <= 'z' + 25。

我们分两种情况讨论：

- 如果 'a' <= c + n%26 <= 'z'，那么 c + n%26 就是新的字母。

● 如果 'z' < c + n%26 <= 'z'+25，那么 c + n%26−26 就是新的字母。

对于大写字母，有同样的结论。于是代码如下：

```
1  char old;                   // 原来的字母
2  int c;                      // 转换后的字符，为了防止越界，用 int 型
3  int n;                      // 移动的位数
4
5  cin >> old >> n;
6  // 如果是小写字母
7  if(old >= 'a' && old <= 'z')
8  {
9          c = old + n%26;  // 如果 c 为 char 型，这里可能会越界
10         if(c > 'z')
11                 c -= 26;
12 }
13 // 如果是大写字母
14 else if(old >= 'A' && old <= 'Z')
15 {
16         c = old + n%26;
17         if(c > 'Z')
18                 c -= 26;
19 }
20
21 cout << (char)c << endl;    // 这里需要强制转换一下
22
23 return 0;
```

这种平移的思想不光是加密领域存在，在平时的生活中也是存在的。比如 13.2 节中的题目：今天是礼拜 n（$1 \leqslant n \leqslant 7$，即礼拜天称为礼拜 7），那么 x 天（$0 \leqslant x \leqslant 1000$）后是礼拜几？

13.2 节给出了一个解法，但是比较难理解。本章利用周期性的原理，给出另一种解法。由于星期也是周期性的，“x 天后”就等价于向后循环移动了 x 天。所以很容易就得出代码如下：

```
1 int n, x;
2 cin >> n >> x;
3 n += x%7;
4 if(n > 7)
5       n -= 7;
6 cout << n << endl;
7 return 0;
```

19.3 数字字符转数值

如何把一个阿拉伯数字字符转成其对应的数值？比如，把字符 '2' 转换成数值 2？

我们仍然需要用到“所有的阿拉伯数字字符的 ASCII 码是连续的”这个规律。因为 '0'、'1'、'2'、'3'、'4'、'5'、'6'、'7'、'8'、'9' 的 ASCII 码是连续的，所以任何一个数字字符到 '0' 字符的距离就等于这个字符对应的数值，如图 19-5 所示。

即：

'0' – '0' = 0;

'1' – '0' = 1;

'2' – '0' = 2;

…

'7' – '0' = 7;

'8' – '0' = 8;

'9' – '0' = 9;

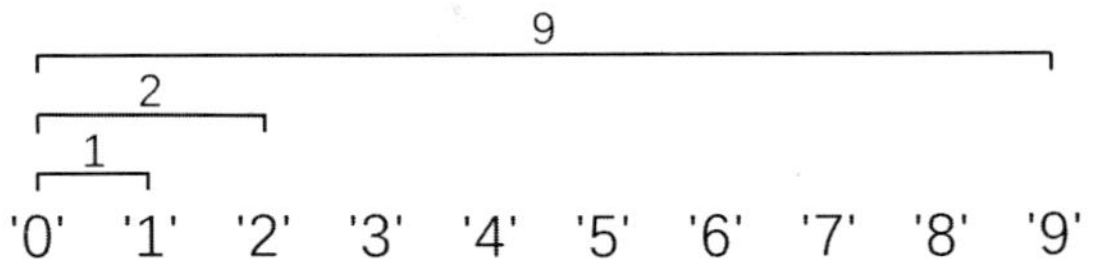

图 19-5

变换一下得到：

0 + '0' = '0'

1 + '0' = '1'

2 + '0' = '2'

…

7 + '0' = '7'

8 + '0' = '8'

9 + '0' = '9'

我们暂时还不需要用这个结论来解决一个实际的问题，到后面学到高精度数的加减乘除时，由于高精度数是用字符串表示的，所以需要先把数字字符转成其对应的数值再进行运算，这时就需要用到这个知识。但是这里仍然可以做一些简单的计算题。

【例题】

请说出下面代码的执行结果：

（1）cout << char ('1' + 5) << endl;

（2）cout << char('8' – 4) << endl;

（3）cout << '6' – '3' << endl;

解答：

（1）字符 '1' 与字符 '0' 的距离为 1，向后移动 5 位后，与 '0' 的距离变成 6，所以对应的字符就是 '6'。也可以这样计算，'1' + 5 = '1' – '0' + 5 + '0' = 1 + 5 + '0' = 6 + '0' = '6'。

（2）字符 '8' 与字符 '0' 的距离为 8，向前移动 4 位后，与 '0' 的距离变成 4，所以对应的字符就是 '4'。大家可以自己试着计算。

（3）'6' – '3' = '6' – '0' – ('3' – '0') = 6 – 3 = 3。

19.4 招生政策 2.0

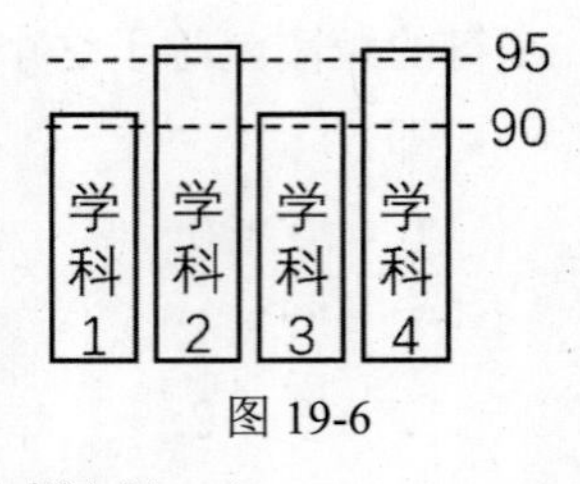

图 19-6

小格所向往的重点初中，其招生政策一直在优化。校董事长认为，英语是很重要的，其成绩应纳入招生条件，同时随着国家对计算机编程的重视，信息课程的成绩也应该纳入。所以继上次推出组合招生政策后，又改为：语文、数学、英语、信息 4 门功能都不能低于 90 分，其中至少 2 门不低于 95 分（如图 19-6 所示）。现在请你判断小格的分数能不能进入这个重点初中。输入输出样例如下：

输入：95 94 93 90　　输出：0　　// 只有 1 门不低于 95 分

输入：95 96 96 89　　输出：0　　// 有一门低于 90 分

输入：90 95 92 95　　输出：1　　// 都不低于 90 分，且有 2 门不低于 95 分

输入：96 95 91 97　　输出：1　　// 都不低于 90 分，且有 3 门不低于 95 分

输入：96 95 95 97　　输出：1　　// 4 门都不低于 95 分

分析：条件看起来变简单了，但判断起来反而更复杂了。4 门功课都不低于 90 分的判断比较简单，但是“至少两门不低于 95 分”的情况太多了。正好 2 门不低于 95 分的就有 6 种情况，分别为（语文、数学）、（语文、英语）、（语文、信息）、（数学、英语）、（数学、信息）、（英语、信息），再加上 3 门不低于 95 分和 4 门都不低于 95 分的情况，就更多了，用代码表达也就需要用很多个分支。

有没有一种比较简单的方法呢？我们把不低于 95 分的学科的门数相加，看得到的数是不是大于或等于 2。代码如下：

```
1  int a, b, c, d;
2  cin >> a >> b >> c >> d;
3
4  bool all_good = a >= 90 && b >= 90 && c >= 90 && d >= 90;
                                           // 所有课程都不低于 90 分
5  bool a_super_good = a >= 95;
6  bool b_super_good = b >= 95;
7  bool c_super_good = c >= 95;
8  bool d_super_good = d >= 95;
9  bool two_super_good = a_super_good + b_super_good + c_super_good
   + d_super_good >= 2;            // 至少有两门不低于 95 分
10
11 if(all_good && two_super_good)
12     cout << 1 << endl;
13 else
14     cout << 0 << endl;
15
16 return 0;
```

其中，第 9 行利用了 bool 型转整型的特性，直接把 4 个 bool 值相加，如果结果大于或等于 2，就表明至少有 2 门不低于 95 分，至于哪两门不低于 95 分，不用管。

当然，如果用 int 类型的变量来计数，用 if 判断，发现一个就加 1，这样的方式也可以。代码如下：

```
1   int super_good_count = 0;
2   if(a >= 95) super_good_count++;
3   if(b >= 95) super_good_count++;
4   if(c >= 95) super_good_count++;
5   if(d >= 95) super_good_count++;
6
7   if(super_good_count >= 2 && all_good)
8       cout << 1 << endl;
9   else
10      cout << 0 << endl;
```

上述这两种解法的好处是：

（1）总学科数可以拓展，比如再包括物理、化学、生物等。

（2）不低于 95 分 的门数也可以拓展到 3 门、4 门或更多。

如果不使用这种方式，而采用列举各种可能的组合的方式，那么代码会变得相当复杂。

这种解法也有很多其他应用。比如，很多网站对密码往往有下列要求：

（1）含有大写字母。

（2）含有小写字母。

（3）含有数字。

（4）含有特殊字符。

4 个条件至少满足 3 个条件。

使用上述方法，对密码合法性的判断会变得非常简单。

课后作业

1. 编程题：用户输入一个字母 x（大写或者小写）；如果是小写，就转换成大写，如果是大写，就转换成小写。输入输出样例如下：

   输入：c　　　　输出：C

   输入：Y　　　　输出：y

2. 采用本章学习的方法，重新编写第 13 章的课后作业第 5 题。

3. 编程题：如果一个整数满足下面条件中的任意 2 个，就说这个数是一个 k 神奇数：

   （1）它是一个正整数。

   （2）它能被整数 k 整除。

   （3）它的个位数是 k。

   输入一个整数 n（$-10\,000 \leqslant n \leqslant 10\,000$），判断它是否为 3 神奇数。输入输出样例如下：

   输入：12　　　　输出：1

   输入：5　　　　输出：0

输入：23　　　　　输出：1

输入：-33　　　　输出：1

输入：-23　　　　输出：0

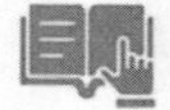

延伸阅读：为什么需要数字字符

对很多初学者而言，往往分不清数字字符和整型的数字，比如 '2' 和 2 到底有啥区别？有了作为数值的数字，为什么需要数字字符？

要回答这个问题，让我们先看看生活中的例子。在我们的生活中，是不是所有的数字都表示数值呢？诚然，在很多情况下，数字都是表示数值的，比如，物品的重量、人的身高、考试成绩等，这些数字可以用来进行加减乘除运算，可以用来比较大小，这些都是数值的特性。但是，数字不表示数值的情况也有很多，典型的比如手机号码、银行卡号码（如图 19-7 所示）等，这些号码虽然都由数字组成，但不是当成数值使用的，因为我们不会对这些号码进行加减乘除运算，也不会去比较它们的大小，它们就只是符号而已，跟其他字符的作用是一样的。

图 19-7

即便是表示重量、身高、成绩等的数值，当我们记录它们时，仍然需要转换成字符。当我们在一张纸上写下“2+3=5”时，这里的“2”“3”“5”其实都是字符，只有在我们的大脑中进行计算的时候，它们才具有数值的特性。图 19-8 展示了一个加法的竖式图，这个图中所有的数字都是字符。

```
        2358569
+   63781097836
---------------
    63783456405
```

图 19-8

计算机中也一样，只有在程序中进行**计算**的时候，那些数字才具有数值的特性，当显示在屏幕上、打印在纸上、在网络上传输时，都必须转换成字符。比如，在这篇“延伸阅读”里，你看到的这些数字，其实都是字符。

第 20 章　switch 分支语句

前几章我们深入学习了 if-else 分支语句，它就像下面的岔路（图 20-1）：

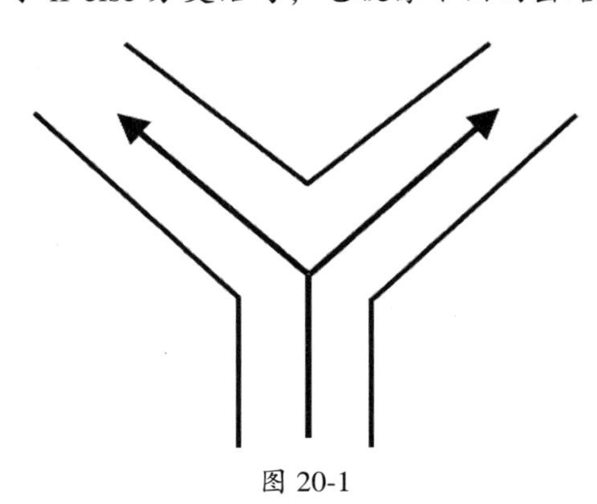

图 20-1

在现实生活中，还有一种这样的路况，如图 20-2 所示，它有好几条岔路：

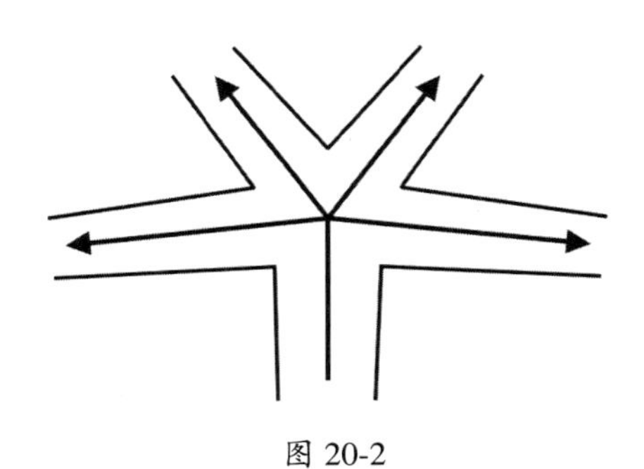

图 20-2

这种情形可以使用 if-else if-else 多分支，也可以使用本章要学习的另外一种分支语句，即 switch 语句。本章内容包括：

- switch 分支语句的一般写法。
- 省略 break 的用法。
- switch 的应用场景。

我们来看一个题目。已知星期和字母的关系如下：

1 - M，2 - T，3 - W，4 - H，5 - F，6 - S，7 - U。输入星期几，输出对应的字母。输入输出样例如下：

输入：2　　　　　　输出：T

输入：7　　　　　　输出：U

如果使用 if-else if-else 多分支，代码如下：

```
1  int n;
2  char c;
3  cin >> n;
4  if(n==1)            c = 'M';
5  else if(n==2)       c = 'T';
6  else if(n==3)       c = 'W';
7  else if(n==4)       c = 'H';
8  else if(n==5)       c = 'F';
9  else if(n==6)       c = 'S';
10 else   c = 'U';
11 cout << c << endl;
12 return 0;
```

但是我们也可以换一种写法，即使用 switch 分支语句。

20.1 switch 的一般写法

switch 是一种特殊的多分支语句，语法如下：

```
switch(表达式)
{
   case 值 1:
        代码 1;
        break;
   case 值 2;
        代码 2;
        break;
   ...
   default:
        代码 d;
        break;
}
```

其中**表达式的值必须是整数**，包括整型、长整型，以及可以自动转换成整型的字符型和布尔型。**浮点数是不可以的**。

值 1、值 2 的顺序是无关的。

它等价于：

```
值 = 表达式;
if(值 == 值 1)
    代码 1;
else if(值 == 值 2)
    代码 2;
...
```

```
else
    代码 d;
```

这里的“代码 1”“代码 2”“代码 d”，可以是单行语句，也可以是多行语句。如果是多行语句，**不需要**用花括号括起来。

本章开头的星期对应字母的题目，改用 switch，代码如下：

```
1  int n;
2  char c;
3  cin >> n;
4  switch(n)
5  {
6       case 1:  c = 'M'; break;
7       case 2:  c = 'T'; break;
8       case 3:  c = 'W'; break;
9       case 4:  c = 'H'; break;
10      case 5:  c = 'F'; break;
11      case 6:  c = 'S'; break;
12      default: c = 'U'; break;
13 }
14 cout << c << endl;
15 return 0;
```

上面的代码采用了一种比较紧凑的写法，即把 case、代码、break 放在一行里了。这样的写法，代码总长度跟使用 if-else 的代码差不多。如果把每个 case 语句都分成 3 行的话，那么总长度要长很多。看起来似乎 switch 的写法并没有什么优势。但是代码长并不总是意味着不好，我们在 19.2 节中已经看到了，有时候代码长一点，反而更容易理解。有些短的代码需要很高的技巧，可读性反而差一些，这种情况下，长的代码反而更好。

从上面的例子可以看出，switch 针对的是离散值的情形，即都是**等于**某个值的情形。如果数值是在很多个范围内，是否也可以用 switch 呢？我们来看下面的题目。

【例题】

已知小格的考试成绩，输出对应的等级，成绩 s 和等级 l 之间的关系为：

- $90 \leqslant s \leqslant 100$，l ='A'。
- $80 \leqslant s < 90$，l ='B'。
- $70 \leqslant s < 80$，l ='C'。
- $60 \leqslant s < 70$，l ='D'。
- $s < 60$，l ='E'。

输入输出样例如下：

输入：90.5　　　　输出：A

分析：成绩 s 的范围为 [0,100]，且不一定是整数，如果包含 0.5 分的情形，就有 201 种可能，所以直接对成绩 s 用 switch 并不现实（而且 switch 也不能用于浮点数）。但是我们可以把成绩除以 10，取整数部分，那么就只有 0 ～ 10，共 11 种可能了。代码如下：

```
1  double s;
2  char l;
3  cin >> s;
4  s = s/10;
5  switch((int)s)// 注意 double 型并不能自动转成整型，需使用强制类型转换
6  {
7      case 10: l = 'A'; break;
8      case 9:  l = 'A'; break;
9      case 8:  l = 'B'; break;
10     case 7:  l = 'C'; break;
11     case 6:  l = 'D'; break;
12     default: l = 'E'; break;
13 }
14 cout << l << endl;
15 return 0;
```

注意这里在 case 10 和 case 9 的情况下，l 都设成了 'A'，这当然是可以的。不过，在 C++ 中，针对这种情形，switch 还有一种更简单的写法，即省略 break 的写法。

20.2 省略 break

在 switch 的一般写法中，我们在每一个 case 语句中都写了一个 break。但是，这个并不是必须的。**如果在某个 case 语句中没有写 break，则程序会继续往下执行，一直到下一个 break**。比如下面的“代码”（这里不是真正的代码，所以加上引号）：

```
switch(表达式)
{
    case 值1:
        代码1;
    case 值2:
        代码2;
    case 值3:
        代码3;
        break;
    ...
    default:
        代码 d;
        break;
}
```

当表达式的值等于值 1 时，代码 1、代码 2、代码 3 都会执行；当表达式的值等于值 2 时，代码 2、代码 3 都会执行；当表达式的值等于值 3 时，只有代码 3 都会执行。此时，值 1 和值 2 的顺序就有关系了，如果颠倒，结果将可能不同。

上述这个逻辑，看起来有点违背常理。如果表达式的值等于值 1（此时肯定不等于值

2 和值 3），那为什么还要执行代码 2 和代码 3 呢？但恰恰有的时候，这种逻辑有很好的应用。

我们先看 20.1 节中的按成绩划分等级的题目，省略第一个 break 后，代码如下（仅列出 switch 部分）：

```
5   switch((int)s)
6   {
7       case 10:
8       case 9:  l = 'A'; break;
9       case 8:  l = 'B'; break;
10      case 7:  l = 'C'; break;
11      case 6:  l = 'D'; break;
12      default: l = 'E'; break;
13  }
```

我们把 case 10 后面的语句全部去掉了，意味着 case 10 和 case 9 执行同样的代码。这的确是符合题意的。

【真题解析】

下面的 C++ 代码对大写字母 'A' 到 'Z' 分组，对每个字母输出所属的组号，那么输入 'C' 时将输出的组号是（　　）。

```
1       char c;
2       cin >> c;
3       switch(c){
4           case 'A': cout << "1 "; break;
5           case 'B': cout << "3 ";
6           case 'C': cout << "3 ";
7           case 'D': cout << "5 "; break;
8           case 'E': cout << "5 "; break;
9           default: cout << "9 ";
10      }
11      cout << endl;
```

A. 3　　B. 3 5　　C. 3 5 9　　D. 以上都不对

解析：第 6 行是处理 'C' 字符的，但是后面没有 break，会继续下面语句的执行，直到下一个 break。下一个 break 是第 7 行。这两行的代码都要执行，所以输出“3 5 ”，答案为 B。

20.3 switch 应用

上一节的例子，你也许会觉得只是碰巧而已，那么下面的这个题目，就是一个省略

break 的绝佳的例子。

20.3.1 求每月天数

【例题】

输入两个数，第一个数 y（$0 < y \leqslant 1000$）代表年，第二个数 m（$1 \leqslant m \leqslant 12$）代表月，求这个月的天数，输入输出样例如下：

输入：2024 2　　　输出：29

输入：2023 4　　　输出：30

输入：2023 7　　　输出：31

输入：2023 2　　　输出：28

分析：

首先，2 月份的天数会因为是否闰年而不同，闰年为 29 天，平年为 28 天，这个需要特殊处理，需要单独一个 case。

一年中的大月（31 天）的月份为：1、3、5、7、8、10、12，这些月份的处理应该是一样的，可以省略掉 break，用一份代码。

一年中的小月（30 天）的月份为：4、6、9、11，这些月份的处理也应该是一样的，中间可以省略掉 break，用一份代码。

其次，我们需要把所有的情况全部放在 case 里吗？不需要，因为 default 可以处理剩余的情况。那么 case 里边是列出所有的大月，把所有的小月放在 default 里，还是列出所有的小月，把所有的大月放在 default 里呢？当然是选择后者，因为大月有 7 个，小月只有 4 个。

代码如下：

```
1  int y, m, d;
2  bool leap = false;
3  cin >> y >> m;
4  leap = (y%400 == 0) || ((y%4 == 0) && (y%100 != 0));
5  switch(m)
6  {
7      case 2: d = 28+leap; break;
8      case 4:
9      case 6:
10     case 9:
11     case 11: d = 30; break;
12     default: d = 31; break;
13 }
14 cout << d << endl;
15 return 0;
```

本题中也用到了把一个布尔值直接转成整型值的技巧。

20.3.2 求奖金数目

【例题】

小格的学校为NOI（全国青少年信息学奥林匹克竞赛）竞赛获奖的同学给予额外的现金奖励：

- 获得5等奖的同学可获得50元的奖励。
- 获得4等奖的，比5等奖多60元。
- 获得3等奖的，比4等奖多70元。
- 获得2等奖的，比3等奖多80元。
- 获得1等奖的，比2等奖多90元。
- 获得特等奖的，比1等奖多100元。

已知小格获得了 *n* 等奖（特等奖用T表示），计算他得到的现金奖励。输入输出样例如下：

输入：5　　　　　　输出：50

输入：T　　　　　　输出：450

分析：获奖的等级越高（数字越小），获得的奖励越多，并且都是在前一个等级的基础上再加上一个数字，这正好可以利用省略break的特性。

另外，因为等级里边有个T，是个字母，所以等级选用字符型。代码如下：

```
1  char l;
2  int m = 0;
3  cin >> l;
4  switch(l)
5  {
6      case 'T': m += 100;
7      case '1': m += 90;
8      case '2': m += 80;
9      case '3': m += 70;
10     case '4': m += 60;
11     case '5': m += 50;
12 }
13 cout << m << endl;
14 return 0;
```

每个case语句都没有break，这样当输入T时，程序会从第6行开始执行，一直到第11行，这样就实现了累加的效果。

课后作业

编程题：已知小格的考试成绩，输出对应的等级，成绩 s 和等级 l 之间的关系为：

$95 \leqslant s \leqslant 100$，$l$="A+"

$90 \leqslant s < 95$，l="A"

$85 \leqslant s < 90$，l="B+"

$80 \leqslant s < 85$，l="B"

$75 \leqslant s < 80$，l="C+"

$70 \leqslant s < 75$，l="C"

$65 \leqslant s < 70$，l="D+"

$60 \leqslant s < 65$，l="D"

$s < 60$，l="E"

输入输出样例如下：

输入：90.5　　输出：A

输入：85　　输出：B+

输入：73　　输出：C

输入：62　　输出：D

输入：59　　输出：E

提示：题目中的“A+”包含两个字符，所以不能用 char 型变量，需用 string 型变量，用英文的双引号把字符括起来。string 型变量定义和赋值方法如下：

```
string str;
str = "A+";
```

分支语句总结

知识点总结

1. 基本概念

（1）复合语句：用花括号括起来的多行语句。

（2）语句块：单个语句或者复合语句。

（3）关系运算符：用于比较两个值之间关系的运算符。

（4）关系表达式：用关系运算符连接起来的表达式。

（5）逻辑值：即布尔类型的值，表示条件的真或者假，也叫逻辑量。

（6）逻辑运算符：用于表示两个逻辑值之间的逻辑关系的运算符。

（7）逻辑表达式：用逻辑运算符把关系表达式或者逻辑值连接起来的式子。

（8）分支语句：某个条件成立时才执行的语句。

（9）单分支：只有 if 子句的分支。

（10）双分支：有 if 子句和 else 子句的分支。

（11）多分支：含有多个 if-else 的分支语句。

（12）顺序结构：是编程语言中的一种基本结构，指的是程序按照代码中语句的书写顺序，从上到下依次执行每一条语句的结构。

（13）分支结构：是编程语言中的另外一种结构，是指根据条件的不同采取不同的操作或执行不同的代码块的结构。它允许根据条件的真假来决定程序的执行路径，是实现选择和决策的关键部分。

（14）问号表达式：用问号运算符（?:）连接起来的表达式。

（15）强制类型转换：把一种数据类型的值强制转换成另一种数据类型，也称为显式类型转换。

（16）隐式类型转换：编译器在没有开发者明确指示的情况下，会自动将一种数据类型转换为另一种数据类型，这样的转换称为隐式类型转换。

2. if-else 分支语句

（1）语法：

```
if(条件判断)
```

```
    语句块 1;
else
    语句块 2;
```

其中条件判断为一个逻辑表达式，成立就执行语句块 1，否则就执行语句块 2。

（2）如果分支有多行语句，则必须使用复合语句。

（3）if 语句可以没有 else 子句。

（4）多个 if-else 构成多分支。

（5）双分支和多分支中的语句块是互相排斥的，只有一个分支中的语句块被执行。

3. switch 分支语句

（1）语法：

```
switch(表达式)
{
    case 值 1:
        代码 1;
        break;
    case 值 2:
        代码 2;
        break;
    ...
    default:
        代码 d;
        break;
}
```

其中表达式的值必须是整数，包括整型、长整型，以及可以自动转换成整型的字符型和布尔型。浮点数是不可以的。代码可以是单行语句，也可以是多行语句，多行语句不需要用花括号括起来。

（2）break 可以省略，如果在某个 case 语句中没有写 break，则程序会继续往下执行，一直到下一个 break。

4. 问号表达式

语法：

```
判断表达式 ? 表达式 1 : 表达式 2
```

其中，判断表达式为一个逻辑表达式，成立就执行表达式 1，否则就执行表达式 2。

5. 关系运算符

（1）6 种关系运算符分别为：>、>=、<、<=、==、!=。

（2）关系运算符的优先级低于算术运算符，高于赋值运算符。

6. 逻辑运算符

（1）与（&&）：双目运算符，两个条件必须同时成立才为真，否则就是假。

（2）或（||）：双目运算符，两个条件只要有一个成立就为真，两个都不成立才是假。

（3）非（！）：单目运算符，表示条件的反面。如果表达式的值为真，那么“!(表达式)”值为假，反之亦成立。

（4）绝大多数情况下，“非”都可以用其他的方式替代。

（5）优先级：! 为单目运算符，所以 ! 的优先级最高，其次是 &&，然后是 ||。不但如此，! 运算符比关系运算符和算术运算符的优先级还要高，仅次于括号。

（6）&& 和 || 具有短路特性。对于 &&，如果第一个表达式的值为假，那么就不再计算第二个表达式；对于 ||，如果第一个表达式的值为真，那么就不再计算第二个表达式。

7. 数据类型转换

（1）有强制类型转换和隐式类型转换两种。

（2）强制类型转换有 3 种写法：

```
( 数据类型 ) a
数据类型 (a)
( 数据类型 ) (a)
```

其中，在第一种写法中，a 只能是单个变量或者常量、常数；在第二种和第三种写法中，a 可以是任意的表达式。

（3）强制类型转换与精度无关，可以在任意两个不同类型之间转换。

（4）强制类型转换仅仅转换表达式的值，如果表达式是单个变量，变量的数据类型并不会改变。

（5）强制类型转换可能会丢失数据。

（6）赋值时的隐式类型转换：在赋值语句执行时，当右边表达式的结果的类型跟左边变量的类型不一致时发生的隐式类型转换。赋值时的隐式类型转换跟强制类型转换类似，可能会丢失数据。

（7）表达式中的隐式类型转换：当不同类型的数据进行运算时，精度低的数据类型向精度高的数据类型自动转换，结果是精度高的数据类型。这种转换不会丢失数据。

（8）只有即将参与运算的两个数类型不一致时，才发生表达式中的隐式类型转换，其他暂未参与运算的数不在考虑之列（参见第 18 章的例子）。

（9）两种隐式类型转换经常同时发生。

8. 布尔数据类型

（1）布尔变量的值输出为 1 和 0，不是 true 和 false，true 和 false 只是两个代号。

（2）任何表达式都可以转成布尔值，非 0 即为真，0 即为假。因而，if 后面的条件判断可以是任意的表达式，任意的表达式可直接进行逻辑运算。

9. 字符型

（1）对于任何一个小写字母 x 和 其对应的大写字母 X，我们有：

```
X - x = 'A' - 'a'
```

变换可得：

```
X = x + 'A' - 'a'
x = X + 'a' - 'A'
```

所以，对于任何一个小写字母，可以转换成其对应的大写字母，反之亦然。

（2）对于任何一个数字字符 X，X – '0' 等于 X 代表的数字，例如 '5' – '0' = 5。

【例题】

1. 编程题：铁路局托运行李规定，不超过 50 公斤的，托运费按每公斤 0.15 元计算，超过 50 公斤的，则超过部分每公斤加收 0.1 元，写一段代码完成自动计费工作。输入输出样例如下：

输入：20　　　　　输出：3

输入：70　　　　　输出：12.5

分析：设重量为 w，费用为 c，那么，

（1）如果 w <= 50，则 c = w*0.15。

（2）如果 w > 50，前面 50 的部分仍然是每公斤 0.15 元，超过部分每公斤为 0.25 元，所以 c = 50*0.15 + (w−50)*0.25。

另外，由于题目中出现了小数，所以使用 double 类型。

综上，代码为：

```
1 double w, c;
2 cin >> w;
3 if(w <= 50)
4     c = w*0.15;
5 else
6     c = 50*0.15 + (w-50)*0.25;
7 cout << c << endl;
8 return 0;
```

2. 编程题：一辆国际列车在 *h* 点 *m* 分进入某车站，停留了 *n* 分钟后（停留时间不超过 1 天，停留后可能到了第 2 天）离站，求离站时是几点几分。输入输出样例如下：

输入：20 30 35　　输出：21 5

输入：23 50 30　　输出：0 20 // 第二天的凌晨 0 点 20 分

分析：先把 h 点 m 分转成分钟，得到 h*60+m，停留了 n 分钟后，便是 h*60+m+n。题中说了可能会到第二天，**但不会到第三天**，所以如果 h*60+m+n 超过了 1440，需减去 1440，然后把剩余的值分解成小时和分钟。代码如下：

```
1 int h, m, n;
2 cin >> h >> m >> n;
3 h = h*60+m+n;
4 if(h >= 1440)
5     h -= 1440;
6 cout << h/60 << ' ' << h%60 << endl;
```

```
7 return 0;
```

课后作业

1. 编程题：小格刚刚学习了小时、分和秒的换算关系，他想知道一个给定的时刻是这一天的第几秒，你能编写一个程序帮帮他吗？输入三个数字和一个字母：8 45 29 A，表示上午的 8 点 45 分 29 秒，如果字母是 P，则表示下午。小时部分不会超过 11。输入输出样例如下：

   输入：0 0 0 A　　　　输出：0

   输入：11 59 59 P　　输出：86399

2. 编程题：小格学习累了想休息一会儿，他记录下来休息开始的时刻（时，分，秒），其中小时采用 24 小时制，他还记录了休息的时间（单位为秒），请你计算休息完后是什么时刻（时，分，秒）。休息后可能是第二天。输入输出样例如下：

   输入：9 20 30 60　　输出：9 21 30

   输入：23 59 50 30　输出：0 0 20

   第二个样例解释：半夜 23 点 59 分 50 秒，休息 30 秒后，到了第二天凌晨 0 点 0 分 20 秒。

3. 编程题：列车进站后停留一段时间再出发。输入为 4 个整数，如 9 50 10 5，表示 9 点 50 到站，10 点 05 离站（小时采用 24 小时制），输出为 1 个整数，表示停留时间，如 15，表示停留了 15 分钟。注意：可能会跨夜，但停留时间不会大于或等于 1 天。输入输出样例如下：

   输入：9 50 10 5　　输出：15

   输入：16 50 16 50　输出：0

   输入：23 55 0 5　　输出：10

   输入：23 55 23 50　输出：1435

   第二个样例解释：出发和到达时间相同，表示没有停。

   第三个样例解释：列车半夜 23 点 55 分进站，然后凌晨 0 点 5 分离开，停留了 10 分钟。

4. 编程题：一架飞机在进入机场后，停留数小时，然后再起飞。已知进入机场的时间为 2 个整数，如 9 30，即 9 点 30 分进入机场（小时采用 24 小时制），停留的时间也是 2 个整数，如 2 45，表示停留了 2 小时 45 分钟，求飞机离开机场的时间，可能跨夜。输入输出样例如下：

   输入：9 30 2 45　　输出：12 15

   输入：23 30 2 15　输出：1 45

   第二个样例解释：半夜 23 点 30 分到达机场，停留 2 小时 15 分钟起飞，离开时间为第二天凌晨 1 点 45 分。

第四部分　循环语句

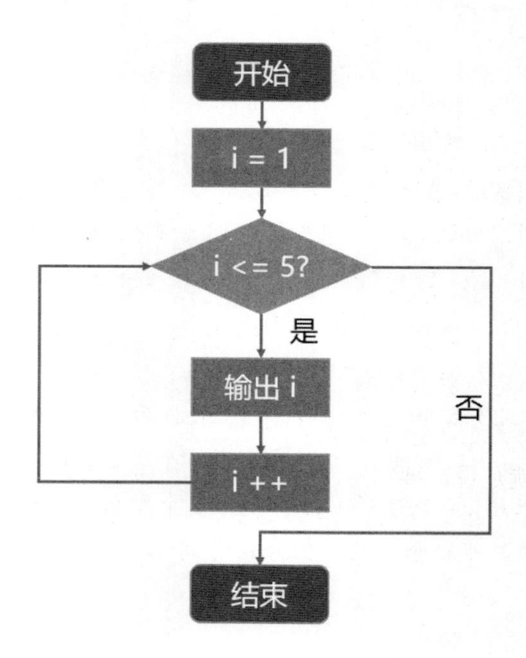

在大自然中，有一种现象称为“循环”，太阳早上从东方升起，傍晚从西边落下，每天都是如此，这是一种循环；一年四季，春去秋来，花开花谢，这也是一种循环。循环，就是同样的事情，反复发生。在现实生活中，我们经常需要把某一件事情重复执行多次，比如，小朋友们每天都要去上课，每个学期要考试好几次，老师阅卷时，要一份卷一份卷地批改。当我们把这样的事情用程序来执行时，程序中相应地也就有这样的循环结构，执行循环结构的语句就是循环语句。这一部分，也是本书的最后一部分，带领大家一起来学习 C++ 中的循环语句。

第 21 章 for 循环语句

我们已经学了顺序结构和分支结构，从本章开始我们学习循环结构。本章将学习：

- 什么叫循环。
- for 循环语句的语法。
- 循环变量的作用范围。
- for 循环的简单应用。

我们先来看一道题目：输入两个正整数 m、n（$0 \leqslant m \leqslant n \leqslant 1000$），打印出它们之间（含）的所有的偶数。在一行里显示，数字之间用空格隔开。

分析：所谓偶数，就是能整除 2 的数，只需用 a%2 == 0 就可以了。但是这里要判断 m 和 n 之间的偶数，也就是说，要对 $m, m+1, m+2, \cdots, n$ 分别判断是不是偶数。而 m 和 n 的值预先是不知道的，用以前学过的方法是无法求解的。我们需要引进新的概念。

21.1 循环

如果我们要把一个操作执行很多遍，就需要用到循环。在上面的题目中，判断单个数 a 是否为偶数的代码如下：

```
if(a%2 == 0)
    cout << a;
```

现在，我们要把这份代码执行 $n-m+1$ 次（从 m 到 n），这就是一个典型的循环。

C++ 中的循环有 3 种，分别为 for 循环、while 循环和 do-while 循环。本章我们先学习 for 循环。

21.2 for 循环语句的语法规则

for 循环语句的语法为：

```
for(表达式 1; 表达式 2; 表达式 3)
    语句块;
```

其中，包含 for 的那一行称为**循环头**，语句块称为**循环体**。这里的“语句块”，既可以是单行语句，也可以是复合语句（用花括号括起来的多行语句）。

注意：如果循环体里要执行的语句超过一句，则必须使用复合语句。

for 语句的执行顺序如下：

（1）表达式 1 仅执行 1 次，用于对条件进行初始化，条件中的变量称为**循环变量**。

（2）表达式 2 判断是否要继续循环，为真就执行第（3）步，为假就退出循环。表达式 2 通常为一个关系表达式，返回一个 bool 类型的值。但是我们讲过，任何一个表达式都可以转成 bool 类型，只要非 0 就是真，为 0 就是假。所以理论上讲，表达式 2 可以是任意的表达式。

（3）执行语句块。

（4）表达式 3 执行，每循环一次，执行一次，一般是改变循环的条件。

（5）继续执行第（2）步。

下面我们来看一个例子：

```
for (int i=1; i<=5; i++)
    cout << i << ' ';
```

这里的循环变量为 i，初始值为 1；条件为小于或等于 5，即如果 i 小于或等于 5，就执行语句块，否则就退出循环；语句块为显示 i 的值；执行语句块后，i 的值加 1。然后继续判断。

我们模拟计算机运行一下上面的代码。

开始 i=1；

判断 1<=5，成立，打印 1；

执行 i++，i=2；

判断 2<=5，成立，打印 2；

执行 i++，i=3；

判断 3<=5，成立，打印 3；

执行 i++，i=4；

判断 4<=5，成立，打印 4；

执行 i++，i=5；

判断 5<=5，成立，打印 5；

执行 i++，i=6；

判断 6<=5，不成立，退出循环。

上述的执行过程，可以用一句话概括，就是从 1 到 5 显示所有的数。这里的“从 1 到 5”就是循环头里的代码，这里的“显示所有的数”就是循环体里的代码。

【例题】

输入两个正整数 m、n，$0 \leqslant m \leqslant n \leqslant 1000$，打印出这两个数之间的所有的整数（含这两个整数），用空格隔开。输入输出样例如下：

输入：3 5　　　　　输出：3 4 5

输入：10 15　　　　输出：10 11 12 13 14 15

分析：这个题目用一句话概括为，从 *m* 到 *n* 显示所有的数。把这句话跟“从 1 到 5 显示所有的数”比较一下，就会发现，只要把代码中的 1 换成 *m*，把 5 换成 *n* 就可以了。所以，代码如下：

```
1 int m, n;
2 cin >> m >> n;
3 for(int i = m; i <= n; i++)
4     cout << i << ' ';
5 cout << endl;
6 return 0;
```

现在，我们回到本章开始的题目，仍然可以用一句话概括：从 *m* 到 *n*，显示其中的偶数。把这句话和“从 *m* 到 *n* 显示所有的数”比较一下，就会发现，后者是显示所有的数，前者是显示偶数，所以循环头不变，只要把循环体变一下就可以了。代码如下：

```
1 int m, n;
2 cin >> m >> n;
3 for(int i = m; i <= n; i++)
4 {
5     if(i%2 == 0)
6         cout << i << ' ';
7 }
8 cout << endl;
9 return 0;
```

21.3 循环变量的作用范围

在循环头中定义的变量，只能在循环体中使用，循环外面是不能使用这些变量（可能不止一个）的。如果使用了，编译时会报错。我们来看这段代码：

```
for(int i = 1; i <= 5; i++)
    cout << i << ' ';
cout << i;
```

这段代码本意是想看看循环退出后，循环变量的值变成了多少，但编译就通不过。

如果在 for 前面也定义了一个 i，则编译能通过，但必须知道，这两个 i 的含义是不一样的，for 循环后面的 i 不是循环变量 i，它的值也就不是循环变量 i 的值。看下面的代码：

```
int i = 10;
for(int i = 1; i <= 5; i++)
    cout << i << ' ';
cout << i;
```

最后一个输出语句显示的结果是 10，不是 6(循环结束时，循环变量 i 的值变成了 6)，因为这两个 i 是不一样的。

那么，如果的确想要在循环结束后访问 i 的值，应该怎么办呢？这个将在 23.2 节中讲解。

21.4 for 循环应用：求个数

【例题】

如果一个整数的个位数为 k 或者这个数能被 k 整除，就说这个数是我的 k 幸运数。用户输入两个正整数 m 和 n（ $0 \leqslant m \leqslant n \leqslant 1000$），请计算 m 和 n 之间（含 m 和 n）的所有的 3 幸运数的个数。

分析：k 幸运数的概念之前已经学过了，判断一个数 a 是否为 k 幸运数，只需用“a%10 == k || a%k == 0”就可以了。但是这里并不是显示 k 幸运数，而是求 m 和 n 之间 k 幸运数的个数。我们只要定义一个变量 count 用于统计个数，开始设为 0，然后每遇到一个满足条件的数，就加 1。

代码如下：

```
1 int m, n, count = 0;
2 cin>> m >> n;
3 for(int i = m; i <= n; i++)
4 {
5     if(i%10 == 3 || i%3 == 0)
6         count = count + 1;
7 }
8 cout << count << endl;
9 return 0;
```

第 6 行 count = count + 1 是这段代码的核心，开始把 count 设成 0，然后每次加 1，就能实现统计个数的目的。也可以换成 count++，或者 ++ count。

【真题解析】

1. 下面代码的第 2 行，总共被执行的次数是（　　）。

```
1 for(int i=-10; i<10; i++)
2     cout << i << " ";
```

A. 10　　B. 19　　C. 20　　D. 21

解析：循环变量是从 −10 到 9（注意条件是 i<10, i 为整型，所以只到 9），9−(−10)+1=20，所以循环了 20 次。答案为 C。

如果一个循环是从 a 到 b，两端均包含的话，那么循环次数是 $b-a+1$ 次。请把这个规律刻在脑海里。

2. 在下列代码的横线处填写什么，可以使得输出是“147”。

```
1  #include <iostream>
2  using namespace std;
3  int main() {
4      for (int i = 1; i <= 8; i++)
5          if (__________)    // 在此处填入代码
6              cout << i;
7      return 0;
8  }
```

A. i % 2 == 1　　B. i % 3 == 1　　C. i = i +3　　D. i + 3

解析：循环变量是从 1 到 8，如果无条件显示所有的数，那么应该显示 12345678，但是题目要求显示 147，这三个数有什么共性呢？我们可以一个一个检查。选项 A，表示 i 为奇数，那样就显示 1357 了，不对。选项 B 表示除以 3 的余数为 1，正好是 147。继续看选项 C，当 i=1 时，i=i+3 后，i 变成了 4，单独一个 4 作为判断条件为真，所以 4 会显示出来，但这样就没有 1 了，不对。选项 D，单独一个 i+3 作为判断条件，在 i 的取值范围内永远为真，但它没有改变 i 的值，所以每个数都会显示出来，也不对。所以答案为 B。

3. 下面 C++ 代码执行后的输出是（　　）。

```
1  int cnt = 0;
2  for (int i = 1; i <= 5; i++)
3      cnt = cnt + 1;
4  cout << cnt;
```

A. 1　　B. 4　　C. 5　　D. 10

解析：循环变量是从 1 到 5，共 5 次。循环体是统计个数，且没有任何条件，所以为 5 个。答案为 C。

4. 下面对 C++ 代码执行后输出的描述，正确的是（　　）。

```
1  cin >> N;
2  cnt = 0;
3  for (int i = 1; i < N; i++)
4      cnt += 1;
5  cout << cnt;
```

A. 如果输入的 N 是小于或等于 2 的整数，第 5 行将输出 0

B. 如果输入的 N 是大于或等于 2 的整数，第 5 行将输出 N−1

C. 如果输入的 N 是大于或等于 2 的整数，第 5 行将输出 N

D. 以上说法均不正确

解析：循环变量是从 1 到 N−1，循环体是统计个数。选项 A 说，如果 N 小于或等于 2，将输出 0，但是 N 等于 2 时，循环是从 1 到 1，循环了 1 次，所以将输出 1，不对。选项 B 和 C，从前面的分析看，从 1 到 N−1，是 N−1 次，所以 B 正确，C 错误，D 因此也错误。所以答案为 B。

5. foreach 是 C++ 中的循环语句。

解析：C++ 中没有 foreach，所以本题说法错误。

课后作业

1. 编程题：输入两个正整数 m、n（$0 \leqslant m \leqslant n \leqslant 1000$），打印出它们之间（含）的所有奇数，在一行中显示，用空格隔开。输入输出样例如下：

   输入：2 6　　输出：3 5

   输入：3 5　　输出：3 5

   输入：3 3　　输出：3

2. 编程题：输入两个正整数 m、n（$0 \leqslant m \leqslant n \leqslant 1000$），求它们之间（含）能够被 5 整除的数的个数。输入输出样例如下：

   输入：2 11　　输出：2

   输入：3 5　　输出：1

   输入：5 5　　输出：1

   输入：6 8　　输出：0

3. 编程题：输入 3 个正整数 m、n（$0 \leqslant m \leqslant n \leqslant 1000$）和 t（$1 \leqslant t \leqslant 1000$），求 m、n 之间（含）能够被 t 整除的数的个数。输入输出样例如下：

   输入：2 6 2　　输出：3

   输入：3 5 3　　输出：1

   输入：15 15 15　　输出：1

   输入：6 8 17　　输出：0

第 22 章　for 循环基本应用

我们已经明白了循环的概念，也学过了 for 循环，本章将给出 for 循环的几个基本的应用：

- 求满足条件的数的和。
- 求幂运算。
- 求一个数的所有约数。
- 求最值。

22.1 求和

输入两个正整数 m、n（$0 \leqslant m \leqslant n \leqslant 1000$），求这两个数之间的所有 3 幸运数的和（含这两个数）。输入输出样例如下：

输入：4 13　　　　输出：40

样例解释：4 ～ 13 之间的 3 幸运数为 6、9、12、13，它们的和为 40。

分析：第 21 章中我们写了求个数的代码。求个数时，定义一个统计变量 count，开始设成 0，每遇到一个满足条件的数，就加 1。现在是求和，我们仍然可以定义表示和的变量 sum，开始设成 0，然后每遇到一个满足条件的数，就把这个数加到 sum 上。

代码如下：

```
1 int m, n, sum=0;
2 cin >> m >> n;
3 for(int i = m; i <= n; i++)
4 {
5     if(i%3 == 0 || i%10 == 3)
6         sum += i;
7 }
8 cout << sum << endl;
9 return 0;
```

【真题解析】

执行下面的 C++ 代码后，输出结果是（　　）

A. 210　　B. 113　　C. 98　　D. 15

解析：从第 7 行代码看，这是在求和。满足条件的数为 3、5、6、9、10、12、15、18、20，相加结果为 98。所以答案为 C。

```
1  #include <iostream>
2  using namespace std;
3  int main() {
4      int sum = 0;
5      for (int i = 1; i <= 20; i++)
6          if (i % 3 == 0 || i % 5 == 0)
7              sum += i;
8      cout << sum << endl;
9      return 0;
10 }
```

22.2 求幂运算

在讲解基本数据类型的时候，我们提到了每种数据类型的取值范围，其中长整型数的范围为 $-2^{63} \sim 2^{63}-1$，这里的 2^{63} 就是指 2 的 63 次方，即 63 个 2 相乘。在数学中，我们把**一个数自乘若干次所得的结果叫幂**。那么 2 的 63 次方是多少呢？这是一个很大的数字，如果不用计算器，是很难算出来的。下面我们就用代码来计算 2 的 63 次方是多少。

为了让代码变得通用，我们求 2 的 n 次方的结果，其中 n 仅限正整数，且 $n \leqslant 63$。

与求和时把初始值设成 0 不一样，求幂（或者更一般地，求积）时，要把初始值设成 1。然后使用 *= 运算符，不断地把结果跟 i 相乘。代码如下：

```
1 int n;
2 long long pow = 1;
3 cin >> n;
4 for(int i = 1; i <= n; i++)
5     pow *= 2;
6 cout << pow << endl;
7 return 0;
```

只需在运行时输入 63，就能得到 2^{63} 的值了。

22.3 求约数

约数，又称因数，是指如果一个整数 a 能被另一个整数 b 整除，即 a 除以 b 的商是整数而没有余数，那么 b 就是 a 的约数。例如，整数 42、2 和 7 都是 42 的约数，因为 42 除以 2 和 42 除以 7 的结果都是整数。从概念上讲，一个数的约数也可以是负数，但是本章仅讨论正约数。

要求一个数的所有约数，必须从 1 到这个数一个一个检查，这显然符合循环的特点。

【例题】

输入一个正整数 n（$1 \leqslant n \leqslant 10^9$），求它的所有约数的个数。输入输出样例如下：

输入：25　　　　　输出：3

分析：判断一个整数 n 能不能被另一个整数 i 整除，只需检查“n%i”是否为 0，所以只需要从 1 到这个数，一个一个判断“n%i”是否为 0。代码如下：

```
1 int n, count=0;
2 cin >> n;
3 for(int i = 1; i <= n; i++)
4 {
5     if(n%i == 0)
6         count ++;
7 }
8 cout << count << endl;
9 return 0;
```

【真题解析】

1. 下面 C++ 代码用于求正整数的所有因数，即输出所有能整除一个正整数的数。如，输入 10，则输出为 1 2 5 10；输入 12，则输出为 1 2 3 4 6 12；输入 17，则输出为 1 17。在横线处应填入的代码是（　　）。

```
1 int n = 0;
2 cout << "请输入一个正整数：";
3 cin >> n;
4
5 for (____________________) // 在此处填写代码
6     if (n % i == 0)
7         cout << i << endl;
```

A. int i = 1; i < n; i + 1　　　　B. int i = 1; i < n + 1; i + 1

C. int i = 1; i < n; i++　　　　D. int i = 1; i < n + 1; i++

解析：本题考查的是循环头的写法，表达式 1 的写法都是一样的；表达式 2，选项 A 和 C 是“i<n”，这就把 n 本身排除了，但是很显然 n 本身也是 n 的因数，所以 A 和 C 不对。选项 B 和 D 用的是“i<n+1”，因为 i 是整数，所以它等价于“i<=n”。再看表达式 3，选项 B 中写的是“i+1”，注意“i+1”并没有改变 i 的值，也就是说选项 B 中，循环变量的值是一直不变的，永远等于 1，这会导致死循环（死循环的概念会在后面介绍）。选项 D 中的表达式 3 是标准的写法，所以答案为 D。

2. 小格刚刚学习了如何计算长方形面积。他发现，如果一个长方形的长和宽都是整数，它的面积一定也是整数。现在，小格想知道如果给定长方形的面积，有多少种可能的长方形满足长和宽都是整数？
如果两个长方形的长相等、宽也相等，则认为是同一种长方形。约定长方形的长大于或等于宽。正方形是长方形的特例，即长方形的长和宽可以相等。
输入一行，包含一个整数，表示长方形的面积，约定 $2 \leqslant S \leqslant 1000$。
输出一行，包含一个整数，表示有多少种可能的长方形。

输入输出样例如下：

输入：4　　　　　　　输出：2

解释：有 2 种可能，即 1×4，2×2。

输入：6　　　　　　　输出：2

解释：有 2 种可能，即 1×6，2×3。

分析：对于任意一个正整数 n，如果 i 为它的一个约数，那么 n/i 也是整数，于是因数对 (i, n/i) 就构成了一个长方形。所以每一个约数，都对应一个长方形，所以看起来约数的个数就是长方形的可能的个数。因而我们首先想到的是，直接利用本节开头例题中求约数的个数的代码，来求长方形的可能的个数。但是如果我们输入 4，会得到 3。因为 4 的约数为 1、2、4，的确是 3 个。但本题要求输出为 2。这是为什么呢？

我们把 1、2、4 对应的长方形列出来：

(1,4)、(2,2)、(4,1)

由于题目中强调了，约定长大于或等于宽，而且如果两个长方形的长相等、宽也相等，则认为是同一种长方形。所以这里 (1,4) 和 (4,1) 在题目中认为是相同的，而我们算成了 2 个，多算了 1 个。

为了讨论更一般的情况，我们设 i' = n/i，则 i*i' = n。分两种情况：

(1) i = i'，那么 i*i = n。此时对应的长方形为 (i,i)，只有 1 个。求约数时，也只求了 1 个。所以约数的个数等于长方形的个数。

(2) i != i'，那么在计算约数的个数时，我们算了两个，但是根据题意，它们对应的长方形 (i,i') 和 (i',i) 却只能算一个，如图 22-1 所示，它们是相同的，第二个只是第一个顺时针旋转了 90° 。这就是约数的个数跟长方形的可能的个数不相等的原因。

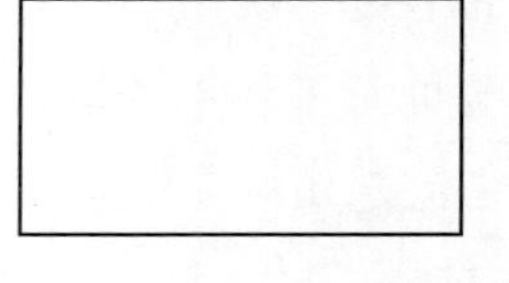

图 22-1

所以，当 i != i' 时，为了避免重复，在 (i,i') 和 (i',i) 中我们只能选一个。现在我们约定选第一条边小于第二条边的因数对，即选择 (i,i')，且 $i<i'$。

我们把上面的 3 个长方形中的最后一个去掉（i 大于 i' 的情形），于是变成了 2 种，跟样例输出一致了：

(1,4)、(2,2)

那么代码应该怎么写呢？ $i<i'$ 怎么落实到代码里？我们把 i' 换回 n/i，于是条件变成 $i<n/i$，转换得到 $i*i<n$，这就是两条边不等时较小的边的条件。再加上两条边相等的条件(i*i=n)，就是 $i*i<=n$。代码如下：

```
1 int n, count=0;
2 cin >> n;
3 for(int i=1; i*i<=n; i++)
4 {
5     if(n%i == 0)
6         count ++;
```

```
7 }
8 cout << count << endl;
9 return 0;
```

代码中的第 3 行，表达式 2 是关键，它表示只考虑小的一条边的可能的个数。

22.4 求最值

在 15.1 节里，我们做了一个求两个数中的最大值或者最小值的题目，在实际的应用中，我们往往需要求若干个数中的最大值或者最小值。

【例题】

输入一个正整数 N（$1 \leqslant N \leqslant 100$），然后输入 N 个正整数（均小于 10^6），求这 N 个数中的最大值。输入输出样例如下：

输入：2 4 5　　　　输出：5

输入：4 7 9 13 15　　　　输出：15

分析：首先，在以往的题目里，输入的数的个数都是确定的，一般都是有几个输入的数，就定义几个变量（有时需要额外加上存放计算结果的变量），然后通过相应个数的 cin 语句读取输入（串联只是一种特殊方式）。但是本题输入的个数却是变化的，那么定义几个变量呢？

由于有 N 个数要处理，这显然需要用到循环。既然要用循环，那么我们就可以仅定义 1 个变量，**把读取输入的代码放到循环里**，每读入一个数，就对这个数进行处理，然后这个变量就可以在下一个循环里继续使用。这样就不需要定义很多个变量了。

其次，对于求最大值的题目，往往都是在一开始先把结果设置成一个数据范围的最小值（注意不是最大值），然后把要求的数据逐一跟这个数比较，如果发现了比它大的数，就把结果设成这个大的数，最后的结果就是这一组数里最大的数。（如果是求最小值，则方法类似。）

代码如下：

```
1  // 下面的变量 n 将会被重复使用，也可以把 n 定义在循环里边
2  int N, n, max=1;  // 因为题目中说了是正整数，所以先设成最小值 1
3  cin >> N;
4  for(int i = 1; i <= N; i++)
5  {
6      cin >> n;
7      if(n > max)
8          max = n;
9  }
10 cout << max << endl;
11 return 0;
```

上述代码中，一开始把 max 设成了 1，因为 1 是正整数中的最小值。但有时，最小值并不是很容易求出来，比如，如果题目中直接说后面的 N 个数都在 int 型的数据范围内，那么我们就需要知道 int 型的最小值为 -2^{31}，但即便是知道的，这个数怎么表示它呢？所以最好的办法是，先把结果设成要求的数里的**第一个数**，然后跟后面的数逐一比较。代码如下：

```
1  //下面的变量 n 将会被重复使用，也可以把 n 定义在循环里边
2  int N, n, max;                //max 开始可以不设初值
3  cin >> N;
4  cin >> max;                   //把第一个数给 max
5  for(int i = 2; i <= N; i++)   //由于第一个数给了 max，循环必须从 2 开始
6  {
7      cin >> n;
8      if(n > max)
9          max = n;
10 }
11 cout << max << endl;
12 return 0;
```

请大家一定要记住第二种方法，这样就不用去考虑初始值到底设成什么值。

课后作业

1. 编程题：输入两个正整数 m、n（$0 \leqslant m \leqslant n \leqslant 1000$），求它们之间（含）能够被 5 整除或者被 3 整除的数的和。输入输出样例如下：

   输入：2 6　　　　输出：14

   输入：3 5　　　　输出：8

   输入：5 5　　　　输出：5

   输入：6 8　　　　输出：6

2. 输入两个正整数 m、n，求 m 的 n 次方（即 n 个 m 相乘），$1 \leqslant m \leqslant 10$，$1 \leqslant n \leqslant 10$。输入输出样例如下：

   输入：2 3　　　　输出：8

   输入：3 4　　　　输出：81

3. 输入 1 个正整数 m（$1 \leqslant m \leqslant 1000$），求它的所有约数的和。输入输出样例如下：

   输入：2　　　　输出：3

   输入：4　　　　输出：7

   输入：10　　　　输出：18

4. 输入一个正整数 N（$1 \leqslant N \leqslant 100$），然后输入 N 个整数（均在 int 类型的范围内），求这 N 个数中的最小值。输入输出样例如下：

   输入：2 4 5　　　　输出：4

   输入：4 7 9 913 -15　　　　输出：-15

第 23 章　for 循环特性

我们已经学了 for 循环的一般形式，也已经了解了 for 循环的一些基本的应用，本章学习 for 循环的一些特殊的性质，包括：

- 不同的循环方式。
- 循环头中的表达式省略掉的情形。
- 在循环体中也可以改变循环变量的值。
- 一个循环头中定义多个循环变量。
- 循环一次也不执行。
- 空循环和死循环。
- 关键字 break 和 continue 在循环中的用法和含义。

23.1 不同的循环方式

到目前为止，我们的循环都是“逐个”执行的，即每循环一次，循环变量加 1，也就是说，表达式 3 都是 i++。但是 C++ 中并没有规定表达式 3 只能是 i++，实际上，表达式 3（包括表达式 1 和表达式 2）可以随便写，只要满足语法即可。表达式 3 典型的写法除了 i++，还有以下几种。

23.1.1 跳跃循环

跳跃循环即不是每次加 1，可以加 2 或者任意的数字。比如下面的代码：

```
for(int i=1; i<=100; i=i+2)
    cout << i << ' ';
```

这段代码能够显示从 1 到 100 中的奇数，但是在循环体里，它并没有判断 i 是否为奇数，它是怎么做到的呢？原来，i 的初值为 1，然后每次加 2，这样第二个数是 3，第三个数是 5，以此类推，所有的都是奇数。

【真题解析】

1. 下面的代码执行后的输出是（　　）。

A. 2　　B. 4　　C. 9　　D. 10

```
1  int tnt = 0;
2  for (int i = 1; i < 5; i += 2)
3      tnt = tnt + i;
4  cout << tnt;
```

解析：从第 3 行代码看，这是在求和。循环变量是从 1 到 4（最后的条件是小于 5，所以不包含 5），但因为 i 每次加 2，是跳着来的，所以实际参与求和的数为 1、3。所以答案为 B。

2. 判断题：C++ 的循环语句 for(int i=0; i<10; i+=2) 表示 i 从 0 开始到 10 结束但不包含 10，间隔为 2。

解析：跟上题一样，i+=2，每次增加 2，而且小于 10，所以题目中的说法是对的。

【例题】

求下列式子的值：

$1 + 4 + 7 + \cdots + 94 + 97 + 100$

分析：学过奥数的小朋友都知道，这里从 1 到 100，构成了一个等差数列，公差为 3。所谓**等差数列，是指在一列数中，从第二项起，每一项与它的前一项的差等于同一个常数，这个常数称为公差**。等差数列的求和方法，早在 200 多年前就被一个叫高斯的外国老爷爷发现了，照理是用不着编写代码来计算的。但是，等差数列的求和方法有它的局限性，它只能适用于等差数列，而我们写代码来计算的话，能够适用各种不同的情况。

求和的方法第 22 章已经讲过，这里只需要把 i 的值每次加 3 即可。

```
1 int sum = 0;
2 for(int i = 1; i <= 100; i = i+3)
3     sum += i;
4 cout << sum << endl;
5 return 0;
```

23.1.2 递减循环

递减循环即每次往下减，从大到小循环。看下面的代码：

```
for(int i = 5; i >= 1; i--)
    cout << i << ' ';
```

这份代码从 5 到 1，倒着显示所有的数。递减循环也可以大步循环。

【真题解析】

执行下面的 C++ 代码后的输出是（　　）。

A. 3　　B. 21　　C. 27　　D. 49

解析：这是在求和，i 的范围是 10 到 4，每次减 3，所以满足条件的数是 10、7、4，所以和为21，答案为B。

```
1 cnt = 0;
2 for (int i = 10; i > 3; i -= 3)
3     cnt = cnt + i;
4 cout << cnt;
```

23.1.3 指数循环

指数循环即以每次翻一番或者翻几番的方式循环。

【真题解析】

在下列代码的横线处填写（　　），可以使得输出为“1248”。

```
1 #include <iostream>
2 using namespace std;
3 int main() {
4     for (int i = 1; i <= 8; ________)    // 在此处填入代码
5         cout << i;
6     return 0;
7 }
```

A. i++　　B. i *= 2　　C. i += 2　　D. i * 2

解析：本题要根据结果反推表示式3的写法，根据结果“1248”得知，i是每次2倍增长的，所以答案是B。

以上列举了一些常见的循环的方式，但这并不是说只有这么几种，正如本章开始所说的，任意的表达式都可以，只要符合语法就行。

23.2 省略表达式

for循环一般的形式是这样的：

```
for(表达式1; 表达式2; 表达式3)
    语句块;
```

其中的三个表达式都是可以省略掉的，下面分别来看。

23.2.1 省略表达式1

如果省略了表达式1，变成这样：

```
for(; 表达式2; 表达式3)
    语句块;
```

注意：这里在表达式2之前仍然需要一个分号。

以下面的代码为例：

```
for(int i = 1; i <= 10; i++)
    cout << i << ' ';
```

这份代码显示 1 到 10 之间的数。如果省略表达式 1，变成这样：

```
int i = 1;
for(; i <= 10; i++)
    cout << i << ' ';
```

即把表达式 1 放到 for 循环前面（外面）去了。由此可见，所谓省略，只不过换了一个地方而已。

那么这样的移动会不会影响执行结果呢？在 21.2 节中讲解 for 循环语句的执行顺序时，我们提到表达式 1 用于初始化循环条件，它在循环开始前执行，并且它只执行一次。当把表达式 1 移到循环前面时，它同样能初始化循环条件，同样是在循环开始前执行，并且只执行一次，所以结果是一样的。

循环变量定义在外面还会带来一个额外的好处。我们曾经说过，在 for 循环头里定义的变量，其作用范围仅在这个循环体里，循环外面是不能访问这个变量的。比如下面的代码：

```
for(int i = 1; i <= 10; i++)
    cout << i << ' ';
cout << i << endl;
```

连编译都通不过，但是把 i 定义到循环体外面，就可以了。下面的代码能正确打印退出循环以后 i 的值：

```
int i=1;
for(; i<=10; i++)
   cout << i << ' ';
cout << i << endl;
```

所以，如果要在循环结束之后访问循环变量的值，就可以使用这个技巧。那么，循环退出后 i 的值是多少呢？如果循环是正常退出的（即不是由 break 退出的），那么 i 的值应该是 11。break 在 23.8 节介绍，break 对循环变量的值的影响在 24.4 节中介绍。

23.2.2 省略表达式 2

接下来看省略表达式 2 的情形，变成这样：

```
for(表示式 1;; 表达式 3)
    语句块;
```

同样注意，此时在表达式 1 和表达式 3 之间需要有两个分号。

我们知道，表达式 2 是用来判断循环终止的条件的，如果表达式 2 省略掉了，那么循环什么时候终止呢？这个请看 24.3 节的内容。

23.2.3 省略表达式 3

最后看看省略表达式 3 的情况，变成这样：

```
for(表示式 1; 表达式 2;)
    语句块;
```

同样，表达式 2 后面的分号是不能少的。

那么问题来了，如果表达式 3 省掉了，如何改变循环变量的值呢？方法是放到循环体里。仍然以上面的代码为例，如果省略表达式 3，变成这样：

```
for(int i=1; i<=10;)
{
    cout << i << ' ';
    i++;
}
```

注意：此时，由于循环体里有两行代码，所以我们必须使用复合语句，用花括号把两行代码括起来。

回想一下 for 执行的逻辑，表达式 3 是在循环体之后执行的，而且循环体每执行一次，表达式 3 就要执行一次，所以这样的变化并没有改变代码的逻辑。

那么这样写有什么好处呢？的确，就这个例子而言，是没有什么好处的，甚至还多了几行，但在有些情况下，是非常有用的。这个就牵涉到一些复杂的应用，这里就不举例了。

23.2.4 同时省略

三个可以同时省略，或者省略其中任意 2 个。

如果三个同时省略，变成这样：

```
for( ; ; )
    语句块;
```

即 for 循环头里只有 2 个分号。

23.3 循环体中改变循环变量的值

到目前为止，我们的循环变量的值都是在表达式 3 中改变的，除了在循环头中省略掉表达式 3 的时候，才会把改变循环变量的值的代码放到循环体中。但是，C++ 中并没有规定，只有在表达式 3 省略的情况下，才可以在循环体中改变循环变量的值。实际上，只要你愿意，在循环体可以随便改变任何变量的值，只要符合语法就行。如果在表达式 3 中和在循环体中同时改变了循环变量的值，那么将产生一个“叠加”的效果。

【真题解析】

下面 C++ 代码执行后的输出是（　　）。

```
1 cnt = 0;
2 for (int i = 1; i < 10; i++){
3     cnt += 1;
4     i += 2;
5 }
6 cout << cnt;
```

A. 10　　B. 9　　C. 3　　D. 1

解析：在表达式 3 中，i 每次加 1，在循环体中 i 每次加 2，所以叠加起来 i 每次加 3，i 的范围是 1 到 9（i<10），每次加 3，所以满足条件的数是 1、4、7，只有 3 个。所以答案为 C。

23.4 多个循环变量

C++ 中并没有规定一个循环中只能有一个循环变量，只要有需要，可以有任意多个。每个表达式内部也允许多个语句，语句之间用逗号隔开（看下面的例子）。多个循环变量与单个循环变量的逻辑并没有什么不同，这里仅举一个例子。

【例题】

下列 C++ 代码执行后，输出结果是多少？

```
1 int tnt = 0;
2 for(int i = 1, j = 4; i <= 3 && j >= 1; i++, j--)
3     tnt += i*j;
4 cout<< tnt << endl;
5 return 0;
```

分析：i 开始为 1，j 开始为 4，条件是 i<=3 && j>=1，i 每次加 1，j 每次减 1，所以满足条件的 i 和 j 对是 (1,4)、(2,3)、(3,2)，再往后 i 变成 2 不满足条件了。所以把它们相乘再相加得到：1*4 + 2*3 + 3*2 = 16。

23.5 一次都不执行

我们来看这段代码：

```
1 int n;
2 cin >> n;
3 int tnt = 0;
4 for(int i = 5; i <= n; i++)
5     tnt += i;
```

```
6 cout << tnt << endl;
7 return 0;
```

如果输入 4，执行后结果是多少呢？

分析：i 的初值为 5，如果用户输入 4，那么条件是小于或等于 4，所以一开始就不满足条件，所以循环一次也没有执行，所以 tnt 的值为 0。

像这种一次也没有执行的循环，在 C++ 中是允许的，并不能算代码错误，因为条件是由用户的输入决定的，有的会导致一次也不执行，有的不会，这是正常的。

记住：**for 循环的循环体可能一次都不会执行**。

【真题解析】

执行下面的代码，输出结果是（　　）。

```
1 int n = 5, s = 1;
2 for (; n == 0; n--)
3     s *= n;
4 cout << s << endl;
```

A. 1　　B. 0　　C. 120　　D. 无法确定

解析：n 初值为 5，条件为 n==0，一开始就不成立，所以循环一次也没有执行，所以 s 还是 1。答案为 A。

23.6 空循环

有一些循环，循环体中什么代码也没有。这样的循环称为**空循环**。空循环有的时候只是一个表象，只是把循环体中的代码挪到了循环头里。比如下面的代码：

```
1 int n, i = 0;
2 cin >> n;
3 for(; n > 0; n = n/10, i++);
4 cout << i << endl;
5 return 0;
```

这段代码能统计 n 的位数，虽然看起来循环体里什么也没有。

注意：当循环体里什么也没有时，循环头后面要加个分号“;”，否则程序会把紧跟在循环头后面的一行代码作为循环体。

23.7 死循环

与一次都不执行相对的是死循环。当表达式 2 的条件永远为真时，就变成了死循环，因为条件永远为真，所以程序会一直执行下去，直到把资源耗尽，程序就会退出。

看下面的代码：

```
for(int i = 1; i< = 5; i+1)
    cout << i << endl;
```

这段代码本意是想显示 1 ～ 5 的整数，但是表达式 3 写成了 i+1，这个表达式并没有改变 i 的值，所以 i 没有变，永远小于或等于 5，导致了死循环。

一次都不执行的循环和空循环都是合法的代码，而死循环却是不合法的代码，我们在编写代码时，一定要避免死循环。

23.8 break 和 continue

break 用于中途退出循环。当程序执行到 break 时，会退出循环，并且不再执行表达式 3。

continue 是跳过本次循环剩余的代码，直接执行下一次循环。

我们将在第 24 章介绍使用 break 和 continue 的例子。

课后作业

1. 判断下列说法是否正确。

(1) for 语句的循环体至少会执行一次。

(2) for 循环头中的 3 个表达式一个也不能少。

(3) for 循环头中的变量只能有一个，而且只能叫 i。

(4) for 循环体中不能改变循环变量的值。

2. 下列代码执行后的结果是多少？

```
int tnt = 0;
for(int i = 1; i <= 15; i += 2)
{
    if(i%3 == 0)
        tnt += i;
}
cout << tnt << endl;
```

3. 下列代码执行后的结果是多少？

```
int tnt = 0;
for(int i = 1; ; i += 2)
{
    if(i >= 10)
        break;
    if(i%3 == 0)
        tnt += i;
}
```

```
cout << tnt << endl;
```

4. 下列代码执行后的结果是多少？

```
int tnt = 0;
for(int i = 0; i <= 24; )
{
    if(i%3 == 0)
        tnt += i;
    i+=4;
}
cout << tnt << endl;
```

5. 下列代码执行后的结果是多少？

```
int tnt = 0;
for(int i = 1, j = 4; i <= 8 && j >= 1; i += 2, j--)
{
    tnt += i*j;
}
cout << tnt << endl;
```

6. 编写代码求下列式子的值，结果保留 4 位小数：

$1 + 1/2 + 1/3 + \cdots + 1/98 + 1/99 + 1/100$

7. 编写代码求下列式子的值：

$1 + 2 + 4 + \cdots + 64 + 128$

提示：这些数字构成了等比数列。所谓**等比数列，是指在一列数中，从第二项起，每一项与它的前一项的比等于同一个常数，这个常数称为公比**。等比数列的求和同样是有公式的，但本题要求不使用公式，使用循环，表达式 3 使用指数增长方式。参照 23.1.3 节中的真题解析。

第 24 章　for 循环高级应用

23.8 节提到了 break 和 continue，但并没有给出具体的应用。本章我们使用 for 循环实现一些高级应用，其中就包括如何使用 break 提升代码的效率。本章内容如下：

- 如何判断一个数是不是素数，通过不断优化代码来提高效率。
- 如何判断一个数是不是完全平方数。
- 如何用 break 代替表达式 2。
- break 的应用。

24.1　素数判断

素数，也称质数，是指在大于 1 的自然数中，除了 1 和它本身以外不再有其他约数的数（不考虑负约数）。换句话说，素数的约数只有 2 个，1 和它本身。所以要判断一个数是不是素数，只要把它的约数的个数统计出来，然后判断是不是等于 2 就可以了。我们直接在之前求约数个数的代码基础上加上判断。

24.1.1　常见代码

代码如下：

```
1  int n, count = 0;
2  cin >> n;
3  for(int i = 1; i <= n; i++)
4  {
5      if(n%i == 0)
6          count ++;
7  }
8  if(count == 2)
9      cout << 1 << endl;
10 else
11     cout << 0 << endl;
12 return 0;
```

既然对于任何一个数，1 和它本身一定是它的约数，所以 1 和它本身其实是不用判断的，所以这个代码也可以改成仅统计从 2 到 n-1 的约数的个数，然后判断个数是否为 0，这样少了两个判断，提高了一点效率。代码如下：

```
1  int n, count=0;
2  cin >> n;
3  for(int i = 2; i <= n-1; i++)
4  {
5      if(n%i == 0)
6          count ++;
7  }
8  if(count == 0)
9      cout << 1 << endl;
10 else
11     cout << 0 << endl;
12 return 0;
```

虽然从代码的长度上看是一样的，但是循环里少了两次，效率还是提高了一点的。

以上两份代码是比较常见的写法，在GESP考试中经常出现，而且以不同的形式呈现。

【真题解析】

下面C++代码用于判断一个数是否为素数，在横线处应该填入的代码是（　　）。

```
1  cin >> N;
2  cnt = 0;
3  for (int i = 1; i < N + 1; i++)
4      if (N % i == 0)
5          ________;
6  if (cnt == 2)
7      cout << N << "是质数。";
8  else
9      cout << N << "不是质数。";
```

A. cnt = 1　　B. cnt = 2　　C. cnt =+ 1　　D. cnt += 1

解析：从第6行的判断看，循环部分应该是求所有约数的个数，选项A和B直接设成1或2，肯定不对；选项C，没有这种写法；选项D是正确的写法，所以答案为D。

另外，表达式2写的是i < N+1，它跟i<=N是等价的。

24.1.2 第一次优化

现在我们来检查这段代码的效率，不妨看看这个循环执行了几次。我们用循环的最后一个值减去第一个值再加1，即$n-1-2+1 = n-2$，也就是说，对于任何一个正整数n，循环要执行$n-2$次。那么这个有必要吗？

我们目前这个代码的思路是，求出除1和这个数本身以外的所有的约数个数，然后再判断个数是否大于0。但是，实际上，我们只要发现了一个约数，就已经可以说明这个数不是素数了，就不用再往后检查了。以123为例，3是123的一个约数，所以循环执行到

3 的时候，已经可以确定 123 不是素数了，这时就不需要再往下执行了。但是目前的代码却继续往下执行，一直到 122。所以我们需要一种机制，让循环可以提前结束。

回想一下 23.8 节提到的 break 关键字，正好具备这个用途，所以改进代码如下：

```
1  int n, count=0;
2  cin >> n;
3  for(int i = 2; i <= n-1; i++)
4  {
5      if(n%i == 0)
6      {
7          count = 1;
8          break;
9      }
10 }
11 if(count == 0)
12     cout << 1 << endl;
13 else
14     cout << 0 << endl;
15 return 0;
```

当发现有一个约数时，就把 count 置成 1，并且调用 break 直接退出。

由于这里的 count 只取了 0 和 1 两个值，所以更一般的写法是使用 bool 类型的变量。

```
1  int n;
2  bool is = true;
3  cin >> n;
4  for(int i = 2; i <= n-1; i++)
5  {
6      if(n%i == 0)
7      {
8          is = false;
9          break;
10     }
11 }
12 if(is)
13     cout << 1 << endl;
14 else
15     cout << 0 << endl;
16 return 0;
```

我们用 true 表示是素数，所以一开始就要把布尔变量 is 设成 true，即先假设 n 是素数。然后一旦发现有一个约数，就把 is 设成 false。这个千万不能搞错。如果一开始设成 false，然后发现一个约数，还是设成 false，那么循环结束后 is 还是 false，就没法通过 is 的值来判断 n 是不是素数。

使用 continue 改写代码

本题并不是使用 continue 的最好的例子，但是真正使用 continue 的场景都比较复杂，本书并不想占用太多笔墨来讲解那些例子。这里只是换一个写法，让大家明白如何使用

continue。**continue 的作用是跳过本次循环剩余的代码，直接执行下一次循环**，所以使用 continue 的话，上面的代码变成这样（仅显示 for 循环部分）：

```
for(int i = 2; i <= n-1; i++)
{
   if(n%i != 0)
       continue;
   is = false;
   break;
}
```

如果 i 不是 n 的约数，就跳过去，直接看下一个数。如果是，把 is 置成 false，并退出循环。这时，由于 is = false; 和 break; 不在 if 语句里了，所以不需要花括号了，也不需要缩进去了，而 continue; 只有 1 行，也不需要花括号，所以总的行数变少了，而且因为少了缩进，代码也变得更清晰了。

这个例子只是说明如何使用 continue，所以，仅仅从这个例子来看，这点好处是微不足道的，但是在有些情况下，巧妙地使用 continue，会使代码变得简洁。

24.1.3 第二次优化

让我们重新回到使用 break 的代码。现在是不是已经很完美了呢？对于非素数（即合数），效率已经很高了，但是对于素数呢？不妨输入 97，我们发现这时循环仍然会执行 95 次。因为对于素数来讲，它的确是没有约数的，所以从 2 到这个数减 1，is = false 一直不会执行。

那么，这是不是表明循环次数就不能再降低了呢？

我们以 97 为例，当执行到 9 以后，还没有发现约数，后面还有可能有大于 9 的约数吗？我们假设有一个大于 9 的约数 i，那么 $97/i$ 也是 97 的约数。如果 $i>9$，即大于或等于 10，那么 $97/i$ 就小于或等于 9，那么这个数在检查 2 ～ 9 的时候就应该被发现了。这个跟假设“执行到 9 以后，还没有发现约数”矛盾了。所以不可能有大于 9 的约数了。

那么在代码里我们应该怎么写呢？这里的 9 是怎么得出来的呢？为了回答这个问题，我们分 3 步解释。

（1）平方根的概念：如果一个数 i 自乘等于 n，即 $i \times i = n$，那么就称 i 为 n 的平方根。任何一个正整数都是有平方根的，但平方根不一定是整数。比如，2 的平方根是 1.414…，它是一个无限不循环小数。由于数学是一门很严谨的科学，每个数的表示都要很精确。当我们用小数形式来表示 2 的平方根时，没法表示完整，所以数学家们就发明了一个表示平方根的符号，2 的平方根就写成 $\sqrt{2}$，n 的平方根就记作 $\sqrt{n}$。

（2）对于任何一个正整数 n，其除 $\sqrt{n}$ 外的约数总是成对出现的，并且一个小于 $\sqrt{n}$，一个大于 $\sqrt{n}$。我们来证明这个结论。

证明：如果 i 是 n 的一个不等于 $\sqrt{n}$ 的约数，那么 n/i 也是 n 的约数，记作 i'，$i \times i' = n$。

- i' 一定不等于 i。如果 $i' = i$，那么 $i \times i = n$，i 就等于 $\sqrt{n}$，这跟假设矛盾。这就证明了，不等于 $\sqrt{n}$ 的约数总是成对出现的。
- 假定 $i < i'$，也就是 $i < n/i$，经变换得到 $i \times i < n$，所以 $i < \sqrt{n}$。可以证明，此时 $i' > \sqrt{n}$。这就证明了一个小于 $\sqrt{n}$，一个大于 $\sqrt{n}$。

所以，对于 n 的所有约数，它们要么小于 $\sqrt{n}$，要么等于 $\sqrt{n}$，要么大于 $\sqrt{n}$，并且小于 $\sqrt{n}$ 的约数与大于 $\sqrt{n}$ 的约数是成对出现的。

如果我们在数轴上把 n 的约数画出来的话，如图 24-1 所示（指除了 1 和 n 以外的约数）：

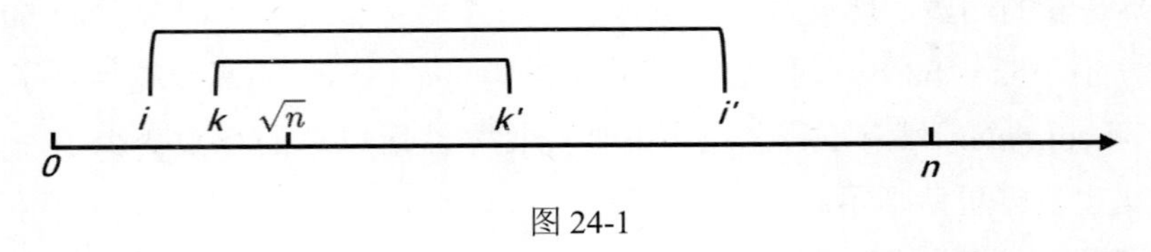

图 24-1

（3）对于任何一个正整数 n，如果它在 2 到 $\sqrt{n}$ 之间没有约数的话，那么在 $\sqrt{n}$ 到 $n-1$ 之间也就没有约数了。因为由（2）可知，如果存在一个 $\sqrt{n}$ 到 $n-1$ 之间的约数，必定有一个在 2 到 $\sqrt{n}$ 之间的约数与之对应，这跟假设矛盾。

综上所述，我们在检查一个数是否有除 1 和它自身以外的约数时，只要检查到它的平方根就可以了，就是 $i \leqslant \sqrt{n}$，用代码表示就是 i * i <= n（是**小于或等于，不是小于**）。

所以上面的代码可以进一步优化为：

```
1  int n;
2  bool is = true;
3  cin >> n;
4  for(int i = 2; i*i <= n; i++)
5  {
6      if(n%i == 0)
7      {
8          is = false;
9          break;
10     }
11 }
12 if(is)
13     cout << 1 << endl;
14 else
15     cout << 0 << endl;
16 return 0;
```

不要小看这么一点小小的改动，它极大地提高了代码的效率。以 97 为例，原来要执行 95 次循环，现在只要执行 8 次（2 ～ 9），远远少于原来的次数。

但是，这个还不是判断素数的终极代码，随着更加深入的学习，大家会学到更加优化的代码。

【真题解析】

下面 C++ 代码用于判断 N 是否为质数，约定输入的 N 为大于 2 的正整数。请在横线处填入合适的代码（　　）。

```
1   int N = 0, i = 0;
2   cout << "请输入一个大于等于2的正整数: ";
3   cin >> N;
4
5   for (i = 2; i < N; i++)
6       if (N % i == 0){
7         cout << "非质数";
8         ____________;  //此处填写代码
9       }
10  if (i == N)
11      cout << "是质数";
```

A. break　　B. continue　　C. exit　　D. return

解析：这道题是判断质数的另一种写法，它既没有统计约数的个数，也没有设置一个 bool 变量（如果设置了一个 bool 变量，就可以在循环外面根据 bool 值判断 N 是否为素数），而是在发现第一个约数（除 1 和 N 本身以外的第一个约数）时，就输出“非质数”，之后的代码需要我们补充。

我们对四个选项逐一分析。选项 A，发现了一个约数，就输出并且 break 出来，这在目前看起来没有什么不对。选项 B 为 continue，continue 表示忽略后面的代码继续进行下一次循环，于是如果遇到第二个约数，它就会再次输出“非质数”，有几个约数，就会输出几个“非质数”，这就已经不对了。如果进一步分析，还会发现，最后还会输出“是质数”，就更加不对了。选项 C，exit 是一个函数，不是一个关键字，不可以这样使用。选项 D 为单单一个 return，我们知道 main 函数要求 return 0，单一个 return 是不对的。所以，用排除法得知，答案为 A。

本着学习的目的，我们现在继续分析 A 到底对不对。我们已经知道，对于合数的情况，程序已经可以输出“非质数”了，并且立马退出循环，保证不会输出多次。但是，程序里没有统计约数的个数，也没有 bool 变量，那么程序能不能正确地判断出质数呢？在循环结束后，依据什么判断是质数呢？这里依据的是循环变量的值。这里循环的最后一个值为 N-1（表达式 2 为 i<N），所以，如果循环正常结束的话，i 应该等于 N。这句话反过来也成立，即如果循环结束后 i 等于 N，就表示循环正常结束，也就表示循环中没有执行过 break，也就表示从 2 到 N-1 一个约数都没有，那么 N 就是质数。这正是第 10 行和第 11 行的代码。所以 A 能准确地判断出质数与非质数。

24.2 完全平方数判断

如果一个数是另一个整数的平方，就说这个数是**完全平方数**。输入一个正整数（小于

10^6），判定它是不是完全平方数，是就输出 1，不是就输出 0。输入输出样例如下：

输入：4　　　　　　输出：1

输入：5　　　　　　输出：0

输入：256　　　　　输出：1

分析：设要求的正整数为 n，如果存在另一个正整数 i 使得 n=i*i，那么 i 一定大于或等于 1 且小于或等于 n。 所以只要从 1 到 n，依次判断 i*i 是否等于 n，只要有一个相等，就认为 n 是完全平方数。代码如下：

```
1  int n;
2  bool is = false;
3  cin >> n;
4  for(int i = 1; i <= n; i++)
5  {
6      if(i*i == n)
7      {
8          is = true;
9          break;
10     }
11 }
12 if(is)
13     cout << 1 << endl;
14 else
15     cout << 0 << endl;
16 return 0;
```

跟上面判断素数不一样的是，这里一开始 is 要设成 false，只有发现了 i*i == n，is 才设成 true。

如果我们没有掌握上面判断素数的技巧，也许认为这个代码很完美了。但是，现在我们知道这个代码还能再优化。仔细分析就可以知道，i 其实小于或等于 n 的平方根（n 的平方根本身并不一定是整数。如果你还不了解平方根的概念，请看 24.1.3 节），所以循环只要从 1 到 $\sqrt{n}$，不需要到 n，转换后就是 i*i <= n。代码如下：

```
1  int n;
2  bool is = false;
3  cin >> n;
4  for(int i = 1; i*i <= n; i++)
5  {
6      if(i*i == n)
7      {
8          is = true;
9          break;
10     }
11 }
12 if(is)
13     cout << 1 << endl;
14 else
```

```
15      cout << 0 << endl;
16 return 0;
```

当我们学到 GESP C++ 二级，了解了平方根函数后，可以直接使用平方根函数，代码会变得更加简洁。

24.3 使用 break 省略表达式 2

通过前面的例子我们已经看到了，break 可以提前结束循环。break 通常都是和一个条件语句配合使用的，这个条件语句可以是任意的表达式。于是当 for 循环头中的表达式 2 省略时，我们就可以把表达式 2 放到循环体里，用 break 退出。

针对 23.2 节中的例子，省略表达式 2 的代码如下：

```
for(int i = 1; ; i++)
{
    if(i <= 10)
        cout << i << ' ';
    else
        break;
}
```

原本表达式 2 的作用是判断是否要执行循环体，为真就执行，为假就退出循环，这个逻辑是由系统来实现的，现在等于把这段逻辑放在循环体里自己实现了一遍。

这里由于原本循环体只有一句话，所以放到 if 的子句里没有加花括号。如果原本有多行语句的话，就要加花括号，而且要缩进去，这样就增加了代码的层次，可读性变得差了一些。所以我们可以换个写法，如下：

```
for(int i = 1; ; i++)
{
    if(i > 10)
        break;
    cout << i << ' ';
}
```

原来的 break 在 else 子句里，跟表达式 2 的逻辑一样（不满足就结束循环）。现在放到 if 子句里，此时条件必须**正好相反**（现在的逻辑是满足条件就结束循环，所以条件必须正好相反）。原本的循环体保持不变，不需要加花括号，也不需要缩进。

24.4 break 的应用

下面我们来看 break 的另外一个应用。

【例题】

对自然数求和，当加到多少时，总和会大于或者等于 1000？

分析：之前的题目都是明确知道循环从什么数开始，到什么数结束（要么是代码里写死的，要么是用户输入的），但是这里不知道要加到什么数结束，只知道总和大于或等于 1000，就结束了。所以我们把表达式 2 省略，在代码里检查总和，当总和大于或等于 1000 时退出循环。参考代码：

```
1 int i, sum=0;
2 for(i = 1; ; i++)
3 {
4     sum += i;
5     if(sum >= 1000)
6         break;
7 }
8 cout << i << endl;
9 return 0;
```

课后作业

1. 编程题：如果一个正整数 X 满足 $X=m\times n$，m 和 n 均为正整数，那么称 (m, n) 为 X 的一个因数对。现在约定当 $m<n$ 时，(m, n) 和 (n, m) 为同一个因数对。求 X 的所有 $m\leqslant n$ 形式的因数对（$1\leqslant X\leqslant 10\,000$）。输入输出样例如下：

   输入：10　　　输出：(1,10) (2,5)

   输入：25　　　输出：(1,25) (5,5)

   说明：括号和逗号都是英文的标点符号，且两个因数对之间用空格隔开。

2. 编程题：合数是指在大于1的整数中除了能被1和本身整除外，还能被其他数整除的数(0除外)。合数是与素数相对的。输入一个正整数 n（$1<n\leqslant 10\,000$），请判断它是否为合数，是就输出 1，不是就输出 0。输入输出样例如下：

   输入：2　　　输出：0

   输入：7　　　输出：0

   输入：9　　　输出：1

3. 编程题：对自然数求和，当总和超过 x 时就停止，否则就一直往后加。根据用户输入的 x($0<x\leqslant 10^6$),请计算出需要加到第几个数,总和才能大于或者等于 x,以及总和为多少。输入输出样例如下：

   输入：5　　　输出：3 6

   输入：1035　　　输出：45 1035

延伸阅读：世界上存在最大的素数吗

人类发现的最大素数一直在突破。1971 年，美国人布莱恩特・塔克曼（Bryant Tuckerman）利用电子计算机找到了一个当时认为是最大的素数 $2^{19\,937}-1$，这个素数共有 6002 位，开头是 4315424797…，结尾是…968041471。杜克曼用电子计算机检验它是素数共花去了半个钟头，如果这个工作由一个年青人用笔算来检验，可能等他老掉了牙，还不能查出它是素数。

1996 年 9 月初，美国科学家找到一个新的最大素数 $2^{1\,257\,787}-1$，它是一个 378 632 位的数。

后来人们发现，形如 2^p-1 的一类数，其中指数 p 是素数，这类数极有可能是素数，常记为 M_p，被称为梅森数。如果梅森数是素数，就称为梅森素数，如图 24-2 所示。

$M_p=2^p-1$

Mersenne Prime

图 24-2

2018 年 12 月，美国佛罗里达州奥卡拉市的 Patrick Laroche 通过 GIMPS（Great Internet Mersenne Prime Search，梅森素数的分布式网络搜索）项目发现了第 51 个梅森素数：$2^{82\,589\,933}-1$（被称为 $M_{82\,589\,933}$），共有 24 862 048 位十进制数字。

目前已知的最大素数是 $2^{136\,279\,841}-1$，这个素数是在 2024 年 10 月 21 日被发现的。这个素数同样是通过 GIMPS 项目，由英伟达公司前工程师卢克・杜兰特（Luke Durant）发现。这个素数有 41 024 320 位，比之前的纪录保持者多了超过 1600 万位。

可以证明（证明的过程这里略去，感兴趣的读者可以查阅相关资料），素数的个数是无限的，也就是说，并不存在最大的素数。那么，下一个最大素数的发现者，也许就是你哦！

第 25 章　验证和调试代码

我们已经看到，分支结构和循环结构的代码往往都比较复杂，很难判断代码有没有错误。一般的 GESP 考试，都会有样例数据，而且会有好几组。有样例数据测试，当然会好很多。但是，有些时候是没有样例数据的，如果没有样例数据，循环次数又很多，这个时候应该怎么验证代码呢？当验证发现了错误，又怎么找出代码中的错误呢？这一章就来讲讲这方面的问题。本章包括：

- 使用特殊数据测试代码。
- 通过减少循环次数验证代码。
- 使用输出语句进行简单调试。

25.1 用特殊数据测试

到目前为止，我们已经写了很多代码，每次写完也都要求大家用样例数据进行测试。相信大家基本上也都做到了。

但是对于样例数据，这里有一点需要再次强调（为啥说再次强调呢？因为在第 8 章的延伸阅读里已经强调过了），即使样例数据测试通过了，也并不能保证代码就一定正确。第 8 章已经举了一个例子，这里再举一个例子。

已知圆的半径 r，求圆的周长 W。已知圆的周长公式为 $W=2\pi r$，其中 π 取 3.14。输入输出样例如下：

输入：2　　　　　　输出：12.56

有一份代码是这样的（仅核心代码）：

```
1 double r, W;
2 cin >> r;
3 W = 3.14*r*r;
4 cout << W << endl;
5 return 0;
```

输入样例数据 2，结果为 12.56，与样例输出一致。但是这个代码对吗？很明显这个代码用的是面积公式，用 2 测试正确只是碰巧。

那么我们到底应该怎么办呢？首先，我们应该严格遵循 5.2 节介绍的解答编程题的流程，认真做好每一步。在第一步审题中，这里需要再加上一条“看清数据的范围”，因为数据类型往往取决于数据范围。

其次是要**多测试**，题目中给出的样例数据一般不会超过 3 组，但是 3 组数据显然是不够的，通常情况下至少要测试 5 组。上面的这个例子只要再换一个数据测试一下（这时要自己用公式算出正确答案），就能发现不对了。但更多的情形是，测试了很多数据，都没有问题，但提交上去就是不对，这时就要用一些**特殊数据**进行测试。

25.1.1 边界数据

第一类特殊数据叫边界数据。所谓**边界数据**，是指在一个范围或者条件内的最大值或者最小值，或者是一个恰好位于两种不同情况之间的值。比如 2 是最小的质数，4 是最小的合数，那么 2 和 4 就是两个边界值。来看下面的代码：

```
1  int n;
2  bool is = true;
3  cin >> n;
4  for(int i = 2; i < n/2; i++){
5      if(n%i == 0){
6          cout << "n 非质数 ";
7          is = false;
8      }
9  }
10 if(is)
11     cout << "n 是质数 ";
12 return 0;
```

这个代码是判断一个数是不是质数的又一种写法。如果测试 2、3、10、17、30，发现都是对的。但是，我们不能只测试质数，也要测试合数，所以我们对 4 也要特别检查。结果发现，对于 4 是不正确的。

GESP 考试的题目中，一般都会给出数据的范围，**这个范围中的最小值和最大值就是一种边界数据**。我们来看下面这道题。

输入一个整数 n（$1 \leqslant n \leqslant 10^{12}$），求各个位数的和。输入输出样例如下：

输入：2345　　　　输出：14

输入：45817　　　输出：25

现在假设有同学给出下面的代码：

```
1 int n, sum = 0;
2 cin >> n;
3 for(; n > 0; )
4 {
5     sum += n%10;
6     n = n/10;
7 }
8 cout << sum << endl;
```

```
9 return 0;
```

用样例数据测试都是对的。再测几个数据，如果数据都在 int 类型范围内，也都是对的。

注意，题目中给定的数据范围是 $1 \leqslant n \leqslant 10^{12}$，可以测一下 10^{12}（1 000 000 000 000），立马就会发现不对了。因为 10^{12} 已经超过了 int 类型的最大值，这里应该选用 long long 类型才对。

对于带有判断条件的代码，往往**那些“等于”的值，就是边界数据**，所以代码中一定要特别测试那些“等于”的情形。比如，判断考试成绩是否及格，大于或等于 60 分为及格，小于 60 分为不及格。这时候，60 就成了一个边界数据，但是 60 并一定出现在样例数据里。下面的代码：

```
1 if(n > 60)
2     cout << "及格" << end;
3 else
4     cout << "不及格" << end;
```

就错了，但是如果不用 60 测试，是发现不了的。

25.1.2 完全平方数

第二类特殊的数是完全平方数，特别是那些平方根为质数的完全平方数，如 4、9、25 等，这些数是一种**特殊的合数**，因为它们的约数除了 1 和它本身以外，就是它的平方根。还是以判断质数的代码为例：

```
1  int n;
2  bool is = true;
3  cin >> n;
4  for(int i = 2; i*i < n; i++){
5      if(n%i == 0){
6          cout << "n 非质数";
7          is = false;
8      }
9  }
10 if(is)
11     cout << "n 是质数";
12 return 0;
```

上面的代码是从 for(int i=2; i<n; i++) 优化而来的，注意中间的条件是 i<n（是小于号），所以优化后习惯性地使用了小于号 i*i<n。如果并没有意识到这里的错误，而用 2、3、5、6、10、20 等数据测试，会发现都是对的。但是用 4、9、25 一测试，就发现错了。

这里错误的根本原因是，表达式 2 应该用 i*i<=n，即循环的最后一个值不对。**循环的第一个值和最后一个值，本质上也是一种边界值**。循环的边界值是最容易出错的地方，因而一定要用特殊数据进行测试。

25.2 减少循环的次数

有些题目循环次数是固定的，并且很多，而且题目里也没有提供样例数据。这个时候就要假设循环次数是可以变化的，用较少的循环次数来验证代码。这有点类似于自己创建样例数据。当循环次数减少时，结果是容易口算或者笔算出来的，用这个数据验证，可以帮助保证代码的逻辑没有问题。以下面的题目为例。

求下列式子的值：

$1+4+7+\cdots+94+97+100$

代码是这样的：

```
1 int sum = 0;
2 for(int i = 1; i <= 100; i = i+3)
3     sum += i;
4 cout << sum << endl;
5 return 0;
```

我们如何才能知道这个代码有没有错误呢？比如我可能不小心把 i<=100 写成了 i<100，毕竟很多代码中一会儿使用 <，一会儿使用 <=，写错也是很常见的事。这样的题目是不会给样例数据的，否则就直接把结果告诉你了。我们也不知道结果到底应该是多少（学过奥数的小朋友可能会用公式计算，但如果不是等差数列呢？比如第 23 章课后作业第 6 题），该怎么验证代码呢？

我们可以减少循环的次数。代码里虽然是要加到 100，我们可以先加到 7，这时口算可以算出结果为 12。我们把 100 改成 7，看看结果是否为 12，如果是，就证明代码是对的。但是如果不小心把 <= 写成了 <，结果将会是 5，就知道代码有错误了。

用这个方法要注意的地方就是，**当验证代码没有问题后，要记得把循环次数改回去**。

25.3 使用输出语句调试

如果发现了代码有错误，接下来应该怎么办呢？当然是要找出错误并纠正错误，这就要用到**调试**的技巧。3.3 节已经讲过调试的概念，简单说就是解剖代码。调试有很多工具和技巧，但是都比较复杂，对于初学者而言，最简单的调试方法是使用输出语句。我们已经在 11.4 节中列举了使用输出语句进行简单调试的例子，这里再举一个例子。

我们以 22.3 节中“求约数的个数”的代码为例，假设我们把代码写成了这样：

```
1 int n, count=0;
2 cin >> n;
3 for(int i = 1; i < n; i++)   //这里有一个边界值错误
4 {
5     if(n%i==0)
6         count ++;
```

```
7 }
8 cout << count << endl;
9 return 0;
```

编译运行，输入 25，输出结果为 2。但是我们知道 25 有 3 个约数：1、5、25。这时可以把代码中的约数打印出来，看看会不会输出 1、5、25。我们在第 6 行前加入打印语句，如下：

```
1   int n, count=0;
2   cin >> n;
3   for(int i = 1; i < n; i++)
4   {
5       if(n%i == 0){
6           cout << i << endl;
7           count++;
8       }
9   }
10  cout << count << endl;
11  return 0;
```

运行并输入 25，发现只打印了 1 和 5，并没有 25，也就是说代码没有认为 25 是 25 的约数。这时可以继续添加打印语句，看看代码到底检查了哪些数（加在第 5 行前面，把 i 的值打印出来，大家可以自己添加），这时就会发现 i 根本没有到 25，只到 24，于是就知道是循环的条件弄错了，应该是 i<=n。

通过这个例子是想告诉大家，借助输入语句有助于找出代码中的错误。当同学们发现运行结果不对时，也要学会这种方法。

课后作业

1. 编写代码计算下面式子的值，结果保留 10 位小数，并使用本章的方法验证代码：

   1 + 1/2 + 2/3 + 3/4 + ⋯ + 98/99 + 99/100

2. 编写代码求下列式子的值，结果保留 10 位小数：

   1 + 1/3 + 3/5 + 5/7 + ⋯ + 97/99 + 99/101

   提示：从第二项开始，这些数字的分母构成了公差为 2 的等差数列，分子是分母减 2。编写代码并使用本章的方法验证代码。

第 26 章　while 和 do-while 循环

我们在这一部分的开始就提到，C++ 中的循环有 3 种，分别为 for 循环、while 循环和 do-while 循环。前面几章讲述了 for 循环，本章讲解 while 循环和 do-while 循环。本章内容包括：

- 如何使用 while 循环。
- while 循环和 for 循环的等价性。
- 利用 while 循环求阶乘。
- 如何使用 do-while 循环。
- 选择 for 循环还是 while 循环？

26.1 while 循环

while 循环的语法是：

```
while(表达式)
  语句块;
```

其中，包含 while 的那一行称为**循环头**，语句块称为**循环体**。这里的表达式通常是一个逻辑表达式，返回一个 bool 类型的值。但是我们也讲过，任何一个表达式都可以转成 bool 类型，只要非 0 就是真，0 就是假。所以理论上讲，这里可以是任意的表达式。

语句块既可以是单行语句，也可以是复合语句（即用花括号括起来的多行语句）。如果有多行语句，则必须用花括号括起来。

while 循环的执行顺序如下：

（1）执行条件判断，为真就执行（2），为假就退出循环。

（2）执行语句块。

（3）继续执行（1）。

下面来看一个例子：

```
1 int i = 1;
2 while(i <= 5)
3 {
4     cout << i << ' ';
5     i++;
```

```
6 }
```

这段代码的作用是显示数字 1 到 5，我们模拟计算机运行一下上面的代码。

开始 i=1；

判断 1<=5，成立，打印 1；

执行 i++，i=2；

判断 2<=5，成立，打印 2；

执行 i++，i=3；

判断 3<=5，成立，打印 3；

执行 i++，i=4；

判断 4<=5，成立，打印 4；

执行 i++，i=5；

判断 5<=5，成立，打印 5；

执行 i++，i=6；

判断 6<=5，不成立，退出循环。

在讲解 for 循环时，第一个例子也是显示从 1 到 5 的数字，我们也干跑了一遍代码。如果我们仔细对照这两段干跑的叙述的话，会发现它们是一模一样的。没错，这就是 for 循环和 while 循环的等价性。我们在讲解 for 循环的时候提到，for 循环头中的表达式 1 和表达式 3 都是可以省略的，但所谓的省略其实只是换了个地方。使用 for 循环显示 1 到 5 的数字，并且省略表达式 1 和表达式 3 的代码如下：

```
1 int i = 1;
2 for(; i <= 5;)
3 {
4     cout << i << ' ';
5     i++;
6 }
```

与 while 循环的代码比较，发现它们几乎是一致的。所以我们有下面的结论：

任何一个 while 循环都可以转换成等价的 for 循环。反之亦成立。

所以在理解 while 循环时，只需要把它理解成省略表达式 1 和表达式 3 的 for 循环就可以了。也正因为如此，for 循环的所有特性，while 循环都有，比较典型的如，在 while 循环中，也可以有 break、continue，while 循环也可能会产生死循环。以前举的那些使用 for 循环的题目，用 while 写也是可以的。

【真题解析】

1. 下面 C++ 代码执行后的输出是（　　）。

A. 3　　B. 4　　C. 6　　D. 7

解析：这是一个用 while 写的统计个数的代码，从第 5 行看，是倒着跳级循环，满足条件的数为 5、3、1，共 3 个数，但是注意 cnt 的初始值为 1，所以 cnt 最后的值为 4。答案为 B。

```
1  int n = 5;
2  int cnt = 1;
3  while (n >= 0){
4      cnt += 1;
5      n -= 2;
6  }
7  cout << cnt;
```

2. 下面 C++ 代码执行后的输出是（　　）。

```
1  N = 10;
2  cnt = 0;
3  while(1){
4      if(N == 0) break;
5      cnt += 1;
6      N -= 2;
7  }
8  cout << cnt;
```

A. 11　　B. 10　　C. 5　　D. 4

解析：这段代码同样是在统计个数，判断条件为 1，永远成立，但是第 4 行的 break 语句，等价于判断条件。同样是倒着跳级循环。满足条件的数为 10、8、6、4、2、0，但 0 是不参与统计的，因为 break 语句在统计语句前面，当 N = 0 时，先 break 出去了，所以只有 5 个数，cnt 最后为 5。答案为 C。

这道题再次说明了，break 语句的位置是会影响结果的。

3. 下面 C++ 代码执行后的输出是（　　）。

```
1  int N = 10;
2  while(N){
3      N -= 1;
4      if(N%3 == 0)
5          cout << N << "#";
6  }
```

A. 9#6#3#　　B. 9#6#3#0#　　C. 8#7#6#4#2#1#　　D. 10#8#7#6#4#2#1#

解析：这段代码是打印满足条件的数，并用 # 隔开。N 每次减 1，循环条件为单独一个 N，表示 N 大于 0，所以参与循环的数为 10 到 1。然后在循环体里，先把 N 减 1，所以这些数变成了 9 到 0，然后在 9 到 0 里只显示 3 的倍数的数，所以为 9、6、3、0。所以答案为 B。

一般情况下，改变循环变量的代码（对应于 for 循环中的表达式 3 的代码）是放在循环体的末尾的，因为表达式 3 是在每次循环完成后执行的。但这只是一般情况。C++ 中并没有规定循环变量的值在哪儿改变，只要不导致死循环，放哪儿都行。本题中放在了循环体开始，所以打印的结果和进入 while 循环时 N 的值不一致，但这是允许的，关键还是要看代码的写法，要会干跑代码。

下面我们看看 while 循环的应用。由于 while 循环和 for 循环是等价的，所以这些题目用 for 循环写也是可以的。

26.2 求阶乘

一个正整数的阶乘是所有小于及等于该数的正整数的积，并且约定 0 的阶乘为 1。自然数 n 的阶乘写作 $n!$，其分解形式为：

$n! = n\times(n-1)\times\cdots\times3\times2\times1$

例如：$5! = 5\times4\times3\times2\times1 = 120$

要求一个数 n（$1 \leqslant n \leqslant 15$）的阶乘，需要从这个数开始一直到 1，不停地跟前一步算出的结果相乘，这完全符合循环的用法。由于最后的数值可能很大，所以我们用 unsigned long long 类型，代码如下：

```
1   int n;
2   unsigned long long fac = 1;
3   cin >> n;
4   while (n >= 1)
5   {
6       fac = fac *n;
7       n--;
8   }
9   cout << fac << endl;
10  return 0;
```

大家可以通过干跑代码来理解这段代码，这里就不作赘述了。

26.3 do-while 循环

do-while 循环的语法如下

```
do
    语句块；
while(表达式);
```

注意这里 while 语句后面有个分号。

这几个部分的名称以及特性都跟 while 循环相同。这里唯一的区别是，do-while 循环是先执行语句块，再执行条件判断。上面计算阶乘的代码，如果用 do-while 写的话，代码如下：

```
1  int n;
2  unsigned long long fac = 1;
3  cin >> n;
4  do
5  {
6      fac = fac *n;
7      n--;
8  } while (n >= 1);
9  cout << fac << endl;
10 return 0;
```

单从这个例子看，do-while 和 while 好像是没有任何差别的，但是我们来看下面这个题目。

【例题】

输入任意的两个正整数 m、n（$0 < m, n \leqslant 10\,000$），求它们之间（包含 m、n）的 3 幸运数字的和。如果第一个数大于第二个数，则返回 0。输入输出样例如下：

输入：4 13　　　　输出：40

输入：13 4　　　　输出：0

分析：我们分别用 while 和 do-while 来写代码。

代码 1，用 while。

```
1  int a, b, sum=0;
2  cin >> a >> b;
3  int i = a;
4  while(i <= b)
5  {
6      if(i%10 == 3 || i%3 == 0)
7          sum += i;
8      i++;
9  }
10 cout << sum << endl;
11 return 0;
```

代码 2，用 do-while。

```
1  int a, b, sum = 0;
2  cin >> a >> b;
3  int i = a;
4  do
5  {
6      if(i%10 == 3 || i%3 == 0)
7          sum += i;
8      i++;
9  } while(i <= b);
10 cout << sum << endl;
11 return 0;
```

分别编译、运行、测试，输入样例数据 1，测试结果都正确；输入样例数据 2，代码 1 显示正确的结果 0，代码 2 显示 13，与样例输出不一致。这是怎么回事呢？

我们再次需要干跑代码。在代码 1 中，当输入 13 4 时，循环开始判断 13<4，不成立，所以没有进入循环，sum 为 0。在代码 2 中，当输入 13 4 时，循环体开始执行，判断 13 是否为 3 幸运数，是的，所以把 13 加到 sum 中，sum 变成 13。然后判断 13<4，不成立，退出循环，所以退出后 sum 为 13。从这个例子可以看出，while 循环可能一次都不执行，但是对于 do-while 循环，因为是先执行循环体再判断，所以 do-while 循环的循环体至少会执行一次。我们有下面的结论：**for 循环和 while 循环可能一次都不执行，但是 do-while 循环至少会执行一次。**由于 do-while 循环的这一特性，我们在使用 do-while 循环前必须问一句，这里的循环体至少需要执行一次吗？如果不确定，则尽量使用 while 循环或者 for 循环。

26.4 是使用 for 循环还是 while 循环

我们现在已经明白了任何一个 for 循环都可以转化成等价的 while 循环，反之也一样。那么我们在编程的时候，到底何时使用 for 循环，何时使用 while 循环呢？

一般地，当明确知道循环次数的时候，我们使用 for 循环，而当循环次数不明确的时候，我们使用 while 循环。比如第 24 章中的第 3 道课后作业就是使用 while 循环的一个绝佳的例子，因为循环次数预先不知道。本章会要求大家使用 while 循环再做一遍，见课后作业 5。

课后作业

1. 判断下列说法是否正确。
   (1) for 语句的循环体至少会执行一次。
   (2) 在下面的 C++ 代码中，由于循环中的 continue 是无条件被执行的，因此将导致死循环：`for(int i=1; i<10; i++)    continue;`
   (3) 任何一个 for 循环都可以转化为等价的 while 循环。
   (4) break 的作用是提前终止循环，它通常和 if 语句配合使用。
   (5) 循环语句的循环体有可能无限制地执行下去。
2. 下列关于 C++ 语言的描述，不正确的是（　　）。
   A. if 语句中的判断条件必须用小括号“(”和“)”括起来
   B. for 语句中两个“;”之间的循环条件可以省略，表示循环继续执行的条件一直满足
   C. 循环体包含多条语句时，可以用缩进消除二义性
   D. 除了“先乘除、后加减”，还有很多运算符优先级
3. 编程题：输入两个正整数 m、n（$0 \leqslant m, n \leqslant 10^6$），求这两个数之间的 7 幸运数的和，

如果第一个数大于第二个数，则返回 0。输入输出样例如下：

输入：15 21　　　　输出：38

输入：21 17　　　　输出：0

要求使用 while 循环。

4. 编程题：输入一个正整数 n（$0 < n \leqslant 10^6$），输出这个数的所有约数，在一行里显示 m，用空格隔开。输入输出样例如下：

输入：40　　　　输出：1 2 4 5 8 10 20 40

输入：9　　　　输出：1 3 9

要求使用 while 循环。

5. 编程题：对自然数求和，当总和超过 x 时就停止，否则就一直往后加。根据用户输入的 x（$0 < x \leqslant 10^6$），请计算出需要加到第几个数，总和才能大于或者等于 x，以及总和为多少。输入输出样例如下：

输入：5　　　　输出：3 6

输入：1035　　　　输出：45 1035

要求使用 while 循环。

第 27 章　while 循环应用

本章来看看 while 循环的一些应用，包括：

- 倒着显示一个正整数的各个位数。
- x 天后是第几个礼拜的礼拜几。
- 通过等比数列的求和，见识指数增长的威力。

27.1 倒着显示各个位数

【例题】

输入一个正整数 n（$1 \leqslant n \leqslant 10^{12}$），倒着输出这个数的各个位数，并用空格隔开。输入输出样例如下：

输入：2345　　　　　输出：5 4 3 2

输入：45810　　　　 输出：0 1 8 5 4

分析：在第 13 章课后作业第 2 题中，曾要求大家编写代码显示一个 3 位数的倒过来的数。对于一个 3 位数，我们可以设定 3 个变量，分别存放这个数的百位数、十位数和个位数，然后拼成一个新的数输出。但是现在并未规定是 3 位数，而是任意位数的数，此时使用有限个数的变量就不太适合。

我们的方法是，先显示个位数，然后把原来的数除以 10 取整，于是原来的十位数就变成了个位数。如此循环下去，直到这个数变成 0，就把所有的位数都显示出来了。另外，本题中 n 的取值范围为 $0 < n \leqslant 10^{12}$，已经超出了 int 类型的范围，所以应该选用 long long 型。代码如下：

```
1 long long n;
2 cin >> n;
3 while (n>0)
4 {
5     cout << n%10 << ' ';
6     n = n/10;
7 }
8 cout << endl;
9 return 0;
```

本题仅仅是把各个位的数显示出来，但既然能显示，就能做其他运算。来看看下面的这道题目。

【真题解析】

在下列代码的横线处填写（　　），可以使得输出是正整数 1234 各位数字的平方和。

```
1  int n = 1234, s = 0;
2  for(; n; n /= 10)
3      s += ______________;    //此处填写代码
4  cout << s << endl;
```

A. n / 10　　B. (n / 10) * (n / 10）　C. n % 10　　D. (n % 10) * (n % 10)

解析：这是一个用 for 循环实现倒着显示各个位数的代码，但这里不是显示各个位数本身，是要把它们平方再加和。加和由 += 实现，所以这里只需要对位数求平方就可以了。显示位数的代码是 n%10，所以求其平方的代码就是 (n%10)*(n%10)，答案为 D。

注意，这里的表达式 2 为单独一个 n，表示 n 大于 0 时，继续循环，n 等于 0 时退出循环。和 while(n>0) 的意思是一样的。

27.2 时间轮转

【例题】

今天是礼拜 n（$1 \leqslant n \leqslant 7$，即礼拜天称为礼拜 7），那么 x 天（$0 \leqslant x \leqslant 1000$）后是第几个礼拜的礼拜几？如果还在当前礼拜，则称为第 1 个礼拜。输入输出样例如下：

输入：6 1　　　　输出：1 7

解释：礼拜 6 加 1 天，为礼拜日，按照题意，为礼拜 7，仍然在当前礼拜。

输入：5 20　　　　输出：4 4

解释：礼拜 5 加 20，把 20 拆成 2、7、7、4，5+2=7，为第一个礼拜的最后一天；再加 7，到了第二个礼拜的最后一天；再加 7，到了第三个礼拜的最后一天；再加 4，到了第四个礼拜的礼拜 4。

分析：回想一下，在 13.2 节和 19.2 节做过这样的题目：

今天是礼拜 n（$1 \leqslant n \leqslant 7$，即礼拜天称为礼拜 7），那么 x 天（$0 \leqslant x \leqslant 1000$）后是礼拜几？输入输出样例如下：

输入：6 1　　　　输出：7

输入：5 20　　　　输出：4

当时这个题目给出了两种解法，第一种解法简单（见 13.2 节），但是需要非常高的抽象思维能力和空间想象能力，第二种解法稍微复杂一点（见 19.2 节），但是理解起来比较容易。这里列出 19.2 节的代码：

```
1 int n, x;
2 cin >> n >> x;
3 n += x%7;
4 if(n > 7)
5     n -= 7;
6 cout << n << endl;
7 return 0;
```

为什么要提及这个题目？因为它们很像。那么这个代码能拿来直接用吗？不能。因为题目不同。这道题目要求 *x* 天后是礼拜几，而不是第几个礼拜的礼拜几。所以它在一开始就把 *x* 对 7 求了余数，这就把第几礼拜的信息给抹掉了。想一想，x%7 的取值范围为 0 ～ 6，那么 n + x%7 为 1 ～ 13，永远不会超过第二个礼拜。但是直觉告诉我们，只要 *x* 超过 14，那么一定是 2 个礼拜之后的事情了。

所以对于今天的题目，我们不能一开始就求 7 的余数，我们要把 *x* 原来的值加到 *n* 上，也就是：

```
n = n + x;
```

然后我们能不能用以前学到的拆分位数的方法，用 *n*/7 表示第几个礼拜，用 *n*%7 表示礼拜几呢？

我们来分析一下。当 *n* 取值 1 ～ 7 时，按照本题要求应该是第 1 个礼拜，但是 *n*/7 的值却可能有两个不同的值：

- *n* 为 1 ～ 6 时，*n*/7 为 0。
- *n* 为 7 时，*n*/7 为 1。

同样 *n*%7 的取值范围为 0 ～ 6，也不是这里要求的 1 ～ 7。

所以我们需要一个不同的方法，我们的思路是自己实现一个类似除法的算法。设 w 表示第几个礼拜，一开始把 w 设为 1（因为当前礼拜称为第一个礼拜）。我们制定这样的规则：

（1）如果 *n* <=7，那么 w 就是第几个礼拜，*n* 就是礼拜几，程序结束。

（2）如果 *n*>7，从 *n* 中减去 7，把 w 加 1。

（3）返回第（1）步。

很明显，这里需要用一个循环来实现。我们使用 while，完整的代码如下：

```
1  int n, x, w = 1;
2  cin >> n >> x;
3  n += x;
4  while(n > 7)
5  {
6      n -= 7;
7      w += 1;
8  }
9  cout << w << ' ' << n << endl;
10 return 0;
```

27.3 胜利的奖赏

【例题】

小格和爸爸在一个 4×4 的格子上下棋。小格赢了，爸爸说："好吧，你要什么奖励我都给你。"小格说："我喜欢吃巧克力，这样吧，第一格放 1 块巧克力，第二格放 2 块巧克力，第三格放 4 块巧克力，第四格放 8 块……以此类推（如图 27-1 所示），但是我也不贪心，如果超过 1000（指≥ 1000）块了，就不要放了。现在请你算一算，一共放了几个格子，放了几块巧克力。"

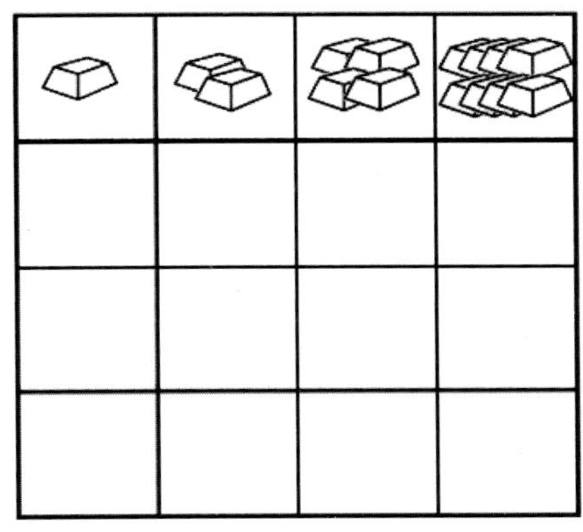

图 27-1

分析：从放的巧克力块数看，这些数字构成了一个等比数列，公比为 2，所以总块数使用循环求和。但是超过 1000 块就不需要放了，所以需要中途退出。这里使用 while 循环，代码如下：

```
1  int n = 1, i = 1, sum = 0;
2  while(i <= 16)
3  {
4      sum += n;
5      if(sum >= 1000)
6          break;
7      n = n*2;
8      i = i+1;
9  }
10 cout << i << ' ' << sum << endl;
11 return 0;
```

这里，i 表示第几格，n 表示每格放的巧克力数，sum 表示总的巧克力数。n 每次是上一次的 2 倍，用 n = n*2 实现。注意这里的 break 语句是在求和之后、n 变化之前。这一点很重要，因为这个地方，i、n、sum 三者的值是一致的，这样退出后，i 的值不需要改变。（"i、n、sum 三者的值是一致的"是指，如果 i 是第 5 格，那么 n 是第 5 格放的巧克力数，sum 是第 1 格到第 5 格的和。如果 break 语句发在循环体的末尾，那么此时就变成了 i 指向第

k 格，n 是第 k 格放的巧克力数（跟 i 是一致的），但 sum 是第 1 格到第 k-1 格的巧克力数之和，跟 i 的值不一致。此时，退出循环后，i 的值就要减 1。）

运行这段代码，结果为 10 1023，也就是说，放到第 10 格的时候，总数就达到 1023，超过 1000 了。可见，**指数增长的速度是很快的**。

如果不太确定这个代码对不对，可以使用第 25 章学习的方法，把 1000 减少，比如换成 10，那么应该加到 4 格就超过 10 了（加到 4 的总和，口算一下为 15）。如果结果不是 4 和 15，那么说明代码有错误。

课后作业

1. 编程题：输入一个正整数 n（$1 \leqslant n \leqslant 10^{12}$），求这个数的各个位数的和。输入输出样例如下：

   输入：135　　　　输出：9

   输入：5247　　　输出：18

2. 编程题：不调用系统里的除法和求余运算，自己编写一段代码实现整除和求余运算。两个数均为正整数，且小于 10^6。输入输出样例如下：

   输入：5 2　　　　输出：2 1

   输入：6 3　　　　输出：2 0

3. 编程题：小格学习累了，想乘坐星际飞船到另外一个星球 Z 上游玩一段时间。星球 Z 上的时间过得非常快，在星球 Z 上呆 1 天，地球上的时间过去了 1 个月。已知小格出发时是今年的第 N 个月，小格在星球 Z 上呆了 X 天（$1 \leqslant X \leqslant 100$），那么小格回来时是第几年的第几个月？本题不用考虑大小月，当年称为第 1 年。输入输出样例如下：

   输入：7 5　　　　输出：1 12　　　　（当年的 12 月）

   输入：10 16　　　输出：3 2　　　　（第 3 年的 2 月）

   （提示：请注意与第 13 章课后作业第 5 题的区别。）

延伸阅读：国王的奖赏

本章的第 3 个例题来自古代印度的传说。古代印度有个国王跟大臣下棋，国王输了，想要赏赐大臣。国王说：“提出你的要求吧，无论你提什么，我都会满足你。”大臣说：“我只想要一些麦粒，能把棋盘放满。这个棋盘共有 64 个方格（如图 27-2 所示），陛下，请在第一个格子里放 1 颗麦粒，第二个格子里放 2 颗，第三个格子里放 4 颗，第四个格子里放 8 颗……以此类推，把 64 个格子都放满。”国王一听，不假思索地说：“这样小小的要求，我立刻就满足你。”但是，管粮食的大臣算了以后，吓得大惊失色，因为这是一个很大的数字，即使把当时全世界的小麦全加起来也不够放。

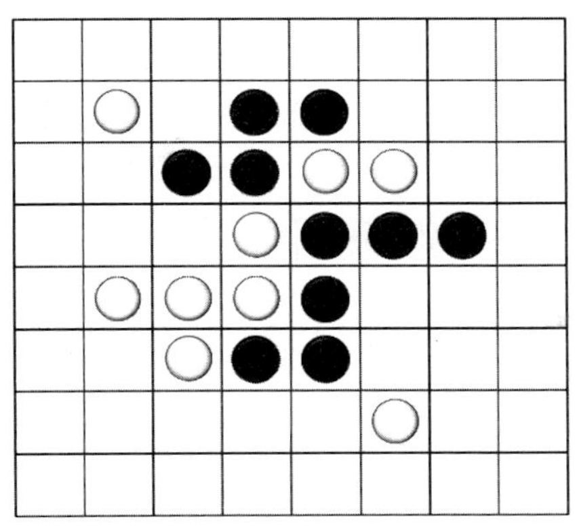

图 27-2

现在我们有了计算机，不妨编个程序来算一算，放满 64 个小方格需要多少颗小麦。因为数字可能会比较大，我们采用 unsigned long long 型。

```
1 unsigned long long  n = 1, sum = 0;
2 for(int i = 1;i <= 64;i++)
3 {
4     sum += n;
5     n=n*2;       // 每次 n 变成原来的 2 倍
6 }
7 cout << sum << endl;
8 return 0;
```

结果为 18 446 744 073 709 551 616。（实际上，单看这个数字，并不能说明有没有越界，但是这里已经通过其他工具验证了，所以这个数字是准确的。）

那么这个数字到底是多大呢？单看这个数字是没有感觉的，我们来算一算这么多颗麦粒到底有多重。每颗小麦的重量通常为 0.025 ～ 0.040 克，我们取平均数 0.030 克，那么这么多颗小麦约为 553 402 322 211 吨，即 5534 亿吨。2024 年全球小麦产量预计也只有 7.96 亿吨，所以即便是现在，也需要 691 年整个世界才能生产出这么多小麦。

上面的这个棋盘只有 64 格，也就是 8×8 的棋盘。如果换成 19×19 的围棋棋盘，按照上述规则放满整个棋盘的话，那么这个数字还要大好几亿倍（是一个 109 位的整数）。实际上，这么多小麦，棋盘上根本放不下。

循环语句总结

知识点总结

1. 基本概念

（1）循环：指同一段代码反复执行多次。

（2）循环语句：指在程序中重复执行一段代码，以实现特定任务的语句。

（3）循环结构：编程语言中的另外一种结构，是指在程序中需要反复执行某个功能而设置的一种程序结构。它由循环头中的条件判断继续执行某个功能还是退出循环。根据判断条件，循环结构可以细分为先判断后执行的循环结构和先执行后判断的循环结构。

（4）循环头：循环语句中包含 for 或 while 关键字的部分。

（5）循环体：循环语句中需要执行的代码块。

（6）循环变量：在循环头中定义的变量。

（7）循环初始值：循环变量的第一个值。

（8）循环终止值：循环变量的最后一个值。

（9）空循环：循环体中没有任何代码的循环。

（10）死循环：在程序运行期间永远不会终止的循环。

2. for 循环

（1）for 循环语法：

```
for(表达式 1;表达式 2;表达式 3)
    语句块;
```

其中，表达式 1 为初始化判断条件，仅执行一次，通常是一些赋值语句；表达式 2 为一个逻辑表达式，用于判断循环是否要继续执行，在执行循环体前判断，并且每次执行循环体前都要判断；表达式 3 改变循环变量的值，每次执行循环体后执行。

（2）如果循环体里要执行的语句超过一句，则必须使用复合语句。

（3）循环变量只能在循环体里使用。

（4）一个循环里可以定义多个循环变量。

（5）3 个表达式都可以是任意的表达式，并且可以有多个语句，每个语句之间用逗号隔开。

（6）3 个表达式都可以省略。

（7）表达式 3 可以有多种形式，典型的有线性增长、线性减少、指数增长等。

（8）for 循环的循环体有可能一次都不执行。

（9）循环变量的初始值和终止值的选择会影响计算结果。

3. while 循环

（1）while 循环语法：

```
while(表达式)
    语句块;
```

表达式通常是一个逻辑表达式，用于判断循环要不要执行，如果成立就执行语句块，并进入下一次循环，否则就退出循环。每次执行循环前都要判断。

（2）如果循环体里要执行的语句超过一句，则必须使用复合语句。

（3）while 循环的循环体有可能一次都不执行。

（4）每一个 while 循环都可以转化成等价的 for 循环。反之亦成立。

4. do-while 循环

（1）do-while 循环语法：

```
do
    语句块;
while(表达式);
```

其中表达式通常是一个逻辑表达式，用于判断循环要不要继续执行，如果成立就继续执行语句块，否则就退出循环。每次执行语句块后都要判断。

（2）如果循环体里要执行的语句超过一句，则必须使用复合语句。

（3）do-while 的循环体至少会执行一次。

5. 循环特性

（1）三种循环都可能是空循环。

（2）三种循环都可能产生死循环。

（3）break 直接退出当前层次的循环，通常与 if 语句配合使用。break 语句通常会减少循环的次数，并一定（不是通常）对循环变量的最后一个值产生影响（也就是说，发生了 break 跟没有发生 break，循环结束后，循环变量最后的值在两种情况下是不一样的）。

（4）continue 跳过后续代码继续执行下一个循环，通常与 if 语句配合使用。

6. 验证和调试代码

（1）仅使用样例数据测试是不够的，必须多做测试，特别要使用特殊数据进行测试。

（2）边界数据和平方根为素数的完全平方数是两类特殊数据。

（3）减少循环次数，把计算结果和口算的结果比较，是一种发现错误的方法。

（4）使用输出语句可以帮助找出代码中错误的源头。

【例题】

1. 求下列式子的值：

1+(1+2) +(1+2+3) +(1+2+3+4)+(1+2+3+4+5)

分析：这个式子里的每一个数据项构成了一个等差数列。一般情况下，我们不建议直接使用等差数列的公式求和，因为使用一个循环就可以了，非常简单。但是对于本题，每个数据项是一个等差数列，如果每个数据项使用一个循环，外面还需要一个循环，那么就需要两层循环。GESP 一级大纲里并没有循环嵌套，所以对于本题，内层循环可以直接使用公式。

从 1 加到 n 的公式为：n×(n+1)/2。所以代码为：

```
1 int sum = 0;
2 for(int i = 1; i <= 5; i++)
3     sum += i*(i+1)/2;
4 cout << sum << endl;
5 return 0;
```

最后要使用第 25 章的方法进行代码验证。

2. 招生政策 3.0

小格所向往的重点初中，之前推出了招生政策 2.0，加入了英语和信息课程的成绩考核，并且要求：语文、数学、英语、信息 4 门功能都不能低于 90 分，其中至少 2 门不低于 95 分。但是很多家长反映，不能只凭一次成绩，很多孩子平时成绩都很优秀，但最后考试时可能由于各种原因没有考好，这种“一考定终身”的政策害惨了很多孩子，应该取最近几次考试的平均成绩。校领导采纳了大家的意见，决定采取前 n（$1 \leqslant n \leqslant 5$）次考试的平均成绩，分数要求和以前相同。

现在请你判断小格的分数能不能进入这个重点初中。输入第一行为一个数字 n，然后的 n 行是每次考试的成绩，每行 4 个数字。输入输出样例如下：

样例 1 输入：

```
2
95 94 95 90
95 93 93 90
```

样例 1 输出：

```
0
```

样例 1 解释：虽然单看第一次是满足条件了，但是平均下来却不满足。

样例 2 输入：

```
4
89 96 96 92
89 95 92 95
```

```
96 95 88 97
88 95 95 97
```

样例 2 输出：

```
1
```

样例 2 解释：虽然单看每一次都不满足条件（每一次都有低于 90 分的），但是平均分数满足条件了。

分析：分数的要求还是和以前一样，但是是用 n 次考试的平均分，所以需要先求出平均分。通过循环，读入每次的成绩，把每门课成绩相加，最后除以 n，就得到每门课的平均分。注意除法会产生小数，所以平均成绩的数据类型为 double。代码如下：

```
1  int n, a, b, c, d;
2  double ave_a = 0, ave_b = 0, ave_c = 0, ave_d = 0;
3
4  cin >> n;
5  for(int i = 1; i <= n; i++)
6  {
7      cin >> a >> b >> c >> d;
8      ave_a += a;
9      ave_b += b;
10     ave_c += c;
11     ave_d += d;
12 }
13 ave_a /= n;
14 ave_b /= n;
15 ave_c /= n;
16 ave_d /= n;
17
18 bool all_good = ave_a >= 90 && ave_b >= 90 && ave_c >= 90 &&
   ave_d >= 90;  // 所有课程都不低于 90 分
19 bool a_super_good = ave_a >= 95;
20 bool b_super_good = ave_b >= 95;
21 bool c_super_good = ave_c >= 95;
22 bool d_super_good = ave_d >= 95;
23
24 bool two_super_good = a_super_good + b_super_good + c_super_
   good + d_super_good >= 2;    // 至少有两门不低于 95 分
25 if(all_good && two_super_good)
26     cout << 1 << endl;
27 else
28     cout << 0 << endl;
29
30 return 0;
```

课后作业

1. 下面的 C++ 代码用于判断键盘输入的数是否为质数。质数是只能被 1 和它本身整除的数。在横线处应该填入的代码是（　　）。

```
1   int N;
2   cin >> N;
3   int cnt = 0;
4   for (int i = 1; i < N + 1; i++)
5       if (__________)
6           cnt += 1;
7   if (cnt == 2)
8       cout << N << "是质数。";
9   else
10      cout << N << "不是质数。";
```

A. N % i

B. N % i == 0

C. N / i == 0

D. N / i

2. 编程题：输入一个正整数 n（$1 \leqslant n \leqslant 100$），求形如：$1 + (1 + 2) + (1 + 2 + 3) + (1 + 2 + 3 + 4) + \cdots + (1 + 2 + 3 + 4 + 5 + \cdots + n)$ 的累积相加的和。输入输出样例如下：

输入：3　　　　　输出：10

输入：4　　　　　输出：20

输入：10　　　　 输出：220

3. 编程题：输入一个正整数 N（$1 \leqslant N \leqslant 100$），然后输入 N 个正整数（均小于 10^5），求这 N 个数中能够被 3 整除或者被 5 整除的数字的和。输入输出样例如下：

输入：2 4 5　　　　输出：5

输入：4 7 9 13 15　输出：24

综合练习

一、判断题

1. 在 C++ 代码中变量 X 被赋值为 16.44，则 cout << X / 10 执行后输出的一定是 1。

2. C++ 的整型变量 N 被赋值为 10，则语句 cout << N / 4 << "->" << N % 4 << "->" << N / 4.0 执行后的输出是 2->2->2.0。

3. 定义 C++ 的 float 型变量 N，则语句 cin >> N; cout << int(float(N)); 可以输入正负整数和浮点数，并将其转换为整数后输出。

4. C++ 的整型变量 N 被赋值为 5，语句 printf("%d*2", N) 执行后将输出 10。

5. 在 C++ 中，break 语句用于终止当前层次的循环，循环可以是 for 循环，也可以是 while 循环。

6. 在 C++，continue 语句通常与 if 语句配合使用。

7. 在 C++ 代码中，不可以将变量命名为 printf，因为 printf 是 C++ 语言的关键字。

8. 在 C++ 中有整型变量 N，则表达式 N += 8/4/2 相当于 N += 8/(4/2)。

9. C++ 中定义变量 int N，则表达式 (!!N) 的值也是 N 的值。

10. GESP 测试是对认证者的编程能力进行等级认证，同一级别的能力基本上与编程语言无关。

11. 在 C++ 代码中变量 n 被赋值为 27，则 cout << n%10; 执行后输出的是 7。

12. C++ 语句 printf("%d#%d&", 2, 3) 执行后输出的是 2#3&。

13. C++ 函数 scanf() 必须含有参数，且其参数为字符串型常量，其功能是提示输入。

14. C++ 表达式 "23"*2 执行时将报错，因为 "23" 是字符串类型而 2 是整型，它们数据类型不同，不能在一起运算。

15. 在 C++ 中，while 可能是死循环，而 for 循环不可能是死循环。

16. 在 C++，break 语句用于提前终止当前层次循环，适用于 while 循环，但不适用于 for 循环。

17.C++ 语言中 3.0 和 3 的值相等，所以它们占用的存储空间也相同。

18. 在 C++ 的程序中，cin 是一个合法的变量名。

19. 小格今年春节回姥姥家了，姥姥家的数字电视可以通过遥控器输入电视剧名称来找到想播放的电视剧，所以可以推知里面有交互式程序在运行。

20. 任何一个 for 循环都可以转化为等价的 while 循环。

二、单选题

1. 在 C++ 中，下列不可以做变量名的是（　　）。

A. fiveStar　　B. five_star　　C. five-Star　　D. _fiveStar

2.C++ 表达式 3 - 3 * 3 / 5 的值是（　　）。

A. -1.2　　B. 2　　C. 1.8　　D. 1

3. 在 C++ 中，假设 N 为正整数，则表达式 cout << (N % 3 + N % 7) 可能输出的最大值是（　　）。

A. 6　　B. 9　　C. 8　　D. 10

4. C++ 语句 printf("5%%2={%d}\n", 5 % 2) 执行后的输出（　　）。

A. 1={1}　　B. 5%2={5%2}　　C. 5%2={1}　　D. 5 ={1}

5. 对整型变量 i，执行 C++ 语句 cin >> i, cout << i 时，如果输入 5+2，下述说法正确的是（　　）。

A. 将输出整数 7

B. 将输出 5

C. 语句执行将报错，输入表达式不能作为输出的参数

D. 语句能执行，但输出内容不确定

6. 下面 C++ 代码执行后的输出是（　　）。

```
1 float a;
2 a = 101.101;
3 a = 101;
4 printf("a+1={%.0f}",a+1);
```

A. 102={102}

B. a+1={a+1}

C. a+1={102}

D. a 先被赋值为浮点数，后被赋值为整数，执行将报错

7. 表达式 9/4 - 6 % (6 - 2) * 10 的值是（　　）。

A. -17.75　　B. -18　　C. -14　　D. -12.75

8. 下面 C++ 代码执行时输入 10 后，正确的输出是（　　）。

```
1 int N;
2 cout << "请输入正整数：";
3 cin >> N;
4 if (N % 3)
5     printf("第5行代码%2d", N % 3);
6 else
7     printf("第6行代码%2d", N % 3);
```

A. 第 5 行代码 1　　B. 第 7 行代码 1　　C. 第 5 行代码 1　　D. 第 7 行代码 1

9. 下面 C++ 代码执行后的输出是（　　）。

```
1  int Sum = 0, i = 0;
2  for ( ; i < 10; )
3   Sum += i++;
4  cout << i << " " << Sum;
```

A. 9 45　　B. 10 55　　C. 10 45　　D. 11 55

10. 下面 C++ 代码用于判断 N 是否为质数（只能被 1 和它本身整除的正整数）。程序执行后，下面有关描述正确的是（　　）。

```
1  int N;
2  cout << "请输入整数：";
3  cin >> N;
4
5  bool Flag = false;
6
7  if (N >= 2){
8      Flag = true;
9      for (int i=2; i < N; i++)
10         if (N % i == 0){
11             Flag = false;
12             break;
13         }
14 }
15
16 if(Flag)
17     cout << "是质数";
18 else
19     cout << "不是质数";
```

A. 如果输入负整数，可能输出“是质数”

B. 如果输入 2，将输出“不是质数”，因为此时循环不起作用

C. 如果输入 2，将输出“是质数”，即便此时循环体没有被执行

D. 如果将 if (N >= 2) 改为 if (N > 2) 将能正确判断 N 是否是质数

11. 下面的 C++ 代码用于求 1 ～ N 所有奇数之和，其中 N 为正整数，如果 N 为奇数，则求和时包括 N。有关描述错误的是（　　）。

```
1  int N;
2  cout << "请输入正整数：";
3  cin >> N;
4
5  int i = 1, Sum = 0;
6  while (i <= N){
7      if (i % 2 == 1)
8          Sum += i;
9      i += 1;
10 }
11
12 cout << i << " " << Sum;
```

A. 执行代码时如果输入 10，则最后一行输出将是 11 25

B. 执行代码时如果输入 5，则最后一行输出将是 6 9

C. 将 i += 1 移到 if (i % 2 == 1) 前一行，同样能实现题目要求

D. 删除 if (i % 2 == 1)，并将 i += 1 改为 i += 2，同样可以实现题目要求

12. 如果一个整数 N 能够表示为 X*X 的形式，那么 N 就是一个完全平方数，下面 C++ 代码用于完成判断 N 是否为一个完全平方数，在横线处应填入的代码是（　　）。

```
1  int N;
2  cin >> N;
3  for(int i = 0; i <= N; i++)
4      if(__________________)
5          cout << N << "是一个完全平方数\n";
```

A. i == N*N　　B. i*10 == N　　C. i+i == N　　D. i*i == N

13. 执行下面 C++ 代码后输出的 cnt 的值是（　　）。

```
1  int cnt=0;
2
3  for(int i = 0; i*i < 64; i+=2)
4      cnt++;
5  cout << cnt;
```

A. 8　　B. 7　　C. 4　　D. 1

14. 小格父母带他到某培训机构给他报名参加 CCF 组织的 GESP 认证考试的第一 级，那他可以选择的认证语言有几种？（　　）

A. 1　　B. 2　　C. 3　　D. 4

15. ENIAC 于 1946 年投入运行，是世界上第一台真正意义上的计算机，它的主要部件都是由（　　）组成的。

A. 感应线圈　　B. 电子管　　C. 晶体管　　D. 集成电路

三、编程题

1. 时间规划。

【问题描述】

小格在为自己规划学习时间。现在他想知道两个时刻之间有多少分钟，你能通过编程帮他做到吗？

【输入描述】

输入 4 行，第一行为开始时刻的小时，第二行为开始时刻的分钟，第三行为结束时刻的小时，第四行为结束时刻的分钟。

输入保证两个时刻是同一天，开始时刻一定在结束时刻之前。时刻使用 24 小时制，即小时在 0 到 23 之间，分钟在 0 到 59 之间。

输入输出样例如下：

输入：

9

5

9

6

输出：

1
输入：
9
5
10
0
输出：
55

2. 购买文具。

【问题描述】

开学了，小格来到文具店选购文具。签字笔 2 元一支，他需要 X 支；记事本 5 元一本，他需要 Y 本；直尺 3 元一把，他需要 Z 把。小格手里有 Q 元钱。请你通过编程帮小格算算，他手里的钱是否够买他需要的文具。

【输入描述】

输入 4 行。

第一行包含一个正整数 X，是小格购买签字笔的数量。约定 $1 \leqslant X \leqslant 10$。

第二行包含一个正整数 Y，是小格购买记事本的数量。约定 $1 \leqslant Y \leqslant 10$。

第三行包含一个正整数 Z，是小格购买直尺的数量。约定 $1 \leqslant Z \leqslant 10$。

第四行包含一个正整数 Q，是小格手里的钱数（单位：元）。

【输出描述】

输出 2 行。如果小格手里的钱够买他需要的文具，则第一行输出“Yes”，第二行输出小格会剩下的钱数（单位：元）；否则，第一行输出“No”，第二行输出小格缺少的钱数（单位：元）。

输入输出样例如下：
输入：
1
1
1
20
输出：
Yes
10
输入：
1

1

1

5

输出：

No

5

3. 小格报数。

【问题描述】

小格需要从 1 到 N 报数。在报数过程中，小格希望跳过 M 的倍数。例如，如果 N=5，M=2，那么小格就需要依次报出 1、3、5。

现在，请你依次输出小格报的数。

【输入描述】

输入 2 行，第一行一个整数 N（$1 \leqslant N \leqslant 1000$），第二行一个整数 M（$2 \leqslant M \leqslant 100$）。

【输出描述】

输出若干行，依次表示小格报的数。

输入输出样例如下：

输入：

5

2

输出：

1

3

5

4. 立方数。

【题面描述】

小格有一个正整数 n，他想知道 n 是否是一个立方数。一个正整数 n 是立方数当且仅当存在一个正整数 z 满足 $z \times z \times z = n$。

【输入格式】

第一行包含一个正整数 n。

【输出格式】

如果正整数是一个立方数，输出 Yes，否则输出 No。

输入输出样例如下：

输入：8　　　　　　输出：Yes

输入：9　　　　　　输出：No

5. 迷你计算器。

编写一个命令行迷你计算器，能执行加、减、乘、除以及求余运算。用户输入两个数和一个运算符，程序检查运算符并做相应运算：

- 如果是 +，则做加运算。
- 如果是 -，则做减运算。
- 如果是 *，则做乘运算。
- 如果是 /，则检查除数是否为 0，如果为 0，输出“Invalid input!”，否则，作为浮点数做除法运算。
- 如果是 %，则检查除数是否为 0，如果是 0，提示“Invalid input!”，否则，把两个数都转换成整数并进行求余运算。
- 如果是其他符号，提示“Invalid input!”。

如果输入都是有效的，显示运算的结果，比如：“23.4 + 35.6 = 59”。

【特别提示】

计算结果直接显示，使用系统默认的小数位数。

输入输出样例如下：

输入：34.3 25.6 +　输出：34.3 + 25.6 = 59.9

输入：56 34 -　　　输出：56 - 34 = 22

输入：23 67 *　　　输出：23 * 67 = 1541

输入：56 3 /　　　 输出：56 / 3 = 18.6667

输入：45 12 %　　　输出：45 % 12 = 9

输入：45 0 /　　　 输出：Invalid input!

输入：45 0 %　　　 输出：Invalid input!

输入：45 34 X　　　输出：Invalid input!

课后作业参考答案

以下为各章课后作业的参考答案，如果在学习过程中遇任何问题，可扫描右侧二维码直接与作者联系：

第 1 章

1. C，GESP 一级的认证语言有 3 种。
2. （1）0b1110 转换成十进制数为 14，所以 111>0b1110。

   （2）0b1111 转换成十进制数为 15，所以 15 = 0b1111。

第 2 章

1. C，内存属于存储设备。
2. B。
3. （1）正确　（2）错误　（3）正确　（4）正确

   （5）错误　（6）错误

第 3 章

（1）错误　（2）错误　（3）正确　（4）错误

（5）错误　（6）错误　（7）错误　（8）错误

（9）错误

第 4 章

1. 使用 cout 的代码如下：

```
1  #include <iostream>
2  using namespace std;
3
4  int main()
```

```
5  {
6      cout << "This is my first C++ code." << endl;
7      cout << "I like programming." << endl;
8      cout << "I like C++." << endl;
9      cout << "Yes, I am coming." << endl;
10     return 0;
11 }
```

2. 代码如下：

```
1  #include <iostream>
2  using namespace std;
3
4  int main()
5  {
6      cout << 3+5+2 << endl;
7      return 0;
8  }
```

3. 代码如下：

```
1  #include <iostream>
2  using namespace std;
3
4  int main()
5  {
6      cout << 20-1-2 << endl;
7      return 0;
8  }
```

4. 代码如下：

```
1  #include <iostream>
2  using namespace std;
3
4  int main()
5  {
6      cout << 625*437 << endl;
7      return 0;
8  }
```

第 5 章

参考代码如下：

```
1  #include <iostream>
2  using namespace std;
3
4  int main()
5  {
6      int n;
```

```
7       cin >> n;
8       cout << n << endl;
9       return 0;
10 }
```

编程基础总结

1. D。选项 A，0b1110 = 14，错误；选项 B，0B1111 = 15，错误；选项 C，0b1111 = 15，应该相等，错误；选项 D，0b1111=15，017 为八进制，也是 15，两者相等，正确。

2. B。其他三个都是输入设备。

3. C。U 盘属于存储设备。

4. B。

5. A。

6. C。

7. C。

8. D。调试是用来查找代码错误的方法。

9. C。

第 6 章

1. 本题要求把结果输出在一行里，并用空格隔开，空格为一个字符，需用英文的单引号括起来。参考代码如下（仅 main 函数部分，如果没有特别说明，所有参考代码都是仅包含 main 函数的函数体）：

```
1 int a, S, W;
2 cin >> a;
3 S = a*a;
4 W = 4*a;
5 cout << S << ' ' << W << endl;
6 return 0;
```

2. 参考代码如下：

```
1 int a, b, S;
2 cin >> a;
3 cin >> b;
4 S = a*b;
5 cout << S << endl;
6 return 0;
```

3. 审题：本题要求算出小格的矿泉水瓶子可以兑换多少块橡皮，还剩几个瓶子。输出为 2 个数字，分两行显示。

算法：兑换几块橡皮用除法，还剩几个瓶子用求余运算；程序结构为顺序结构。

自然语言描述：

- 定义 3 个 int 类型的变量 a、b、c，其中 a 存放瓶子个数，b 存放兑换的橡皮个数，c 存放剩余的瓶子个数。
- 读取输入。
- 计算结果：把 a/12 的值赋给 b，把 a%12 的值赋给 c。
- 输出结果。
- 结束。

参考代码如下：

```
1 int a, b, c;
2 cin >> a;
3 b = a/12;
4 c = a%12;
5 cout << b << endl;
6 cout << c << endl;
7 return 0;
```

第 7 章

1.（1）错误，两个整型数相除，结果还是整型数。

（2）正确。

（3）错误，求余运算只能适用于整数。

2.（1）错误，C++ 中的整型长度为 4 个 byte。

（2）错误，C++ 中数据存储的基本单位为 byte，再小的数也至少需要一个 byte，bool 型数据的长度为 1 byte。

（3）错误，4.0 为双精度型，占 8 个 byte；4 为整型，占 4 个 byte。

（4）错误。

3. 输入为整数，且在整型数的范围内，但是结果带有小数，所以结果使用双精度型。参考代码如下：

```
1 int r;
2 double S;
3 cin >> r;
4 S = 3.14*r*r;
5 cout << S << endl;
6 return 0;
```

4. 输入为整数，且在整型数的范围内，但是结果需要用到除法，可能会出现小数，所以结果使用双精度型。参考代码如下：

```
1 int a, b;
2 double ave;
3 cin >> a;
4 cin >> b;
5 ave = (a+b)/2.0;
```

```
6 cout << ave << endl;
7 return 0;
```

第 8 章

1. C，括号优先级最高，先算加法，11+12=23，再进行求余运算。

2. A，长方形的周长为 2*(a+b)，4 个表达式中，只有 A 不对。

3. 参考代码如下：

```
1 cout <<"sizeof(bool) = " << sizeof(bool) << endl;
2 cout <<"sizeof(char) = " << sizeof(char) << endl;;
3 cout <<"sizeof(int) = " << sizeof(int) << endl;
4 cout <<"sizeof(long long) = " << sizeof(long long) << endl;
5 cout <<"sizeof(float) = " << sizeof(float) << endl;
6 cout <<"sizeof(double) = " << sizeof(double) << endl;
7 return 0;
```

4. 题目中没有说明输入为整数，而且样例输入也的确不是整数，所以所有的数都用 double 类型。参考代码如下：

```
1 double a, b, W;
2 cin >> a;
3 cin >> b;
4 W = 2*(a+b);
5 cout << W << endl;
6 return 0;
```

第 9 章

1.（1）正确。　　（2）错误，'3' 是一个字符型常数。　　（3）错误。

2. D，cout 不是关键字。

3. D，endl 不是关键字，因而可以作为标识符。A 以数字打头，B 为关键字，C 带有非法字符。

4. 梯形的面积公式题中已经给出了，为 $S = (a+b)\times h/2$，因为出现了除法，因而结果可能带小数，那就不能直接用整型数相除。因公式中有个常数 2，把 2 变成 2.0，结果就变成浮点数了。参考代码如下：

```
1 int a, b, h;
2 double S;
3 cin >> a;
4 cin >> b;
5 cin >> h;
6 S = (a+b)*h/2.0;
7 cout << S << endl;
8 return 0;
```

5. 题目中未说明是整数，所以全部使用 double 型。参考代码如下：

```
1 double S, a, b;
2 cin >> S;
3 cin >> a;
4 b = S/a;
5 cout << b << endl;
6 return 0;
```

第 10 章

1. D，因为代码段没有显示 a 和 b 的数据类型。

2. 参考代码如下：

```
1 int y, s, m, n;
2 cin >> y >> s >> m;
3 n = y*100 + s*10 + m;
4 cout << n << endl;
5 return 0;
```

3. 题目是要求两个时刻的差，要先把时刻统一转换成用分钟表示的时间段（指凌晨 0 点 0 分 0 秒到这个时刻的时间段），然后再相减；第二个时刻在第一个时刻之后，所以用第二个转好的分钟数减去第一个转好的分钟数。参考代码如下：

```
1 int h1, m1, h2, m2, d;
2 cin >> h1 >> m1 >> h2 >> m2;
3 d = h2*60 + m2 - (h1*60 + m1);
4 cout << d << endl;
5 return 0;
```

4. 题目是要求两个时间段的差，两个时间段可以直接相减，但仍需要先转成同一种单位，这里把时间统一转成分钟；然后题目的样例数据中出现了负数，表明不是求差的绝对值，所以按正常思路把第一部电影的时长减去第二部电影的时长。参考代码如下：

```
1 int h1, m1, h2, m2, d;
2 cin >> h1 >> m1 >> h2 >> m2;
3 d = h1*60 + m1 - (h2*60 + m2);
4 cout << d << endl;
5 return 0;
```

第 11 章

1. 参考代码如下：

```
1 int n1, n2, n3, n4, n5, n6;
2 cin >> n1 >> n2 >> n3 >> n4 >> n5 >> n6;
3 printf("%4d %4d\n", n1, n2);
4 printf("%4d %4d\n", n3, n4);
```

```
5 printf("%4d %4d\n", n5, n6);
6 return 0;
```

2. 使用 printf，要显示 % 符号，必须使用两个 %。参考代码如下：

```
1 int a, b;
2 cin >> a >> b;
3 printf("%d%%%d=%d\n", a, b, a%b);
4 return 0;
```

使用 cout，参考代码如下：

```
1 int a, b;
2 cin >> a >> b;
3 cout << a << '%' << b << '=' << a%b << endl;
4 return 0;
```

3. 进制格式符只支持无符号整数，所以对于负数，要转成正数，自己加负号。参考代码如下：

```
1 int n;
2 cin >> n;
3 if(n<0)
4 {
5     n = 0-n;
6     cout << '-';
7 }
8 printf("0%o\n", n);
9 return 0;
```

第 12 章

1.（1）错误。

（2）错误，逗号运算符的最后一个表达式参与运算。

（3）错误，用双引号括起来的字符序列为字符串，字符串需要原封不动地输出。

（4）错误，后 -- 是先参与运算再减 1，所以输出为 2。

（5）错误，a *= b-d 等价于 a = a*(b-d)。

（6）错误，前 ++ 先自增 1，再参与运算，后 ++ 先参与运算后自增 1，所以结果不同。

（7）在使用变量的值之前一定要先给变量赋初值，赋初值的方法有好几种，初始化只是其中一种，所以错误。

（8）正确，b = a+++c 等价于 b = (a++)+c。

（9）正确。

2.（1）15　（2）3　（3）21　（4）2，5　（5）4，2，24

3. D。

4. 平行四边形面积公式为边长乘以这条边上对应的高，设 b 边对应的高为 k，那么

$S=a\times h=b\times k$，变换得到 $k=a\times h/b$，出现了除法。虽然 a、b、h 都为整数，但是除法会产生小数，所以不能直接相除（否则结果中的小数会被抹掉），要变成浮点数相除。方法有很多种，可以把 a、b、h 定义成浮点型，或者在计算时，引入一个浮点数把计算结果变成浮点数。本题采用后一种方法。参考代码如下：

```
1 int a, b, h;
2 cin >> a >> b >> h;
3 cout << a*h*1.0/b << endl;
4 return 0;
```

第 13 章

1. 参考代码如下：

```
1 int a;
2 cin >> a;
3 cout << a%1000/100 << ' ';
4 cout << a%100/10 << ' ';
5 cout << a%10 << endl;
6 return 0;
```

2. 先把这个数的百位、十位和个位数拆开来，再重新拼成一个数。参考代码如下：

```
1 int a, b, c, d;
2 cin >> a;
3 b = a/100;
4 c = a%100/10;
5 d = a%10;
6 cout << d*100 + c*10 + b << endl;
7 return 0;
```

3. 本题的输出为 3 行，这也是 GESP 通常的输出格式。本书中为节约篇幅，很多地方都是要求输出在同一行里，为了让大家适应 GESP 考试，本题特意要求一个数字输出一行。参考代码如下：

```
1 int a;
2 cin >> a;
3 cout << a/3600 << endl;
4 cout << a%3600/60 << endl;
5 cout << a%60 << endl;
6 return 0;
```

4. 本题是要根据时刻和时间段求时刻，方法是先把时刻转化成时间段，并且使用同一种单位（本题为分钟）。参考代码如下：

```
1 int h, m, n;
2 cin >> h >> m >> n;        // 重复使用变量 h
3 h = h*60 + m + n;
4 cout << h/60 << ' ';       // 题中说了还在当天，所以不用考虑 h 超过 1440 的情形
```

```
5 cout << h%60 << endl;
6 return 0;
```

5. 月份是从 1 到 12，不是从 0 到 11，所以不能直接对 12 求余数来得到几月。应模仿文中星期几的求法，把月份先减 1，然后对 12 求余，然后再加 1。参考代码如下：

```
1 int N, X;
2 cin >> N >> X;
3 cout << (N-1+X)%12 + 1<< endl;
4 return 0;
```

这个代码虽然比较简洁，但理解起来有点困难，后面会给出更容易理解的代码。

算术运算总结

1. B

2. 同第 10 章第 3 题。

3. 解题思路同第 10 章第 3 题，但是现在最小单位是秒，而且休息的时间也要转化成小时、分钟和秒，所以多了一些代码。参考代码如下：

```
1 int h1, m1, s1, h2, m2, s2;
2 cin >> h1 >> m1 >> s1 >> h2 >> m2 >> s2;
3 h1 = h1*3600+m1*60+s1;  // 重复使用 h1
4 h2 = h2*3600+m2*60+s2;  // 重复使用 h2
5 h2 = h2 - h1;           // 重复使用 h2
6 cout << h2/3600 << ' ';
7 cout << h2%3600/60 << ' ';
8 cout << h2%60 << endl;
9 return 0;
```

4. 解题思路同第 13 章第 4 题，只是现在最小单位变成了秒。参考代码如下：

```
1 int h, m, s, ds;
2 cin >> h >> m >> s >> ds;
3 h = h*3600 + m*60 + s + ds;  // 重复使用变量 h
4 cout << h/3600 << ' ';
5 cout << h%3600/60 << ' ';
6 cout << h%60 << endl;
7 return 0;
```

5. 统一把单位换成克，然后相加，然后再分解为斤和两。由于从克转成两时需要除以 50，会产生小数，所以 50 需要使用浮点数。参考代码如下：

```
1 int j, l, k;
2 cin >> j >> l >> k;
3 j = j*500 + l*50 + k*4;  // 重复使用变量 j
4 cout << j/500 << ' ';
5 cout << j%500/50.0 << endl;
6 return 0;
```

第 14 章

1. （1）正确　　（2）正确

2. 参考代码如下：

```
1 int n, even;
2 cin >> n;
3 even = (n%2 == 0) ? 1 : 0;
4 cout << even << endl;
5 return 0;
```

说明：如果想把 (n%2 == 0) ? 1 : 0 直接放在 cout 语句中，则两边必须加括号，因为冒号（:）的优先级比 << 低，不加括号时，编译器会把 0 << 连在一起编译并报告错误。

3. 参考代码如下：

```
1  int a, b, c;
2  cin >> a >> b >> c;
3  if(a+b+c >= 60)
4     cout << "yes" << endl;
5  else
6     cout << "no" << endl;
7  return 0;
```

4. 本题与第 10 章第 4 题的不同点在于，第 10 章第 4 题直接求两部电影时长的差，不需要求绝对值，本题要求绝对值，所以一定要用大的数减去小的数。参考代码如下：

```
1 int h1, m1, h2, m2;
2 cin >> h1 >> m1 >> h2 >> m2;
3 h1 = h1*60 + m1;
4 h2 = h2*60 + m2;
5 if(h1>=h2)
6     cout << h1-h2 << endl;
7 else
8     cout << h2-h1 << endl;
9 return 0;
```

5. 分析：几个条件都要考虑到，因结果的小数部分忽略，所以结果也是用 int 型。参考代码如下：

```
1  int p, r;
2  cin >> p;
3  if(p>6000)
4      r = 0;
5  else
6      r = p*0.15;
7  if(r > 500)
8      r = 500;
9  cout << r << endl;
10 return 0;
```

第 15 章

1. A，14 和 12 都是偶数，第 3 行条件成立。

2. 把这个数的各个位数分解出来，然后判断就可以了。参考代码如下：

```
1  int n, a, b, c, d, e, f;
2  cin >> n;
3  a = n/100000;
4  b = n/10000%10;
5  c = n/1000%10;
6  d = n/100%10;
7  e = n/10%10;
8  f = n%10;
9  if(a==f && b==e && c==d)
10     cout << 1 << endl;
11 else
12     cout << 0 << endl;
13 return 0;
```

3. 参考代码如下：

```
1  int m, n, a, b, c, d, e, f;
2  cin >> m >> n;
3  a = m/100;
4  b = m/10%10;
5  c = m%10;
6  d = n/100;
7  e = n/10%10;
8  f = n%10;
9  if(a==f && b==e && c==d)
10     cout << 1 << endl;
11 else
12     cout << 0 << endl;
13 return 0;
```

4. 参考代码如下：

```
1 int n, a, b;
2 cin >> n >> a >> b;
3 if( n%a == 0 && n%b == 0)
4     cout << 1 << endl;
5 else
6     cout << 0 << endl;
7 return 0;
```

延伸阅读：根据推论，如果 1 个自幂数的个位数为 1，那么这个自幂数减 1，所得结果也是自幂数。而最大的自幂数的个位数正好为 1，所以次大的自幂数就是最大的自幂数减 1，为 115 132 219 018 763 992 565 095 597 973 971 522 400（39 位）。

第 16 章

1. A，4/5 = 0，4/3 = 1，第 2 行成立，所以执行第 3 行。

2. 只需把这个数的十位数和个位数分解出来，然后判断十位数是否等于 2 或者个位数是否等于 2 就可以了。因为 n 不超过 99，n/10 就得到十位数。如果 n 为个位数，那么 n/10 等于 0，也没有关系。参考代码如下：

```
1 int n;
2 cin >> n;
3 if(n/10 == 2 || n%10 == 2)
4     cout << 1 << endl;
5 else
6     cout << 0 << endl;
7 return 0;
```

3. 参考代码如下：

```
1 int n, k;
2 cin >> n >> k;
3 if( n%10 == k || n%k == 0)
4     cout << 1 << endl;
5 else
6     cout << 0 << endl;
7 return 0;
```

第 17 章

1. （1）错误，if 括号中可以放任意类型的表达式，只要结果非 0 就是真，0 就是假。
   （2）正确。
   （3）错误，!N 变成了布尔类型的值，!!N 还是布尔类型，不可能等于 N 本身了。

2. （1）false　（2）true　（3）true　（4）true　（5）true

3. 参考代码如下：

```
1 int n, a, b;
2 cin >> n >> a >> b;
3 if( a%n == 0 && b%n == 0)
4     cout << 1 << endl;
5 else
6     cout << 0 << endl;
7 return 0;
```

4. 参考代码如下

```
1 int a, b, c, d;
2 cin >> a >> b >> c >> d;
3 if( a<=b && b<=c && c<=d)
4     cout << 1 << endl;
5 else
```

```
6     cout << 0 << endl;
7 return 0;
```

5. 参考代码如下：

```
1 int a, b, c;
2 cin >> a >> b >> c;
3 if( a+b>c && a+c>b && b+c>a)
4     cout << "yes" << endl;
5 else
6     cout << "no" << endl;
7 return 0;
```

第 18 章

1.（1）错误，两个字符相加，是转成它们的 ACSII 码相加，'1' 的 ASCII 码为 49，49+49=98，所以 ('1'+'1') 的值为 98，即使把它转成字符，也不是 '2'。

（2）错误，赋值时的隐式类型转换并不遵循从低精度到高精度的规律，只要两边的类型不一致，就一定会发生类型转换。

（3）正确。

（4）错误，隐式转换时是把低精度的数据转成高精度的数据，long long 型的精度比单精度数据精度低。

2. B。我们一个一个分析。选项 A，等价于 ((a == b) == 0)，那么只有 a != b，a==b 就为假，((a == b) == 0) 就为真，所以选项 A 只能得出 a 和 b 不等。选项 C，只要 a 和 b 相反，a + b 就等于 0；选项 D，只要 a 和 b 中有一个为 0，那么 a==0 或者 b==0 就有一个为 1，那么加起来就为真，所以选项 D 只能说明 a 和 b 中至少有一个为 0；最后，选项 B，!(a || b) 为真，那么 a || b 必须为假，那么必须 a 为假同时 b 为假，所以 a 等于 0 且 b 等于 0。

3. C。选项 A 是合法的，b==c 的值为布尔型，转成整型跟 1 相加，再赋给 a 是可以的；选项 B 是等号串联，而且浮点数赋给整型变量也是可以的；选项 D 是个逗号表达式；选项 C，后 ++ 是把原来的“值”返回，然后自身加 1，返回的是一个数值，不是变量，不能做自增运算。

4. D。选项 A 中，a/b 等于 3，加 0.0 还是 3；选项 B，a/b 等于 3，转成浮点数还是 3；选项 C，a/b 等于 3，乘以 1.0 还是 3；只有选项 D，b 先加了 0.0，结果变成了浮点数，然后 a 除以一个浮点数，得到 3.5。要点就是，必须在 a 除以 b 之前，把其中一个数变成浮点数，除好以后结果已经为 3 了，再变成浮点数，已经晚了。

5. D。选项 A 同题 4 的选项 D；选项 B，因为乘法和除法的优先级相同，所以先计算 1.0*a，这时发生了隐式类型转换，结果变成了浮点数，所以接下来浮点数 10.0 除以 4，变成 2.5 了，这和题 4 中的选项 C 不一样；选项 C，括号优先，b 先乘以 1.0，结果也变成了浮点数 4.0，10 除以 4.0，结果是 2.5；选项 D 同题 4 中的选项 B。

6. 参考代码如下：

```
1 int a;
2 cin >> a;
3 cout << (a%2==0) << endl;
4 return 0;
```

说明：如果 a 为偶数，那么 a%2==0 为真，输出就是 1。这个作业是为了练习隐式类型转换，大家平时写代码时，并不一定要这样写。

7. 参考代码 1，使用强制类型转换：

```
1 int S, a;
2 cin >> S >> a;
3 cout << (double)S/a << endl;    //使用强制类型转换把 S 变成 double 型
4 return 0;
```

参考代码 2，使用赋值时的隐式类型转换：

```
1 int S, a;
2 double ds;
3 cin >> S >> a;
4 ds = S;                          //这里就发生了赋值时的隐式类型转换
5 cout << ds/a << endl;
6 return 0;
```

参考代码 3，使用表达式中的隐式类型转换：

```
1 int S, a;
2 cin >> S >> a;
3 cout << S*1.0/a << endl;    //把 S 乘以 1.0，结果就变成了浮点数
4 return 0;
```

第 19 章

1. 参考代码如下：

```
1 char x;
2 cin >> x;
3 if(x >= 'a' && x <= 'z')
4    cout << char(x - 'a' + 'A') << endl;
5 else
6    cout << char(x - 'A' + 'a') << endl;
7 return 0;
```

2. 参考代码如下：

```
1 int N, X;
2 cin >> N >> X;
3 N = N + X%12;
4 if( N > 12)
5     N = N-12;
6 cout << N << endl;
7 return 0;
```

3. 判断一个整数 n 的个位数是否为 k，一般是用 n%10 == k。但是当 n 为负数时，余数也是负数，所以为了保证对负数也成立，这里要加一个 n%10 == -k。参考代码如下：

```
1  int n;
2  cin >> n;
3  bool a = (n>0);
4  bool b = (n%3 == 0);
5  bool c = (n%10 == 3) || (n%10 == -3);
6  if(a+b+c >= 2)
7      cout << 1 << endl;
8  else
9      cout << 0 << endl;
10 return 0;
```

第 20 章

分数与等级的关系是每 5 分一个等级，所以把成绩除以 5，用商来和等级对应。参考代码如下：

```
1  double s;
2  string l="";
3  cin >> s;
4  s = s/5;
5  switch((int)s)
6  {
7      case 20:
8      case 19: l="A+"; break;
9      case 18: l="A"; break;
10     case 17: l="B+";break;
11     case 16: l="B"; break;
12     case 15: l="C+"; break;
13     case 14: l="C"; break;
14     case 13: l="D+"; break;
15     case 12: l="D"; break;
16     default: l="E"; break;
17 }
18 cout << l << endl;
19 return 0;
```

分支语句总结

1. 参考代码如下：

```
1 int h, m, s;
2 char p;
3 cin >> h >> m >> s >> p;
4 h = h*3600 + m*60 + s;  // 重复使用变量 h
5 if(p == 'P')
```

```
6      h += 43200;
7 cout << h << endl;
8 return 0;
```

2. 参考代码如下：

```
1 int h, m, s, d;
2 cin >> h >> m >> s >> d;
3 h = h*3600 + m*60 + s + d;  // 重复使用变量 h
4 if(h >= 86400)              // 这里是处理到了第 2 天的情形
5      h -= 86400;
6 cout << h/3600 << ' ';
7 cout << h%3600/60 << ' ';
8 cout << h%60 << endl;
9 return 0;
```

3. 参考代码如下：

```
1 int h1, m1, h2, m2;
2 cin >> h1 >> m1 >> h2 >> m2;
3 h1 = h1*60 + m1;            // 重复使用变量 h1
4 h2 = h2*60 + m2;            // 重复使用变量 h2
5 if(h2 < h1)                 // 这里是处理可能在第二天离站的情形
6      h2 += 1440;
7 cout << h2-h1 << endl;
8 return 0;
```

4. 参考代码如下：

```
1 int h1, m1, h2, m2;
2 cin >> h1 >> m1 >> h2 >> m2;
3 h1 = h1*60 + m1;            // 重复使用变量 h1
4 h2 = h2*60 + m2;            // 重复使用变量 h2
5 h1 += h2;
6 if(h1 >= 1440)              // 这里是处理可能在第二天离开机场的情形
7      h1 -= 1440;
8 cout << h1/60 << ' ' << h1%60 << endl;
9 return 0;
```

第 21 章

1. 参考代码如下：

```
1 int m, n;
2 cin >> m >> n;
3 for(int i = m; i <= n; i++)
4 {
5      if(i%2 == 1)
6          cout << i << ' ';
7 }
8 cout << endl;
9 return 0;
```

2. 参考代码如下：

```
1 int m, n, count = 0;
2 cin >> m >> n;
3 for(int i = m; i <= n; i++)
4 {
5     if(i%5 == 0)
6         count ++;
7 }
8 cout << count << endl;
9 return 0;
```

3. 参考代码如下：

```
1 int m, n, t, count = 0;
2 cin >> m >> n >> t;
3 for(int i = m; i <= n; i++)
4 {
5     if(i%t == 0)
6         count ++;
7 }
8 cout << count << endl;
9 return 0;
```

第 22 章

1. 参考代码如下：

```
1 int m, n, sum = 0;
2 cin >> m >> n;
3 for(int i = m; i <= n; i++)
4 {
5     if(i%3 == 0 || i%5 == 0)
6         sum += i;
7 }
8 cout << sum << endl;
9 return 0;
```

2. 因为结果可能很大，所以结果使用 long long 类型。参考代码如下：

```
1 int m, n;
2 long long pow = 1;
3 cin >> m >> n;
4 for(int i = 1; i <= n; i++)
5     pow *= m;
6 cout << pow << endl;
7 return 0;
```

3. 参考代码如下：

```
1 int n, sum = 0;
2 cin >> n;
```

```
3 for(int i = 1; i <= n; i++)
4 {
5     if(n%i == 0)
6         sum += i;
7 }
8 cout << sum << endl;
9 return 0;
```

4. 参考代码如下：

```
1  int N, n, min;                  //min 开始可以不设初值
2  cin >> N;
3  cin >> min;                     // 把第一个数给 min
4  for(int i = 2; i <= N; i++)    // 由于第一个数给了 min，循环必须从 2 开始
5  {
6      cin >> n;
7      if(n < min)
8          min = n;
9  }
10 cout << min << endl;
11 return 0;
```

第 23 章

1. （1）错误　（2）错误　（3）错误　（4）错误
2. 27
3. 12
4. 36
5. 30
6. 参考代码如下：

```
1 double sum = 0;
2 for(int i = 1; i <= 100; i++)
3 {
4     sum += 1.0/i;
5 }
6 printf("%.4f\n", sum);
7 return 0;
```

7. 参考代码如下：

```
1 int sum = 0;
2 for(int i = 1; i <= 128; i*=2)
3 {
4     sum += i;
5 }
6 cout << sum << endl;
7 return 0;
```

第 24 章

1. 因为只需要求所有 m ≤ n 形式的因数对，所以只要循环到 n 的平方根就可以了。参考代码如下：

```
1 int n;
2 cin >> n;
2 for(int i = 1; i*i <= n; i++)
3 {
4     if(n%i == 0)
5         cout << "(" << i << "," << n/i << ") ";
6 }
7 cout << endl;
8 return 0;
```

2. 判断合数与判断素数的代码是完全一样的，只要布尔值反一下就可以了。参考代码如下：

```
1  int n;
2  bool is = false;        //开始初值设成 false，表示默认不是合数
3  cin >> n;
4  for(int i = 2; i*i <= n; i++)
5  {
6      if(n%i == 0)
7      {
8          is = true;    //只要发现了一个约数，就认为是合数
9          break;
10     }
11 }
12 if(is)
13     cout << 1 << endl;
14 else
15     cout << 0 << endl;
16 return 0;
```

3. 因为不知道加到多少能停止，所以省略表达式 2，在循环体中，当总和超过 x 时，break 出来。参考代码如下：

```
1  int i, x, sum = 0;
2  cin >> x;
3  for(i=1; ; i++)
4  {
5      sum += i;
6      if(sum >= x)
7          break;
8  }
9  cout << i << ' ' << sum << endl;
10 return 0;
```

第 25 章

1. 从第 2 项开始，分子从 1 到 99，所以第 1 项不进入循环，循环从第 2 项开始。参考代码如下：

```
1 double sum = 1;
2 for(int i = 1; i <= 99; i++)
3     sum += i/(i+1.0);
4 printf("%.10f\n", sum);
5 return 0;
```

可以通过减少循环次数的方法验证代码，也可以把参与加和的各个项打印出来，与题目中的数据比较，打印时不要打印小数，以分数的形式打印，如下：

```
1    double sum = 1;
2    for(int i = 1; i <= 99; i++){
3        cout << i << '/' << i + 1.0 << endl;
4        sum += i/(i+1.0);
5    }
6    printf("%.10f\n", sum);
7    return 0;
```

确保代码正确后，把第 3 行的打印语句去掉。

2. 从第二项开始，这些数字的分母构成了公差为 2 的等差数列，分子是分母减 2。循环从第 2 项开始。参考代码如下（第 3 行把“//”去掉即可用于验证代码，确保代码正确后，注释掉或者直接去掉）：

```
1 double sum = 1;
2 for(int i = 3; i <= 101; i+=2){
3     //cout << i-2 << '/' << i << endl;
4     sum += (i-2.0)/i;
5 }
6 printf("%.10f\n", sum);
7 return 0;
```

第 26 章

1. （1）错误。

（2）错误，当 i 加到 10 时，就会退出循环。

（3）正确。

（4）正确。

（5）正确，指的就是死循环。

2. C，循环体包含多条语句时，一定要用大括号括起来，缩进是可选择的，不是必要的，因而不能通过缩进消除二义行。

3. 参考代码如下：

```
1  int m, n, sum = 0;
2  cin >> m >> n;
3  while(m <= n)
4  {
5      if(m%7==0 || m%10==7)
6          sum += m;
7      m++;
8  }
9  cout << sum << endl;
10 return 0;
```

4. 参考代码如下：

```
1  int n, i=1;
2  cin >> n;
3  while(i <= n)
4  {
5      if(n%i==0)
6          cout << i << ' ';
7      i++;
8  }
9  cout << endl;
10 return 0;
```

5. 参考代码如下：

```
1  int x, i=1, sum = 0;
2  cin >> x;
3  while(1)
4  {
5      sum += i;
6      if(sum >= x)
7          break;
8      i++;
9  }
10 cout << i << ' ' << sum << endl;
11 return 0;
```

第 27 章

1. 因为题目中给定的数据范围为 $0 \leqslant n \leqslant 10^{12}$，所以要使用 long long 类型。参考代码如下：

```
1  long long n;
3  int sum = 0;
3  cin >> n;
4  while(n)
5  {
6      sum += n%10;
```

```
7       n = n/10;
8   }
9   cout << sum << endl;
10  return 0;
```

2. 通过减法实现除法，每减一次，商加 1，直到被除数小于除数。参考代码如下：

```
1 int m, n, x = 0;
2 cin >> m >> n;
3 while(m >= n)
4 {
5     m -= n;
6     x ++;
7 }
8 cout << x << ' ' << m << endl;
9 return 0;
```

3. 参考代码如下：

```
1  int N, X, y = 1;
2  cin >> N >> X;
3  N = N + X;
4  while(N > 12)
5  {
6      y ++;
7      N -= 12;
8  }
9  cout << y << ' ' << N << endl;
10 return 0;
```

循环语句总结

1. 分析：从第 7 行可知，这是一个通过所有约数的个数来判断质数的方法，属于判断质数的最基本的代码，所以第 5 行应该是判断 N 是否能被 i 整除，所以答案为 B。（第 4 行 for 循环头中的表达式 2：i < N+1，等价于 i <= N。）

2. 分析，这个式子的每一个子项都是一个等差数列，可以直接使用公式。参考代码如下：

```
1 int n, sum = 0;
2 cin >> n;
3 for(int i = 1; i <= n; i++)
4     sum += i*(i+1)/2;
5 cout << sum << endl;
6 return 0;
```

3. 参考代码如下：

```
1  int N, n, sum = 0;
2  cin >> N;
3  for(int i = 1; i <= N; i++)
4  {
```

```
5        cin >> n;
6        if(n%3 == 0 || n%5 == 0)
7              sum += n;
8   }
9   cout << sum << endl;
10  return 0;
```

综合练习

1.（1）错误，题目中未指明 X 的数据类型。

（2）错误，N/2.0 为 2.5。

（3）正确。

（4）错误，输出为 5*2。

（5）正确。

（6）正确。

（7）错误，printf 不是 C++ 中的关键字。

（8）错误，两个除法的优先级是相同的，应该按顺序执行。

（9）错误，虽然看起来两个非操作好像抵消了，但是 !N 变成了布尔类型，!!N 也是布尔类型，不是 int 类型，值绝大多数情况下不会等于 N 了（但是当 N 等于 1 和 0 的时候，!!N 的值是和 N 相等的）。

（10）正确。

（11）错误，题中未说明变量 n 的类型。如果 n 为布尔型，则 n=1，n%10 等于 1。

（12）正确。

（13）错误，scanf 是接收输入，printf 才是提示输入。

（14）正确。

（15）错误，while 和 for 循环都可能是死循环。

（16）错误，break 适用于所有的循环，continue 也一样。

（17）错误，3.0 是双精度型数，占 8 个字节，3 是整型数，占 4 个字节。

（18）正确，cin 不是关键字，因而是合法的变量名。

（19）正确。

（20）正确。

2.（1）C，中间带了 - 号。

（2）B，3*3=9，9/5=1，3−1=2。

（3）C，N%3 的最大值为 2，N%7 的最大值为 6，并且存在 N，使两个表达式同时达到最大值，比如 20。

（4）C，格式化字符串中的两个 % 会解析成一个 %，表达式中的 % 会作为求余运算。

（5）B，i 为整型，会把 5 赋给 i。

（6）C，格式化字符串中的 a+1 会原封不动地输出，表达式中的 a+1 会执行变成 102，%.0f 表示小数部分显示 0 位（即不显示小数部分）。

（7）B，9/4=2，6−2=4，6%4=2，2*10=20，2−20=−18。

（8）C，10%3=1，大于 0，为真，所以第 5 行被执行，%2d 表示占两格显示，注意 C 和 A 的区别。

（9）C，sum+=i++，等价于 sum += i; i++; 参与循环的值为 0 ～ 9，所以加起来为 45，循环退出时 i 变成了 10。

（10）C，我们来逐项分析。选项 A，输入负整数时，7 ～ 14 行并不执行，所以 Flag 为假，输出为“不是质数”，A 错误；选项 B，输入 2 时。进入 if 分支语句，虽然 for 循环不执行，但是在 for 循环之前，程序已经把 Flag 设成了 true，所以 2 会显示“是质数”；选项 C，同选项 B 的分析；选项 D，如果将 if (N >= 2) 改为 if (N > 2)，那么对于 2，将不进入 if 分支语句，那么 Flag 就是假，就不能正确判断出 2 是质数。

（11）C，如果把 i+=1 移到 if (i % 2 == 1) 前一行，那么 i=1 时，i+=1 使 i 变成了 2，1 将不会计入总和，所以 C 错误；选项 D，因为 i 开始为奇数，i+=2，保证 i 每次都是奇数。

（12）D。

（13）C，8*8=64，所以 i 的范围为 0 ～ 7（不含 8），i 每次加 2，所以 i 的值为 0、2、4、6，一共 4 个。

（14）C。

（15）B，ENIAC 属于第一代现代计算机，第一代现代计算机的主要部件是电子管。

3.（1）这是求两个时刻之间的时间段，我们做过类似的题目了，参见第 10 章的课堂练习和作业，参考代码如下：

```
1 int h1, m1, h2, m2;
2 cin >> h1 >> m1 >> h2 >> m2;
3 cout << h1*60 + m1 - (h2*60 + m2) << endl;
4 return 0;
```

（2）参考代码如下：

```
1 int x, y, z, q, c;
2 cin >> x >> y >> z >> q;
3 c = 2*x + 5*y + 3*z;
4 if( c <= q)
5     cout << "Yes" << endl << q-c << endl;
6 else
7     cout << "No" << endl << c-q << endl;
8 return 0;
```

（3）参考代码如下：

```
1 int n, m;
2 cin >> n >> m;
3 for(int i = 1; i <= n; i++)
4     if( i%m != 0)
5         cout << i << endl ;
```

```
6 return 0;
```

（4）参考代码如下：

```
1  int n;
2  cin >> n ;
3  for(int i = 1; i*i*i <= n; i++)
4  {
5      if( i*i*i == n)
6      {
7          cout << "Yes" << endl ;
8          return 0;
9      }
10 }
11 cout << "No" << endl;
12 return 0;
```

（5）参考代码如下：

```
1  float a, b, c;
2  char op = '+';
3  bool valid = true;
4
5  cin >> a >> b >> op ;
6
7  if(op == '+')
8      c = a + b;
9  else if(op == '-')
10     c = a - b;
11 else if(op == '*')
12     c = a * b;
13 else if(op == '/')
14 {
15     if(b == 0)
16         valid = false;
17     else
18         c = a / b;
19 }
20 else if(op == '%')
21 {
22     if(b == 0)
23         valid = false;
24     else
25         c = (int)a % (int)b;
26 }
27
28 if(valid)
29     cout << a << '' << op << '' << b << " = " << c << endl;
30 else
31     cout << "Invalid input!" << endl;
32
33 return 0;
```